Betriebswirtschaftslehre

in Verbindung mit

Recht und Technik des Handels

Eine Einführung

von

Dr. Paul Eckardt

Direktor des kaufmänn. Bildungswesens
der Industrie- und Handelskammer Halberstadt

Mit einem Geleitwort

von

Karl von der Aa

o. Professor an der
Handelshochschule Leipzig

Erster Band

Mit 52 Abbildungen

1927

Springer Fachmedien Wiesbaden GmbH

Den Einband zeichnete
Hanns Zethmeyer

ISBN 978-3-663-15634-5 ISBN 978-3-663-16209-4 (eBook)
DOI 10.1007/978-3-663-16209-4
Softcover reprint of the hardcover 1st edition 1927

Zum Geleit.

Im kaufmännischen Unterrichte der Neuzeit werden neue Ziele angestrebt und neue Wege gesucht. Der organisatorische Ausbau einerseits, wie er sich gegenwärtig in dem mittleren und höheren Handelsschulwesen zu gestalten trachtet, die Ausweitung des Unterrichts durch die Ergebnisse der betriebswirtschaftlichen Forschung und seine Durchdringung mit erziehlichen Werten andererseits, stellen dem Lehrer neue Aufgaben von einem nicht unbeträchtlichen Ausmaße. Ihre Verwirklichung wird in erster Linie von der Persönlichkeit des Lehrers und Erziehers abhängig bleiben. Indessen müssen ihm auch neue Lehrmittel zur Verfügung stehen. In denjenigen Fächern, in denen die methodische Beherrschung eines fest umrissenen Stoffes den Ausschlag gibt, mag das Alte sich weiterhin bewähren; anders dort, wo ein neuer Geist des Unterrichtes auch eine neue stoffliche Abgrenzung, Darbietung und Erfassung beansprucht, so ganz besonders auf dem zentralen Gebiete der Handelsbetriebslehre.

Wenn man dazu übergeht, dieses Unterrichtsfach, der wissenschaftlichen Namengebung folgend, als Betriebswirtschaftslehre zu bezeichnen, so ist doch festzuhalten, daß es sich nicht handeln kann um die Übernahme einer wissenschaftlichen Systematik in den Unterricht. Nach wie vor bleibt es Aufgabe des Unterrichts, dem Unbewanderten auf diesem Felde ein festes Tatsachenmaterial zu vermitteln, den Blick für die wirtschaftlichen Erscheinungen zu öffnen und ihn dann auf diesem von den Tatsachen und der Anschauung ausgehenden Wege zum wirtschaftlichen Denken zu leiten. Der Schulunterricht in Betriebswirtschaftslehre hat somit eine andere Methode und eine andere Zielsetzung als die Wissenschaft der Betriebswirtschaftslehre. Die Betonung und Beachtung dieser Tatsache wird vor überspanntem Wollen und unfruchtbaren Versuchen bewahren, an denen die Welt der praktischen Pädagogik zurzeit überreich ist.

Das vorliegende Buch verknüpft die Einsicht in die Ergebnisse wissenschaftlicher Forschung mit den Gesetzen praktischer Methodik und mit dem Willen zum Fortschritt. Das endgültige Urteil darüber, ob sich der eingeschlagene Weg als richtig erweist, müssen wir der Erfahrung überlassen. Ich bin aber der Meinung, daß es sehr lohnend sein wird, dem Verfasser zu folgen. Auch derjenige wird sich ihm mit guter Aussicht auf Erfolg anvertrauen können, der sich in das betriebswirtschaftliche Studium einführen lassen will oder, fern den Stätten des Studiums, Belehrung und Erkenntnis aus eigener Arbeit zu gewinnen strebt.

Was ich dem neuen Werke wünsche, ist nicht nur Erfolg, sondern auch aus gemeinsamer Arbeit erwachsende fördernde Kritik.

Leipzig, im Februar 1927.

von der Aa.

Vorwort.

Grau, teurer Freund, ist alle Theorie,
Und grün des Lebens goldner Baum.

Wir leben im Zeitalter der Rationalisierung.

Den Anfang mit dieser Bewegung machte das Fabrikwesen. Erst erhebliche Zeit später folgten die Bestrebungen zur Rationalisierung der Geistesarbeit. Heute dagegen ist diese Bewegung im vollen Gange.

Wer rationalisieren will, muß aber nicht allein die Betätigung des Betriebes nach außen kennen, sondern vor allem auch seine Lebensgesetze, die sowohl seine innere Bewegung als auch die äußere bestimmen.

In diesem Zusammenhange ist der große wirtschaftliche Wert der betriebswirtschaftlichen Forschungen erkennbar, die ungefähr seit Anfang dieses Jahrhunderts an den Handelshochschulen geleistet sind. Ihr Hauptziel ist die Aufdeckung der großen Lebensgesetze der Wirtschaft, ihrer Ursachen und Wirkungen. Im innigen Zusammenhange mit der Durchforschung der Lebensvorgänge der Unternehmung steht die Schaffung einer großen Zahl von neuen technischen Hilfsmitteln in Gestalt von Maschinen, Geräten und Einrichtungsgegenständen, deren zweckmäßige Ausgestaltung nur mit Hilfe gründlicher Betriebsstudien möglich ist. Wer mit offenen Augen die Entwicklung unserer kaufmännischen Unternehmungen in der Nachkriegszeit verfolgt hat, wird die Auswirkung dieser Bewegung beobachtet haben.

Wie steht nun die kaufmännische Berufs- und Fachschule dieser Bewegung gegenüber? Lange Zeit hat man versucht, die neuen Forschungsergebnisse und Lebenserscheinungen als Sondergebiet der Hochschulen zu betrachten. Erst in den letzten Jahren hat sich die Überzeugung Bahn gebrochen, daß der bisher noch am häufigsten beschrittene Weg, eine Fülle einzelner Kenntnisse aus dem Rechtswesen und der Betriebstechnik zu bieten, nicht zum gewünschten Ziele führt, sondern daß die Unternehmung als Ganzes erfaßt werden muß. Dem Schüler soll ein Bild ihres Lebens geboten werden, das die Zusammenhänge des Betriebsorganismus aufgedeckt und verstehen lehrt.

Das Ziel ist demnach:

1. Klare Aufdeckung der inneren und äußeren betriebstechnischen Vorgänge in ihrem natürlichen Verlauf.

2. Kenntnis der technischen Hilfsmittel, deren sich die Unternehmung heute in größtem Umfange bedient.

3. Aufdeckung der Lebensgesetze der Unternehmung, die ihr Handeln bestimmen, und die auf drei Wurzeln zurückführen: Betrachtung des Grundsatzes der Wirtschaftlichkeit, rechtliche Bindung durch die bestehenden Gesetze und engste Verflechtung in das Gesamtgetriebe der Volks- und Weltwirtschaft.

Steht so das Ziel klar vor Augen, so erhebt sich die Frage, auf welchem Wege es am zweckmäßigsten zu erreichen ist. Der Weg der Hochschulen und ihrer Lehrweise kommt für das mittlere Fachschulwesen nicht in Frage. Der Schüler ist für abstraktes Denken und Herausarbeiten schwieriger Begriffsbestimmungen weder reif, noch kommt es ihm praktisch für den späteren Beruf zustatten. Er will möglichst bald in das Leben eintreten, praktisch mitschaffen und verstehen, was in der Unternehmung um ihn herum vor sich geht. Daher müssen wir aus dem Leben und der Anschauung schöpfen, Beispiele an die Stelle von Begriffsbestimmungen setzen und immer in engster Anlehnung an den tatsächlichen Verlauf der geschäftlichen Geschehnisse den Stoff darbieten. Selbstverständlich müssen dabei alle Ergebnisse der wissenschaftlichen Forschung berücksichtigt und ausgewertet werden.

Als der Unterzeichnete bei einer Zusammenkunft der Direktoren der Höheren Handelsschulen Preußens in Hagen, Anfang Januar 1926, diese Gedankengänge vortrug, wurde er von einer ganzen Reihe von Amtsbrüdern angeregt, die Theorie in die Praxis zu übertragen und ein Lehrbuch zu schreiben, in dem die gekennzeichnete Betrachtungsweise verwirklicht sei. Der vorliegende erste Band des Buches ist das Ergebnis des Versuches, die in jahrelanger Unterrichtserfahrung gemachten Beobachtungen schriftlich niederzulegen. Wieweit es gelungen ist, die Idee in die Tat umzusetzen, mag der Leser selbst beurteilen, der den Verfasser durch jede Anregung zu Verbesserungen zu größtem Dank verpflichten wird.

Dem vorliegenden ersten Teile soll im Laufe des Jahres ein zweiter folgen, der behandeln wird:

Den wirtschaftlichen Verkehr im engeren und weiteren Sinne. (Post, Eisenbahn und Schiffahrt. — Zahlungs-, Kredit- und Kapitalverkehr einschl. Bankwesen.)

Die Fabrik.

Die Sonderheiten des Auslandsgeschäfts.

Den wirtschaftsrechtlichen Aufbau der Unternehmung. (Angestellte, Unternehmungsformen.)

Die höheren Unternehmungsformen (Kartelle, Syndikate, Trusts).

Eine angenehme Pflicht des Unterzeichneten ist es, allen denen zu danken, die ihn bei der Arbeit unterstützt haben. Besonderer Dank gebührt vor allem Herrn Professor von der Aa, der in Besprechungen vor Beginn der Arbeit und während der Durchführung aus dem reichen Schatz seiner Erfahrungen äußerst wertvolle Ratschläge und Anregungen gegeben hat. Dank verdienen nächstdem die Kolleginnen und Kollegen, die während der Bearbeitung und der Korrektur wertvolle Hilfe geleistet haben. Dankbar ist der Unterzeichnete auch den zahlreichen Firmen, die durch Überlassung von Abbildungen das Buch bereichert und anschaulicher gestaltet haben. Zuletzt, aber nicht am wenigsten ist zu danken dem Verlage, dessen lebhafte Anteilnahme an dem Werden des Buches dem Verfasser zur besonderen Freude gereichte.

Nicht aus dem Bestreben, die bekannte „Lücke" auszufüllen, ist das Buch entstanden, sondern aus dem Wunsche heraus, mitzuhelfen, daß unser gesamter betriebswirtschaftlicher Unterricht angeregt wird, engste Fühlung mit dem Leben der Unternehmung zu suchen nach dem alten Satze „Nicht für die Schule, sondern für das Leben lernen wir".

Halberstadt, im Februar 1927.

Dr. Paul Eckardt.

Inhaltsverzeichnis.

Einführung.

Erster Teil. Allgemeine Grundbegriffe.

Zweiter Teil. Der Warenhandel.

Allgemeines über Aufbau und Verwertung der Betriebsmittel.

Einführung.

Aus der Entwicklung der wirtschaftlichen Kultur. [§ 1

1. Grundtriebe des menschlichen Handelns.

Wer als denkender Mensch das äußerst vielseitige Tun und Treiben seiner Mitmenschen beobachtet, wird sich unwillkürlich vor die Frage gestellt sehen: „Warum handeln die Menschen so und was bezwecken sie mit ihrem Handeln?" Trotz der scheinbar unübersehbaren Fülle der menschlichen Tätigkeiten liegen diesen doch zwei Hauptursachen zugrunde, zwei Triebe, die allen normal veranlagten Menschen innewohnen. Diese beiden Triebe, die letzten Endes alles Tun und Treiben der Menschen beeinflussen, sind die Sorge für das eigene Wohl und die Sorge für das Wohl der Familie im engeren und weiteren Sinne, im weitesten Sinne für das Wohl aller Mitmenschen. Man spricht auch vom Selbsterhaltungstrieb und vom Trieb zur Erhaltung der Art.

a) Das Nahrungsbedürfnis. Diese beiden Triebe haben von jeher das Menschengeschlecht beherrscht. Nur sind die Mittel und Wege, sie zu befriedigen, im Laufe der Menschengeschichte sehr verschieden gewesen und heute noch bei den einzelnen Völkern von größter Mannigfaltigkeit. Am kräftigsten tritt der Trieb der Selbsterhaltung offenbar im Kampf um die Nahrung, „um das tägliche Brot" in Erscheinung. Nicht immer und überall sind aber die Menschen gezwungen, eine geregelte Tätigkeit auszuüben, um dem Nahrungsbedürfnis Rechnung zu tragen. Es gibt heute noch Gebiete, deren Bewohner sich mühelos aneignen, was sie zum Leben brauchen. Zum Teil liegt dies an ihrer Umgebung, zum Teil an ihnen selbst, da Art und Zahl ihrer Bedürfnisse außerordentlich gering sind.

b) Die Erweiterung der Bedürfnisse. Der natürliche Entwicklungsgang ist nunmehr der, daß die Bedürfnisse des Menschen nicht nur auf Nahrung, sondern sehr bald auch auf Wohnung und Schutz vor den Unbilden der Witterung gerichtet sind. Allerdings ist die erste Kleidung nicht als Körperschutz, sondern vielmehr als Körperschmuck entstanden. Das Bedürfnis, sich vor andern auszuzeichnen, sich zu schmücken, die Eitelkeit, den Stolz zu befriedigen, gehören somit zu den ursprünglichsten Bedürfnissen der Menschheit. Die Befriedigung dieser Bedürfnisse ist nicht unbedingt erforderlich, trotzdem ist das Streben danach oft heftiger als das nach den notwendigsten Dingen. Das, was den so ausgezeichneten Menschen aus der Masse der anderen heraushebt, der Schmuck, ist kein allen gemeinsames Bedürfnis: wir bezeichnen es als Luxus. Der Luxus aber gerade ist es, der immer neue Bedürfnisse schafft, da sein Zweck (Auszeichnung vor anderen) wegfällt, sobald eine größere Zahl oder gar alle Menschen in der Lage sind, sich das gleiche Gut zu beschaffen. Der ursprüngliche Luxusgegenstand ist dann zum allgemeinen Gebrauchsgegenstand geworden, der nunmehr zu den täglichen Lebensbedürfnissen gerechnet wird.

Beispiel: So galt die Gabel im frühen Mittelalter als ein so unerhörter Luxusgegenstand, daß einem der ersten Benutzer der Kirchenbann angedroht wurde, falls er nicht wie andere Leute mit den ihm von Gott gegebenen Fingern esse.

2. Aufgabe der Betriebswirtschaft.

Zur Befriedigung dieser Bedürfnisse dienen die Rohstoffe aller Art, die die Erde auf ihrer Oberfläche sowohl wie in ihrem Innern in fast unübersehbarer Fülle trägt. Jedoch sind von diesen nur verhältnismäßig wenige geeignet, in ihrer ursprünglichen Form den Bedürfnissen des Menschen zu dienen (z. B. frisches Obst). Die meisten Stoffe muß bezw. kann der Mensch in der verschiedensten Weise umformen (bearbeiten) oder innerlich umgestalten (verarbeiten), um sie so seinem Zwecke besser anzupassen bzw. sie für die Befriedigung seiner Bedürfnisse geeigneter zu machen. Das Aufsuchen der geeigneten Rohstoffe, ihre Be- und Verarbeitung und schließlich das Hinleiten der Erzeugnisse an die Stellen, wo ein Bedürfnis nach ihnen vorhanden ist, gilt als die Aufgabe der betriebswirtschaftlichen Tätigkeit.

Soweit die Rohstoffe der Erde unverändert der Bedürfnisbefriedigung dienen, in beliebiger Menge vorhanden sind und von jedem beliebig benutzt werden können, scheiden sie als freie Güter aus der Betriebswirtschaft aus.

Beispiel: Die Luft zum Atmen ist ein solches freies Gut. Wird sie aber durch bestimmte Verfahren abgekühlt und zu flüssiger Luft zusammengepreßt, so ist sie zum wirtschaftlichen Gut geworden. — Trinkwasser ist im Gebirge oft freies Gut, durch Röhren in die Stadt geleitet aber schon nicht mehr.

Die meisten Güter sind nicht in beliebigem Maße in der Natur für jeden erreichbar. Vielmehr erfordert ihr Erwerb entweder eine mehr oder minder lebhafte Tätigkeit oder die Hergabe anderer Güter, deren Besitz uns im Augenblick weniger wertvoll erscheint. So wird der Mensch zur Arbeit als der auf die Erwerbung wirtschaftlicher Güter gerichteten Tätigkeit gezwungen.

3. Bedürfniserweiterung und Kulturfortschritt.

Um sich über die einfachsten Bedürfnisse hinausgehende Güter zu verschaffen, sind die meisten Menschen bereit, mehr oder weniger wertvollere Arbeit zu verrichten. Daher gilt es z. B. als eine wichtige Aufgabe aller Kolonialpolitik, in den niedrigstehenden Volksstämmen möglichst zahlreiche neue Bedürfnisse wachzurufen, um die Naturvölker auf diese Weise zur Arbeitsfreudigkeit heranzubilden. Fortschreitende Kultur ist demnach gleichbedeutend mit ständiger Vermehrung, Verfeinerung und vielseitiger Ausgestaltung von Bedürfnissen, deren Befriedigung zunächst oft nur wenigen möglich sein wird, also als Luxus auftritt.

Beispiel: Die äußere Lebensform eines schlichten Gebirgsbewohners, der täglich eine bestimmte Milchspeise ißt, wird nicht dadurch gehoben, daß er etwa statt 2 Teller dieser Speise 4 ißt, wohl aber, wenn er lernt, aus den gleichen Rohstoffen eine ganze Reihe anderer, schmackhafterer Speisen zu bereiten. So verstehen die vornehmen Inder es, den Reis in etwa 100 verschiedenen Formen zuzubereiten, während der Paria ihn täglich in der gleichen Form genießt.

Dies gilt nicht nur von den körperlichen Bedürfnissen des Menschen, sondern auch von den geistigen wie Musik, Theater, Malerei usw. Die ganze Bewegung des ständig fortschreitenden Luxus, des Strebens nach Erweiterung der einfachsten Bedürfnisse zu Naturbedürfnissen ist demnach natürlich und gesund, soweit die natürliche Reihenfolge der Bedürfnisbefriedigung dabei berücksichtigt wird und nicht gesundheits- oder volksschädliche Folgen damit verbunden sind.

Beispiel: Bei der Besetzung der afrikanischen Westküste wurden den Eingeborenen von gewissenlosen Händlern gegen die Landeserzeugnisse Branntwein und Feuerwaffen angeboten, von denen später die Europäer selbst am meisten durch dieses Volk zu leiden hatten, da es geistig verkam und sich ständig empörte.

4. Kultur und Kaufmann.

Der einzelne kann bei der fortschreitenden Vermehrung und Verfeinerung der Bedürfnisse nicht allein sich alles das beschaffen, was er zu haben wünscht. Zum großen Teil ist das Vorkommen der Rohstoffe auf gewisse Teile der Erde beschränkt. So wachsen viele Pflanzen nur in tropischen Gegenden, z. B. Kaffee, Kautschuk, Gewürze. Kohle und einzelne Metalle finden sich nur an bestimmten Stellen der Erde. Das Vorkommen nutzbarer Tiere ist auf Gegenden beschränkt, die ihnen die nötige Nahrung bieten. Andererseits bildet sich, meist in Verbindung mit dem Vorkommen der Rohstoffe, die Kunst der Verarbeitung dieser in bestimmten Gegenden besonders aus, oder sie wird durch verfügbare Naturkräfte (Wasser) erleichtert. Daher sind Rohstoffe und Fertigwaren fast nie gerade dort in genügenden Maße vorhanden, wo sie gebraucht werden. Hier tritt der **Kaufmann** vermittelnd ein, indem er nicht nur einfach den Tausch zwischen den verschiedenen Gegenden eines Landes oder der Erde vermittelt, sondern auch von berufswegen ständig darauf bedacht ist, neue Wege zu finden, um die tausenderlei Bedürfnisse der Menschen zu befriedigen und neue Bedürfnisse zu wecken. Dabei steht er unter der Gefahr, auch schädliche Bedürfnisse zu wecken und zu fördern, einzelnen ohne Rücksicht auf das Gesamtwohl Annehmlichkeiten zu schaffen, aber gleichzeitig weite Schichten der Bevölkerung des zum Leben Notwendigsten zu berauben. Eine für das Gesamtwohl günstige Entwicklung muß dagegen dahin streben, durch die neuen Bedürfnisse die menschliche Gesellschaft zu vervollkommnen und zu veredeln.

Beispiel: Die krassesten Beispiele hierfür liefert die Versorgung Deutschlands während des Weltkrieges. Viele gewissenlose Händler kauften die notwendigsten Lebensmittel auf und häuften sie auf, um sie später mit Riesengewinnen an besonders Begüterte wieder abzugeben, während die ärmeren Klassen der Bevölkerung am Verhungern waren und gerade der „gehamsterten" Waren dringend bedurften.

5. Aufgaben des Kaufmanns.

Der sich seiner hohen Verantwortung und Aufgabe bewußte Kaufmann ist demnach nicht nur ein Versorger des Volkes mit allen zur Befriedigung seiner Bedürfnisse erforderlichen Güter, sondern gleichzeitig auch einer der wichtigsten Erzieher der Allgemeinheit zu einer gesunden, ständig sich weiter entwickelnden wirtschaftlichen Kultur.

Aus diesen Tatsachen ergibt sich für die Tätigkeit des Kaufmanns folgendes: Er muß die Bedürfnisse der Menschen kennen, in veredelndem Sinne auf sie einwirken, die zu ihrer Befriedigung dienenden wirtschaftlichen Güter von dort heranschaffen, wo sie keinem Bedürfnis zu dienen vermögen, oder aber auch sie in einer Zeit beschaffen, wo kein Bedürfnis danach vorhanden ist und sie dann bei dem eintretenden Bedürfnis zur Verfügung stellen. Nur wer gründliche Menschenkenntnis mit geographischen, warenkundlichen, verkehrstechnischen und organisatorischen Fähigkeiten verbindet und dabei über dem Streben nach Erwerb das Wohl der Allgemeinheit nicht außer acht läßt, hat Anspruch darauf, als ein rechter Kaufmann bezeichnet zu werden.

Der Kaufmann dient dabei sich und der Allgemeinheit am besten, wenn er sein ganzes Streben darauf richtet, die Waren so billig und zweckmäßig wie nur irgend möglich zu beschaffen, sei es, daß er sie selbst herstellt, sei es, daß er sie fertig bezieht. Die verkaufsfertige Ware muß er möglichst schnell absetzen, da er nur bei lebhaftem Umsatz mit geringem Nutzen am Einzelstück auskommen kann. Günstiger Einkauf, Vermeidung aller nicht unbedingt erforderlichen Unkosten und demgemäß niedrige Verkaufspreise kennzeichnen den tüchtigen Kaufmann. Er handelt dabei nach dem

Grundsatz der Wirtschaftlichkeit:
mit möglichst geringen Mitteln und möglichst wenig Arbeits- und Kraftaufwand einen möglichst großen Erfolg zu erzielen.

Erster Teil.

Allgemeine Grundbegriffe.

1. Betriebswirtschaftliche Grundbegriffe.

A. Die kaufmännische Unternehmung.

I. Wesen des Betriebes und der Unternehmung.

§ 2] **1. Der Betrieb.**

Man kann im Sprachgebrauch unterscheiden zwischen den Begriffen „etwas tun" und „etwas betreiben". In dem Ausdruck „etwas betreiben" liegt, daß ich etwas tue, was einen praktischen Erfolg verspricht, womit ich gedenke, meinen Lebensunterhalt zu erwerben, was mit anderen Worten, falls ich es ständig betreibe, meinen Beruf bildet. So sprechen wir von gewerblichen und landwirtschaftlichen Betrieben, von kaufmännischen oder Handelsbetrieben. Das Reich veranstaltet Betriebszählungen um festzustellen, wieviel Menschen sich in den einzelnen Betrieben befinden und welcher Art diese Betriebe sind.

2. Betriebskräfte und Betriebsmittel.

Zum Betriebe gehört zweierlei, Betriebskräfte und Betriebsmittel. Die wichtigste Betriebskraft, ohne die ein Betrieb unmöglich ist, ist der Mensch selbst, seine Kraft, seine Geschicklichkeit, sein Geist, die er in den Dienst des Betriebes stellt. Daneben wird er so weit wie möglich natürliche oder mechanische Kräfte in den Dienst des Betriebes stellen, z. B. die Windkraft beim Segelschiff, die Wasserkraft, die Wärme, Elektrizität, Dampf, Feuer usw. Als Mittel dienen dem Betriebe der Grund und Boden, sei es als Grundlage der Land- und Forstwirtschaft, sei es als Gegenstand der Ausbeutung im Bergbau, ferner unendlich vielerlei Erzeugnisse der Erde, wirtschaftliche Güter, die unter dem Begriff Kapital zusammengefaßt werden, wenn sie zum Zwecke der Gütererzeugung gebraucht werden (Werkzeuge, Maschinen usw.), und endlich die für die Ausübung des Betriebes erforderliche Arbeit.

3. Der Wirtschaftsbetrieb.

Ein jeder Betrieb muß unter einer planmäßigen Leitung stehen, von einem einheitlichen Willen geführt werden, da er sonst keine wirtschaftlichen Erfolge zu erzielen vermag. In diesem Sinne ist jeder Haushalt ein Betrieb, auch wenn er nur aus einem Menschen besteht. Unter wirtschaftlichen Betrieben verstehen wir dagegen nur solche, die auf die Versorgung der eigenen Angehörigen oder der Mitwelt mit Gebrauchsgütern oder Waren gerichtet sind. Da es für die Versorgung unbedingt erforderlich ist, daß die Waren dorthin gelangen, wo sie gebraucht werden, ist der Handelsbetrieb, dessen Aufgabe die Verteilung der Güter ist, ein notwendiges Glied der wirtschaftlichen Betriebe.

4. Die Unternehmung.

Dieses letzte Glied ist nicht erforderlich, solange die Bedürfnisse der Menschen so gering sind, daß jeder das, was er verbraucht, auch selbst erzeugt. Derartige geschlossene Hauswirtschaften, die keineswegs nur aus wenigen Personen zu bestehen brauchen, finden sich in den entwickelten Wirtschaftsgebieten nur noch vereinzelt. In der Regel wird die Ware einen mehr oder minder langen Weg vom Erzeuger zum Verbraucher zu durchlaufen haben, die oft räumlich weit voneinander entfernt sind. Viele Erzeugnisse können nur an bestimmten Stellen der Erde gewonnen werden, z. B. alle Bodenschätze, Fische, ferner Pflanzen, die nur in heißen Gebieten zu wachsen vermögen usw. Für den Erzeuger haben diese Waren häufig in der Regel keinen eigenen Gebrauchswert, sondern nur Tauschwert; er ist auf Absatz an andere angewiesen. In dieser Tatsache liegt die Ungewißheit des Erfolges des Betriebes. Technisch kann die Erzeugung auf das vollkommenste gelungen sein, wirtschaftlich ist sie vielleicht ein Fehlschlag. Vielerlei unvorhergesehene oder falsch beurteilte Erscheinungen können den gewünschten Erfolg vereiteln; es ist jedesmal ein Unternehmen, Waren für den Absatz an andere zu erzeugen oder zu beschaffen, daher bezeichnen wir den Betrieb, der für den Absatz an andere, für den Markt der Waren, arbeitet, als Unternehmung.

Beispiel: Eine bekannte Maschinenfabrik erbaute Anfang 1918 eine großes Gebäude und beschaffte bzw. erbaute sich weiter teure Anlagen, um schwere Geschütze herzustellen. In fast dem gleichen Augenblick, als der Bau bis auf die letzte Einrichtung fertiggestellt war und in Betrieb genommen werden sollte, brach die Revolution aus. Technisch war dies also in Anbetracht der kurzen Bauzeit eine Glanzleistung, wirtschaftlich ein völliger Fehlschlag.

II. Unternehmungsarten. [§ 3

Diese Unternehmungen sind äußerst vielgestaltig in ihrer Art in Hinblick auf den Gegenstand des Unternehmens. Weitaus die größte Zahl der wirtschaftlichen Unternehmungen dient der Erzeugung und dem Vertrieb der Waren, eine kleinere Gruppe dem wirtschaftlichen Verkehr in Nachrichten, Personen, Gütern, Geld und Kapital. Auf der Grenze zwischen der Vermittlung wirtschaftlicher und geistiger Güter stehen der Buch- und Kunsthandel und die Presse.

1. Der Warenhandel.

Um über die unübersehbare Fülle der Waren und Warengattungen einen Überblick zu gewinnen, müssen wir zunächst unterscheiden zwischen der Warenerzeugung und dem reinen Warenhandel. Da alle gehandelten Waren zunächst gewonnen oder hergestellt werden müssen, wird die Tafel auf S. 7 einiger willkürlich gewählter Beispiele aus der Warenerzeugung ein Bild davon geben, in welcher Weise deren vielgestaltige Gliederung entsteht. Von unten nach oben finden wir: Urerzeugung, Weiterverarbeitung zu Halbfabrikaten und Herstellung gebrauchsfertiger Waren. Dabei ist zu beachten, daß fast auf allen Stufen der Erzeugung gebrauchsfertige Waren als Nebenerzeugnisse abfallen oder die gleiche Ware nach der Verwendungsart gebrauchsfertig oder Halbfabrikat ist (Beispiel 1, Steinkohle).

a) Beispiele der Gliederung. Das erste Beispiel (Eisenverarbeitung) zeigt, daß die Zwischenstufen sehr zahlreich sein können und weiterhin eine um so weitergehende Zerlegung der Betriebe eintritt, je weiter die Verarbeitung fortschreitet. Dabei sind hier nur einige Beispiele aus jedem Zweige angeführt, in denen wiederum sehr zahlreiche verschiedene Waren erzeugt werden. — Im zweiten Beispiel (Zucker) ist nur eine Zwischenstufe vorhanden, bei den Fertigwaren ist beachtenswert, wie verschiedenartig die Erzeugnisse sind und daß es oft sehr schwer ist, den ursprünglichen Rohstoff darin zu erkennen

(Likör). Im dritten Beispiel (Kakao) fehlt die Zwischenstufe ganz, auch die Zahl der Erzeugnisse ist weniger umfangreich. Dagegen weicht das Beispiel dadurch von den ersten beiden ab, daß der Rohstoff vom fernen Auslande stammt.

Das vierte und fünfte Beispiel enthalten insofern Gegensätze, als beim vierten (Schafverwertung) sich eine Reihe der verschiedenartigsten Gewerbe auf den einen Rohstoff gründen, das fünfte (Spargel) dagegen eine der einfachsten Formen des Aufbaues zeigt.

b) Spezialisierung. Die Vervollkommnung der Herstellungsverfahren bringt es nun mit sich, daß die Spezialisierung immer weitergeht, z. B. eine Fabrik nur Vorhängeschlösser herstellt, eine andere nur Schrauben von bestimmter Größe usw. Diese Unternehmungen können als Spezialbetriebe nur für einen bestimmten Zweck gebaute Maschinen mit bestem Erfolge ausnutzen und erlangen auf diesem engen Gebiete eine Fülle wertvoller Erfahrungen. Voraussetzung ist für diese weitgehende Spezialisierung, daß ein genügend großer Abnehmerkreis vorhanden ist; je kleiner das technische Herstellungsgebiet, desto größer muß in der Regel räumlich das Abnehmergebiet sein. Ferner birgt der Betrieb die Gefahr in sich, daß durch plötzliche Änderung des Bedarfs gerade dieses Erzeugnis nicht mehr begehrt wird oder der Bedarf außerordentlich zurückgeht.

Beispiele: Eine Spezialfabrik für Petroleumlampen verliert durch die Schaffung zahlreicher Überland-Elektrizitätswerke fast ihre ganze Abnehmerschaft auf dem Lande. — Durch die Erfindung der Druckknöpfe wurde die Herstellung von Haken und Ösen nahezu unterbunden. — Infolge des Versailler Vertrages verlor fast die gesamte deutsche Waffen- und Munitionsindustrie ihr eigentliches Arbeitsfeld.

c) Senkrechte Betriebsvereinigung. Um derartigen Gefahren zu entgehen, werden die Unternehmer vielfach dazu übergehen, mehrere ähnliche Betriebe zu einem Unternehmen zu vereinigen, wobei die Betriebe selbst technisch selbständig bleiben können. Die Vereinigung kann auch aus anderen Gründen erfolgen, nämlich um den ganzen Arbeitsvorgang von der Urerzeugung an in die Hand zu bekommen und so von den vorhergehenden Stufen unabhängig zu werden.

Beispiele: Eine große Maschinenfabrik gliedert sich eine Gießerei, dann ein Walzwerk, später ein Stahlwerk, darauf ein Hochofenwerk an und erwirbt schließlich außer Kohlengruben auch Eisenerzgruben. Auf diese Weise sind die großen „gemischten Werke" des Rheinlandes entstanden (Krupp, Thyssen). — Große Warenhäuser haben ihre eigenen Schneiderwerkstätten, eigene Möbelfabriken, eigene Schlachtereien.

Dieser Weg der Betriebsvereinigungen in senkrechtem Aufbau kann natürlich auch von unten nach oben erfolgen.

Beispiel: Die Landwirte eines größeren Bezirkes bauen eine eigene Zuckerfabrik, fügen dieser eine Raffinerie an und erweitern diese zu einer Bonbon- und Schokoladenfabrik.

d) Wagerechte Betriebsvereinigung. Neben der senkrechten Betriebsvereinigung in einem Unternehmen finden wir auch die wagerechte, besonders im eigentlichen Warenhandel. Während früher ein Geschäft gewöhnlich nur eine Warengruppe handelte, sind heute in den großen Kauf- und Warenhäusern mehrere, manchmal fast alle Warengruppen vertreten, z. B. alle auf der Tafel (Seite 7) angeführten Waren.

e) Groß- und Einzelhandel. Die Skizze zeigt weiter, wie weit oft der Weg vom Erzeuger zum Verbraucher allein durch die technischen Zwischenstufen ist. Ein Betrieb setzt sein Erzeugnis jeweils an den nächsten zwecks Weiterverarbeitung ab; so entsteht der Großhandel. Die Erzeuger der Endergebnisse (gebrauchsfertige Ware) stellen meist nur eine Warengruppe her und können sich mit deren Vertrieb an den Verbraucher nur in wenigen Fällen befassen. Ihr Abnehmer ist ein Großhändler, der die Waren verschiedener Fabrikationsgruppen aufkauft und an den Einzelhändler absetzt, dem die Auf-

Beispiele für die Gliederung der Warenerzeugung und des Warenhandels.

Erzeugungsstufen:	Beispiel: 1 Eisenverarbeitung	2 Zucker-Ind.	3 Kakao-Ind.	4 Verwertung der Schafe	5 Spargel-Ind.
Herstellung gebrauchsfertiger Waren	Blech-Ind.: Blechschachteln- u. Dosen-Fabr., Blechspielwaren-Fabr. Groß-Eisen-Ind.: Brückenbau-Anstalten, Schiffbau-Werften, Kanonen-Fabr. Klein-Eisen-Ind.: Waffen-Fabr., Messer- u. Scheren-Fabr., Äxte, Beile u. Amboß-Fabr., Feilen-Hauereien, Schrauben-Fabr., Schlittschuh-Fabr., Draht-Ziehereien Maschinen-Bau: Dampfmaschinenbau, Werkzeugmaschinen-Bau, Textilmaschinen-Bau, Elektromotoren-Bau, Schreibmaschinen-Fabr. Fahrzeug-Ind.: Fahrrad-Fabr., Kraftwagen-Fabr., Eisenbahnwagen-Bau, Lokomotiv-Bau	Zucker-Raffinerien: Gebrauchszucker Melasse-Verwert. Anstalt: Melasse-Futter-Fabr., Melasse-Spirit.-Brennereien (Likör-Fabr.)	Schokoladen Fabr.: Likör-Pralinen-Fabr., Speiseschokolade, Kakao-Pulver	Schlachterei: Wurst- u. Fleischwaren Saiten für Streichinstrumente Herren-Kleider-Fabr., Damen- „ „, Mäntel-Fabr., Mützen- „, Teppich-Webereien Handschuh-Fabr., Ledertaschen-(Geldtasch.)-Ind., Kraftwagen-Auskleidung, Leder-Sessel (Klubsessel)-Fabr.	Konserven-Fabr.: Büchsen-Spargel
Gewinnung von Halbfabrikaten:	Walzwerke: Blech-W., Block-W., Stabeisen-W. (Schienen, Träger) Eisen-Gießerei (Öfen, Herde, Schirmständer, Metallteile) Stahlwerke: Siemens-Martin-W., Thomas-W., Elektrolytstahl-W. Hochofenwerke (Schlackensteine) Erz-Aufbereitungs-Anstalten Kokereien (Koks als Brennstoff) Gasanst. (Leuchtg.)	Rohzucker Fabr.		Darm-Schleimereien Weberei Spinnerei Woll-kämmerei (Streichgarn, Kammgarn) Woll-Wäscherei (Lanolin) Leder-Färberei Weiß-gerberei	
Rohstoff-Gewinnung: (Urerzeugung)	Eisenerz-Bergbau Steinkohlen-Bergbau (Brennstoff für Industrie, Verkehr u. Haus)	Zuckerrüben-Bau	Kakao-Plantagen	Schafzüchterei	Spargel-Kultur (fr. Spargel)

gabe zufällt, meist unter Hinzunahme noch weiterer Warengruppen die Waren an den eigentlichen Verbraucher zu verkaufen.

Beispiel: Der Großhändler kauft von verschiedenen Fabriken Messer, Werkzeuge, Sensen, Schlösser, und gibt diese an den Einzelhändler weiter. Dieser kauft von anderen Großhändlern Holzwaren, Steingut und Porzellan und betreibt damit ein Kurz-, Eisenwaren- und Haushaltsgeschäft, um dem Käufer die Möglichkeit zu bieten, den Bedarf an Hausrat möglichst an einer Stelle beschaffen zu können.

f) Übersee-, Kommissions- und Eigenhandel. Oft sind weitere Zwischenglieder des Handels erforderlich. Der australische Schafzüchter kann z. B. die Wolle nicht unmittelbar an die deutschen Wollwäschereien absetzen. Gerade im Überseehandel übernehmen vielfach Kaufleute die Vermittlung, die für Rechnung der Fabriken, aber im eigenen Namen, an den Einfuhrplätzen (Bremen, Hamburg), an den Großmärkten für bestimmte Waren, den Börsen, für ihre Auftraggeber die erforderlichen Rohstoffe ankaufen. Diese Leute führen den Namen Kommissionär; der von ihnen betriebene Handel heißt Kommissionshandel und steht dem Handel für eigene Rechnung, dem Eigenhandel gegenüber. Im Überseehandel pflegt weiter insofern eine Arbeitsteilung einzutreten, als die Ein- und Ausfuhrgeschäfte sich entweder sachlich beschränken auf bestimmte Warengruppen, oder räumlich auf bestimmte Länder, für die sie dann alle Arten von Waren beschaffen oder von dort abnehmen.

g) Der Zwischenhandel. Durch die Zwischenglieder auf dem Wege der Ware vom Erzeuger zum Verbraucher wird diese natürlich verteuert und zwar um so mehr, je mehr Zwischenglieder sich einschieben. Dieser Nachteil wird jedoch aufgehoben durch die Vorteile der schnellen und sachgemäßen Versorgung des jeweiligen nächsten Weiterverarbeiters der Ware. Wo sich indes unnötigerweise Zwischenhändler einschieben, wird die Ware unnötig verteuert, wie dies während des Krieges und der Inflationszeit durch den sogenannten Kettenhandel zum Schaden des gesamten Volkes in größtem Umfange der Fall war. Zwischenhandel ist nur insoweit berechtigt, als der technische Werdegang der Ware, die Überwindung zeitlicher und räumlicher Entfernungen dies zur besseren Versorgung der Verbraucher erforderlich und wünschenswert erscheinen lassen. Viele größere Fabriken sind heute dazu übergegangen, den Zwischenhandel auszuschalten durch Einrichtung von Verkaufsstellen an vielen Plätzen (Zigarrenfabriken, Schokoladenfabriken) oder durch die sogenannten Versandgeschäfte (Tuchfabriken). Auch durch Schaffung genossenschaftlichen Zusammenschlusses versucht man den Zwischenhandel auszuschalten (Einkaufsgenossenschaften, Konsumvereine). Gegen die Auswüchse des Kettenhandels ist der Staat auch durch die Gesetzgebung vorgegangen.

2. Verkehrsunternehmungen.

Für die Überwindung der räumlichen Entfernung der einzelnen Erzeugungsstätten von einander bei der Herstellung einer Ware und der Entfernung dieser Stätten von dem Verbraucher sind die Verkehrsunternehmungen tätig, unter denen wir gewöhnlich die Nachrichtenübermittlung (Post, Fernschreiber und Fernsprecher), den Personenverkehr und die Güterübermittlung verstehen. Zu der letzteren gehören ebenfalls für kleinere Sendungen die Post, ferner als Hauptbeförderer auf dem Landwege die Eisenbahn, in neuerer Zeit auch die Kraftlastwagenunternehmungen. Die Gesetzessprache nennt diese Unternehmungen mit Ausnahme der Post, die unter besonderem Recht steht, Frachtführer. Beim Wasserverkehr wird gewöhnlich zwischen Binnen- und Seeschiffahrt unterschieden, die als Einzelunternehmung von dem Reeder, als Gesellschaft von den Reedereien betrieben werden. Als Vermittler zwischen dem Warenversender und dem Verkehrsunternehmen spielen der Spediteur und der Lagerhalter, der in großen Lagerhäusern die Waren bis zum Verbrauch oder Weiterversand aufbewahrt, eine wichtige Rolle.

3. Bankhandel.

Als Gegenwert für die gekauften Waren und die in Anspruch genommenen Verkehrsleistungen sind mancherlei Zahlungen erforderlich, die nur in seltenen Fällen im Großhandel in bar ausgeführt werden, während im Einzelhandel die Barzahlung die Regel bildet. Der Zahlungsvermittlung dienen die Banken, mit deren Hilfe der „bargeldlose Zahlungsverkehr" durch Umbuchungen, Überweisungen, Schecks und Wechsel bewirkt wird. Auch die Reichspost steht im Dienste des Zahlungsverkehrs, besonders durch die Einrichtung der Postscheckämter. Die Sammelstelle des Zahlungswesens jeder Art ist jedoch die Reichsbank, die auch den Umlauf an baren Zahlungsmitteln (Metall- und Papiergeld) regelt.

III. Unternehmungsformen. [§ 4

Die eben kurz gekennzeichneten Unternehmungsarten werden in sehr verschiedener Form betrieben. Der Hauptunterschied besteht bei diesen in der Zusammensetzung des Kapitals nach der Herkunft und dem beabsichtigten Erfolg. Soll das Kapital den Beteiligten einen Gewinn einbringen, so entstehen Erwerbsunternehmungen, wird dagegen nur eine Förderung des Allgemeinwohls erstrebt und auf Gewinnstreben verzichtet, so bezeichnet man die Unternehmung als gemeinwirtschaftlich.

1. Die Verteilung des Unternehmungsertrages.

Allen Erwerbsunternehmungen ist gemeinsam, daß sie auf der einen Seite Kapital und Arbeit aufwenden, auf der anderen Seite einen Ertrag erzielen wollen, aus dem nach Abzug der Aufwendungen für den Betrieb selbst, die wir als Handlungsunkosten bezeichnen, und zu denen auch die Vergütung für von Fremden in das Unternehmen geliehenes Kapital (Leihzinsen) gehört, bestritten werden: die zur Sicherung des Betriebes erforderlichen Rückstellungen (Reserven), die Entschädigung an den oder die Unternehmer für die von ihnen geleistete Arbeit (Unternehmerlohn), die Entschädigung für das vom Unternehmer selbst in das Unternehmen gesteckte Kapital (Kapitalzins), die Entschädigung für die vom Unternehmer zu tragende Gefahr des Verlustes eines Teiles oder seines ganzen Vermögens beim Fehlschlagen der Unternehmung (Unternehmergefahr). Erst der nach Abzug aller dieser Posten etwa verbleibende Betrag ist der eigentliche Unternehmergewinn, der somit eine ganz andere Größe darstellt als der Gewinn der Unternehmung.

Beispiel: Am deutlichsten zeigt sich die Tatsache bei der Aktien-Gesellschaft. Von dem Reingewinn wird ein bestimmter Betrag als Sicherung auf ein Reservekonto übertragen, ein weiterer Betrag den Direktoren und dem Aufsichtsrat für ihre Mühewaltung als Tantieme ausgezahlt, von dem Rest ein mehr oder minder großer Teil für Betriebserweiterungen einbehalten und der verbleibende Betrag an die Aktionäre als Dividende verteilt.

2. Die Erwerbsunternehmungen.

Der erzielte Gewinn aus dem Betriebe der Unternehmung wird, soweit er nicht für die Stärkung und Erweiterung des Betriebes selbst erforderlich ist, an die Unternehmer abgeführt, entweder als Gewinnanteil bei den Personengesellschaften, oder als Dividende bei den Aktiengesellschaften und als Ausbeute bei den Gewerkschaften. Da die Erwerbsgesellschaften, die, auch wenn sie als Fabrik Waren erzeugen, letzten

Endes auf den Absatz dieser Waren eingestellt sind, also Warenhandel betreiben, heißen sie auch **Handelsgesellschaften**. Ihre Rechtslage ist, mit Ausnahme derjenigen der Gewerkschaften und der Gesellschaft mit beschränkter Haftung (gewöhnlich als G. m. b. H. bezeichnet), im Handelsgesetzbuch geregelt. Da sie endlich wesentlich darauf beruhen, daß mehr oder minder große Mengen von Kapital für den Betrieb der Unternehmung zusammengebracht werden, heißen sie auch **kapitalistische Unternehmungen**.

a) Die Einzelunternehmung. Die **Größe der Unternehmung** ist theoretisch nur nach unten begrenzt, insofern, als eine Person allein den Betrieb gleichzeitig leitet und die erforderlichen Arbeiten selbst ausführt, außerdem allein von dem Ertrage der Unternehmung lebt. Hier fallen also die Person des Warenerzeugers oder -händlers und die Person des Verbrauchers des wirtschaftlichen Ertrages völlig zusammen.

Beispiel: Ein Junggeselle ohne jeden Anhang besitzt ein eigenes kleines Grundstück mit Garten, das er selbst bewirtschaftet, und verkauft von den Erträgen der Wirtschaft, was er nicht selbst braucht. Er steht erst auf der Grenze des Unternehmertums, der Ertrag der Unternehmung kommt nur ihm selbst zustatten.

Der in dem Beispiel angeführte Fall tritt selten auf. Gewöhnlich wird der Unternehmer fremde Hilfskräfte heranziehen und sie für die in Anspruch genommene Arbeit entlohnen, oder aber er wird den Ertrag der Unternehmung nicht allein für seine Person, sondern vielmehr auch für andere (seine Angehörigen, seine Familie) verwenden. — In diesen Fällen spricht man von einer **Einzelunternehmung**.

b) Die Gesellschaftsunternehmung. Kennzeichen. Vielfach wird die Unternehmung sich so ausdehnen, daß weitere Kräfte zu ihrem Betriebe herangezogen werden, die entweder für diese Tätigkeit von dem Unternehmer entlohnt werden, also **Angestellte** oder **Arbeiter** in dem Betriebe des Unternehmers werden, oder die mit eigenen Mitteln sich an dem Betriebe und an dem Ertrage beteiligen, daher **Mitinhaber** der Unternehmung darstellen. Schließlich kann die Trennung von Unternehmer und Unternehmung so weit gehen, daß der Unternehmer nur die Mittel für die Unternehmung stellt, aber nicht nur die eigentliche Arbeit, sondern auch die Leitung des Betriebes anderen überläßt. So entstehen die verschiedenen **Gesellschafts-Unternehmungen**, für die mannigfache Formen möglich sind.

Arten. Bei diesen Gesellschaften ist wieder zu trennen in solche, bei denen jeder Teilhaber seine **gesamten Mittel und seine Arbeitskraft** in den Dienst der Unternehmung stellt, und in solche, bei denen er nur mit seinen Mitteln oder mit einem Teil derselben an der Unternehmung teilnimmt. Wir trennen demnach Gesellschaften mit **Arbeits- und Kapitalvereinigung**, zu denen als wichtigste die offene Handelsgesellschaft und die Kommanditgesellschaft gehören, und **reine Kapitalgesellschaften**, als deren Hauptvertreter die Aktiengesellschaft, die Gesellschaft mit beschränkter Haftung und die Kommanditgesellschaft auf Aktien zu nennen sind. Bei der **offenen Handelsgesellschaft** haftet jeder Inhaber mit seinem ganzen Vermögen und stellt in der Regel auch seine ganze Arbeitskraft in den Dienst der Unternehmung. Bei der **Kommanditgesellschaft** sind ein oder mehrere persönlich haftende Gesellschafter da, die gleichzeitig das Geschäft leiten und mit dem ganzen Vermögen haften (Komplementäre), daneben aber ein oder mehrere Kommanditisten, die nur mit einem gewissen Betrage an dem Unternehmen beteiligt sind. Bei der **Aktiengesellschaft** ist eine völlige Trennung der Leitung und der Geldgeber herbeigeführt. Das Kapital der Gesellschaft ist in eine große Anzahl gleich großer Anteile zerlegt, die jedermann in beliebiger Anzahl erwerben kann, der dann als Aktionär der Zahl seiner Aktien entsprechend an der Gesellschaft beteiligt ist, auf die Geschäftsführung aber so gut wie keinen Einfluß hat. Diese wird vielmehr von einem Vorstand (Direktor) ausgeübt und durch einen von den Aktionären bestellten Aufsichtsrat überwacht. Bei der Gesellschaft mit beschränkter Haftung liegen die Verhältnisse ähnlich, nur brauchen hier die Anteile nicht alle gleich groß zu sein, und ihre beliebige Weiterübertragung an andere Personen kann durch die Satzung der Gesellschaft untersagt werden.

Neben diesen Hauptformen der Gesellschaften seien erwähnt: die Schiffahrt betreibenden Reedereien, die Bergbau betreibenden Gewerkschaften und die in den Schutzgebieten tätigen Kolonialgesellschaften.

3. Gemeinwirtschaftliche Unternehmungen.

In einem gewissen Gegensatz zu den Erwerbsunternehmungen stehen die gemeinwirtschaftlichen Unternehmen, deren Träger entweder der Staat oder eine andere öffentlich-rechtliche Körperschaft sein können, oder die auf privatwirtschaftlicher Grundlage durch einen größeren Personenkreis in der Form von Genossenschaften ins Leben gerufen werden. Der Staat will bei den gemeinnützigen Unternehmen keinen Erfolg wirtschaftlicher Art erzielen, sondern das körperliche, geistige oder seelische Wohl seiner Bürger fördern. Kirchengemeinschaften, Schulen, Blindenheime usw., soweit sie vom Staat unterhalten werden, sind solche gemeinnützigen Unternehmungen. Dagegen gibt es auch Staatsbetriebe, die genau so Erwerbsunternehmungen sind wie die von Privatleuten betriebenen, wenn bei ihnen auch die Rücksicht auf das Allgemeinwohl vielleicht stärker betont wird als im Privatbetriebe. Hierher gehören z. B. die Reichspost, die Gas- und Wasserwerke der Städte, hierher gehört auch die Staatslotterie, der jede gemeinnützige Grundlage fehlt, bei der man sogar über ihre sittliche Berechtigung mindestens sehr geteilter Meinung sein kann.

Die Genossenschaften erstreben meist nicht die Verteilung von Gewinn an ihre Mitglieder, wohl aber eine wirtschaftliche Besserstellung derselben durch die genossenschaftliche Unternehmung, z. B. die Schaffung billigerer Wohnungen in den Baugenossenschaften, die Versorgung mit billigeren Waren in den Konsumvereinen usw. Ihre Tätigkeit ist demnach in der Hauptsache auch eine rein wirtschaftliche, doch erstreckt sie sich zum Teil auch auf andere Gebiete, z. B. Verbesserung der Berufsausbildung (bei landwirtschaftlichen Genossenschaften) usw.

4. Die Firma.

Äußerlich kommt die Unternehmungsform in dem als Firma bezeichneten Namen der Unternehmung zum Ausdruck. Bei der Einzelunternehmung wird die Firma oft mit dem Namen des Inhabers übereinstimmen, jedoch muß dies nicht der Fall sein. Denn die Firma ist mehr als ein bloßer Name, sie kann für den Erfolg der Unternehmung von ausschlaggebender Bedeutung sein, wenn sie einen guten Klang hat, wenn jedermann weiß, die Firma bürgt für die Güte ihrer Erzeugnisse, wenn in Tausenden von Geschäften die Erzeugnisse dieser Firma jedem anderen vorgezogen werden. Daher kann die Firma bestehen bleiben, auch wenn der Name des oder der Inhaber wechselt; ihre Lebensdauer ist nicht wie das Menschenleben beschränkt, und manche Unternehmung wird für einen hohen Preis verkauft, nur weil mit dem Erwerb des Unternehmens der Erwerb der Firma verbunden ist. Umgekehrt muß jede Unternehmung darüber wachen, daß ihrer Firma kein Makel anhaftet oder ein anderer aus Konkurrenzneid ihr Schaden zuzufügen sucht. Der Schutz der Firma ist daher auch rechtlich in weitem Umfange gesichert.

Beispiele: Die Firma Krupp, Essen, hat sich nach dem Kriege notgedrungen fast völlig auf die Herstellung anderer Erzeugnisse als die bis 1918 erzeugten umstellen müssen. Trotzdem ist die Firma von großem Wert, da ihren neuen Erzeugnissen infolge des alten Rufes von vornherein großes Vertrauen entgegengebracht und daher deren Absatz erleichtert wird. — Bei Hamburg war eine große Margarinefabrik, deren Erzeugnisse allgemein beliebt waren. Infolge der Einführung einer Neuerung im technischen Betriebe war eine Margarine auf den Markt gekommen, durch deren Genuß eine Anzahl von Verbrauchern schwer erkrankte. Die Firma war gezwungen, ihren Betrieb einzustellen und unter einer neuen Firma zu beginnen, da die Erzeugnisse der alten Firma einfach unverkäuflich geworden waren.

B. Der innere Aufbau der Unternehmung.

§ 5] I. Die Gliederung der Arbeit.

So verschiedenartig wie die Unternehmungsarten und -formen sind, so vielseitig ist auch die im Betriebe der kaufmännischen Unternehmungen zu leistende Arbeit. Diese Tatsache führt je nach der Größe des Betriebes wieder zu Unterteilungen und zwar um so mehr, je größer der Betrieb ist und je mehr Menschen zur Bewältigung der Arbeit erforderlich sind.

1. Die Abteilungen des Betriebes.

a) Innere und äußere Betriebsvorgänge. Die Haupttätigkeit des Kaufmanns besteht, soweit der Warenhandel in Frage kommt, im Ein- und Verkaufen. Dabei laufen zwei Arten von Tätigkeiten zum Teil nebeneinander her, nämlich solche, die mit der Abwicklung des Geschäfts in unmittelbarem Zusammenhange stehen und solche, die die Waren selbst betreffen. Die Einleitung eines Kaufgeschäftes wird im allgemeinen mit der Einholung von Angeboten beginnen. Nur selten pflegt der Lieferer am gleichen Ort zu wohnen, daher wickelt sich der Verkehr in der Regel schriftlich ab, was selbst dann der Sicherheit wegen empfehlenswert ist, wenn beide Parteien am gleichen Orte wohnen. Entsprechend der Einkaufsabteilung wird man für den Absatz der Ware auch eine Verkaufs- oder Versandabteilung haben, wenn nicht der Verkauf, wie beim Einzelhandel, in einem besonderen Verkaufsraum, dem Laden, erfolgt. Die Barzahlungen, der Verkehr mit den Banken und dem Postamt erfordern wiederum besondere Einrichtungen und Tätigkeiten. Diese Aufgaben erfüllt die Kasse, die in Fabriken vielfach geteilt ist, da hier die Berechnung und Auszahlung der Löhne an die Arbeiter eine besondere Lohnabteilung mit einer Lohnkasse erforderlich machen.

Der Schriftwechsel macht alle äußeren Vorgänge der Unternehmung ersichtlich, während das Rechnungswesen in seiner Dreiteilung Kalkulation, Buchführung und Statistik Aufschluß über alle inneren Vorgänge der Unternehmung gibt. Der Schriftwechsel zeigt Art und Umfang der Kundenwerbung durch Briefe, Zeitungsanzeigen und Preislisten, die Einleitung und den Abschluß von Ein- und Verkäufen und damit die rechtlichen Grundlagen für diese Geschäfte, den Verkehr mit der Bank, die Verhandlungen über Anstellung von Angestellten, Reisenden und Vertretern, den Verkehr mit diesen Vertretern, den Abschluß von Verträgen auf kürzere und längere Zeit, kurz alles, was das Verhältnis des Unternehmens mit der Außenwelt anbelangt. Der Ausdruck „Briefwechsel" umschließt daher bei weitem nicht alles, was zu den Aufgaben des Schriftwechsels gehört. Der großen Wichtigkeit wegen, die der Schriftwechsel für die rechtlichen Vorgänge im Geschäft hat, ist auch durch das Gesetz bestimmt worden, daß alle ein- und ausgehenden Schriftstücke — letztere in Abschrift — sorgfältig aufzubewahren sind und erst nach 10 Jahren beseitigt werden dürfen. Der Schriftwechsel bildet gleichzeitig auch die Unterlage für alle Buchungen, die äußere Vorgänge des Geschäfts (Ein- und Verkäufe, Zahlungen, Überweisungen u. dgl.) betreffen und steht seinerseits so wieder im engsten Zusammenhange mit den übrigen Arbeiten im Geschäft. Die in einem größeren Geschäft mit der Erledigung des Schriftwechsels beschäftigten Personen bilden die Schriftwechsel- oder Korrespondenzabteilung. Der gesamte Briefwechsel, der die verschiedenen Abteilungen durchlaufen hat, muß postfertig gemacht werden, eine Arbeit, die in der Regel nachmittags und abends in der Briefabfertigung oder Briefexpedition erfolgt. Die von den Briefen zurückbehaltenen Durchschläge oder Abdrücke (Kopien) werden mit allen eingegangenen Schriftstücken zusammen aufbewahrt und sorgfältig geordnet, so daß sie jederzeit wieder auffindbar sind, eine nicht immer sehr geistreiche aber äußerste Sorgfalt erfordernde Aufgabe, die der Schriftablage (Registratur) zufällt.

b) Rechnungswesen. Der Einkauf wird in großen Geschäften in einer besonderen Einkaufsabteilung erledigt. Die Abschlüsse der Geschäfte lassen Verpflichtungen rechtlicher Art entstehen, führen zur Entstehung von Schuldverhältnissen und Zahlungsverpflichtungen, über die der Kaufmann jederzeit ein klares Bild haben muß. Diese Aufgabe erfüllt die Buchhaltung, die man vielleicht als das Gewissen des Geschäftes bezeichnen kann. Die für die Buchungen erforderlichen rechnerischen Unterlagen liefert die Kalkulationsabteilung, in der auch die Berechnungen der Selbstkosten- und Verkaufspreise erfolgen.

Die Berechnung der Kosten der Waren als Einkaufs-, Selbstkosten- und Verkaufspreis, Berechnung der allgemeinen und besonderen Unkosten auf bestimmte Vorgänge (z. B. Löhne, Gehälter, soziale Lasten, Steuern usw.), Berechnung der Wirtschaftlichkeit einzelner Betriebszweige, z. B. eines mit einem Baugeschäft verbundenen Sägewerkes, des Ertrages von einzelnen Warengruppen, des Erfolges bestimmter Werbetätigkeit (Besuch einer Messe), und schließlich als Gesamtergebnis Berechnung der Wirtschaftlichkeit des Gesamtunternehmens (Rentabilität), Verzinsung des darin angelegten Kapitals usw. sind ebenfalls Arbeitszweige des inneren Betriebes. Die kurze Kennzeichnung einiger der wichtigsten Aufgaben des Rechnungswesens zeigt schon, welche Fülle von Arbeiten sich hierbei dem Kaufmann darbietet. Unbedingte Vertrautheit mit allen in Frage kommenden Rechnungsarten, vor allem schnelles und unbedingt zuverlässiges Rechnen sind Voraussetzung hierfür.

c) Geschäftsleitung. Große Unternehmen haben neben diesen Abteilungen noch mancherlei Einrichtungen. Zunächst einmal werden, wie wir schon sahen, die meisten von ihnen als Gesellschaften betrieben, denen Direktoren vorstehen, die in der Direktion ihre Arbeit verrichten und ihr Hilfspersonal in einem Chefkabinett (Sekretariat) unterbringen. Die für sie wichtigen Schriftstücke, Verträge, Urkunden usw. werden in einem Archiv aufbewahrt; die häufig sehr schwierigen Berechnungen über große Geldgeschäfte, die für den Betrieb erforderlich sind, erledigt eine besondere Finanzabteilung, mit der außer der schon genannten Kalkulation häufig die statistische Abteilung im Zusammenhange steht, in der laufende Aufzeichnungen über alle im Betriebe wesentlichen Tatsachen in Zahlen und Zeichnungen geführt werden.

Überall dort, wo der Betrieb eine große Zahl von Arbeitskräften vereinigt, wird die Einrichtung einer besonderen Personalabteilung erforderlich werden, deren Obliegenheiten alles umfassen, was mit der Anstellung, Beschäftigung, Entlassung usw. der Hilfskräfte zusammenhängt. In großen Industrie- und Verkehrsunternehmungen bestehen nicht selten eigene Wohlfahrtsabteilungen, deren Aufgabe in der Durchführung aller gemeinnützigen Maßnahmen für die Betriebsangehörigen liegt; ihnen sind dann auch die hierfür geschaffenen Anstalten unterstellt (Krankenkassen, Erholungsheime, Speiseanstalten, Pensionskassen, Siedelungen usw.).

d) Behandlung der Ware. Neben den eben geschilderten Verwaltungsarbeiten macht aber auch die Ware selbst mancherlei Arbeiten erforderlich. In besonders großem Umfange ist das natürlich in den Fabriken der Fall, da hier die verkaufsfertige Ware erst aus den Rohstoffen oder halbfertigen Stoffen, den Halbwaren, hergestellt werden muß. Es würde zu weit führen, schon hier auch nur das Wesentlichste aus dem Fabrikbetriebe besprechen zu wollen. Im eigentlichen Warenhandel müssen für die Waren von ihrer Ankunft bis zum Wiederverlassen des Geschäftes Lagerräume vorhanden sein, die dem Lagerverwalter unterstehen. Die mit der Ankunft und der Versendung der Waren verbundenen Arbeiten erledigt die Warenexpedition, der zur Ausfertigung der Frachtbriefe und Rechnungen oft noch eine besondere Fakturierungsabteilung angegliedert ist. Trotz der weniger zahlreichen Arbeitsvorgänge, die die Ware selbst mit sich bringt, wird das Warenlager je nach der Art der Waren und des Geschäftes vielfach einen erheblich größeren Raum einnehmen als die gesamten Kontorräume.

So ergibt sich in einem Großbetriebe eine Fülle verschiedener Arbeiten, die demgemäß auch von verschiedenen Menschen in getrennten Räumen erledigt werden. Je kleiner der Betrieb, um so einfacher wird das Zusammenarbeiten sein, bis in dem kleinsten Betriebe die gesamten Arbeiten von dem Alleininhaber der Unternehmung in einem vielleicht recht bescheidenen Raume besorgt werden.

2. Die Arbeitsteilung.

Nur in Geschäften ganz kleinen Umfanges reicht die körperliche und geistige Arbeitskraft eines einzelnen aus, alle Tätigkeiten allein zu verrichten. Sobald das Geschäft sich ausdehnt, werden Hilfskräfte herangezogen werden müssen, sei es auch nur ein Lehrling, der unter stetiger Überwachung und Anleitung des Inhabers allmählich mit den Arbeiten vertraut gemacht und zu ihrer selbständigen Ausübung angeleitet wird. Liegt aber ein Geschäft größeren Umfanges vor, so wird man zur Arbeitsteilung schreiten, die verschiedenen Arbeiten durch besonders hierfür geeignete und ausgebildete Kräfte ausführen lassen. Der einzelne wird vielfach jahraus, jahrein nur eine kleine Gruppe von Arbeiten verrichten, hierin große Übung, Erfahrung und Fertigkeit erlangen, ungestört immer bei derselben Arbeit verweilen können und daher ein Spezialist auf seinem Gebiete werden. So ist es leicht zu verstehen, daß hier dann zehn Menschen erheblich mehr Arbeit leisten, als das Zehnfache von dem, was ein Mensch zu leisten vermöchte, wenn er alle genannten Arbeiten allein verrichten sollte. Allerdings wird die Tätigkeit der Betreffenden dadurch auch weniger abwechslungsreich, einförmiger und daher für strebsame und regsame Menschen auch leicht ermüdender. Sie verlieren den Überblick über den Zusammenhang des Ganzen, werden nur ein Rädchen in dem großen Betriebe. Aus dem Geistesarbeiter kann so schließlich ein rein mechanischer Arbeiter werden, der auf seinem Posten verknöchert und zum Bürokraten wird. Doch ist im kaufmännischen Betriebe diese Gefahr bei weitem nicht so groß wie bei der Fabrikarbeit. Der geistig Hochbegabte und Strebsame wird sich bald unter der Masse der Mitarbeiter auszeichnen und seinen Weg aufwärts finden. Gerade im Kaufmannsstande gilt das Wort Napoleons, daß jeder Rekrut den Feldherrnstab im Tornister bei sich trägt.

3. Die Betriebsleitung.

Je nach der Tätigkeit, die der einzelne im Unternehmen auszuüben hat, werden die Anforderungen an sein Wissen und Können verschieden sein. Die höchsten Leistungen muß natürlich der Leiter der Unternehmung erfüllen, der das Ganze zu organisieren, den Betrieb zu überwachen und zu leiten hat und von dem alle wichtigen Anordnungen getroffen werden. Die von ihm ausgegangenen Anweisungen müssen mit größter Gewissenhaftigkeit und Genauigkeit ausgeführt werden, daher sind auch die Anforderungen an viele der ausführenden Kräfte des Unternehmens nicht gering. Die Durchführung aller Maßnahmen der Leitung muß ständig überwacht (kontrolliert) werden, was in großen Geschäften vielfach durch besonderes Überwachungspersonal geschieht, in der Fabrik Aufgabe der Meister und Betriebsingenieure ist. Die Überwachung der Einzelarbeiten bedeutet keineswegs ein Mißtrauen gegen die Angestellten, ist vielmehr eine durchaus notwendige Maßnahme, die allerdings verschieden wirken wird, je nachdem, ob der betreffende Angestellte seine Arbeit so verrichtet, daß er jederzeit mit ruhigem Gewissen alles offen legen kann, was er getan hat, oder ob er die Aufdeckung von Fehlern oder nachlässiger und träger Arbeit zu fürchten hat. Dem wenig Gewissenhaften muß allmählich die Gewissenhaftigkeit anerzogen werden; wenn das nicht gelingen sollte, wird er seinen Platz einem anderen einräumen müssen. Gewissenhaften und fleißigen Angestellten dagegen wird die Überwachung nur angenehm sein; denn nur dadurch werden die Vorgesetzten ihre Fähigkeiten kennenlernen und ihnen den Weg aufwärts bahnen.

4. Die Angestellten.

Dieser Aufstieg wird immer nur einzelnen gelingen; denn es ist nicht leicht, die höchste Sprosse der Stufenleiter zu erreichen. Wohl wird jeder Lehrling einmal auslernen und so zum Handlungsgehilfen werden, aber dann hängt es ganz von seiner weiteren Tätigkeit ab, ob er später vorwärtskommt, ob er z. B. in der Buchhaltung immer nur ein unwichtiges Buch führt oder allmählich zum ersten Buchhalter oder gar zum Buchhaltungschef aufsteigt, ob er in der Kasse nur das Kassenbuch zu führen hat oder selbst Kassierer wird und als solcher Vollmacht erhält, das heißt, die Berechtigung, rechtsverbindlich durch seine Unterschrift Empfangsbescheinigungen zeichnen, Gelder abheben, Schecks ausschreiben und zeichnen zu können usw. Die höchste Stufe des Vertrauens, die der Angestellte sich erwerben kann, ist indes nicht die Vollmacht für einzelne Teile des Geschäfts, z. B. auch zum Unterschreiben von Briefen, sondern die Vollmacht, alle Geschäfte so selbständig zu erledigen, wie es der Inhaber selbst tut, diese Vollmacht für fast alle im Geschäft vorkommenden Handlungen nennt man Prokura. Bei Aktiengesellschaften gibt es dann noch eine Stufe aufwärts, nämlich die vom Prokuristen zum Direktor des Unternehmens, zu dem Posten, der dem des Geschäftsinhabers auch rechtlich fast vollkommen gleichkommt. So ergibt sich eine Fülle von Möglichkeiten für den strebsamen jungen Kaufmann, für den das viel angewandte Wort „Freie Bahn dem Tüchtigen" kein leeres Schlagwort ist, sondern einen durchaus zu verwirklichenden Inhalt hat.

II. Organisationsfragen. [§ 6

1. Einzel- und Gesamtleitung.

Die Vielheit der sachlichen Arbeitsvorgänge und ihre Verteilung auf die einzelnen Angestellten ergibt eine Fülle von wichtigen Fragen, deren richtige Lösung allein den wesentlichen Teil des Geschäftserfolges verbürgt. Schon in der Leitung größerer Unternehmen muß diese Frage erörtert werden; denn es ist nicht gleichgültig, ob ein riesengroßes Unternehmen von einem Generaldirektor geleitet wird, der alle Fäden in der Hand hält, dessen Anordnungen auch die einzelnen Abteilungsdirektoren sich zu fügen haben, oder ob mehrere Direktoren gemeinsam das Unternehmen in kollegialer Betriebsführung leiten. Beides hat Vor- und Nachteile. Die Einzelleitung verbürgt eine straffe, einheitliche Geschäftsführung, kann aber auch dazu führen, daß einseitig nur die persönlichen Anschauungen des Leiters den ganzen Betrieb lenken, was um so gefährlicher ist, je größer und vielseitiger der Betrieb und je weniger gründlich die Fachkenntnisse des Leiters sind. Nur Leute mit außerordentlich großer Arbeitskraft und Sachkenntnis, die über einen eisernen, aber unbestechlichen Willen und eine hervorragende Menschenkenntnis verfügen, werden einem solchen Posten gewachsen sein. Männer wie Krupp, Stinnes, Hansemann (Diskontogesellschaft) und Ballin (Hamburg-Amerika-Linie) bieten den Beweis dafür, daß auch eine Einzelleitung Hervorragendes schaffen kann nach dem Dichterwort „Der Starke ist am mächtigsten allein".

Indes darf auch hierbei eins nicht vergessen werden, nämlich daß des Menschen Leben an eine bestimmte Frist gebunden ist, und daß auch der Tüchtigste daran denken muß, was aus seinem Unternehmen werden wird, wenn niemand vorhanden ist, der bei seinem Ausscheiden die Fäden zu lenken vermag, die den Großbetrieb zusammenhalten und in gleicher Richtung in allen Teilen lenken. Daher geht man heute meist dazu über, große Unternehmen von mehreren leiten zu lassen, die unter sich dann die Arbeit nach bestimmten Gebieten aufteilen, sich aber auch gegenseitig vertreten und daher nötigenfalls ersetzen können. Natürlich wird die Zahl der in einer solchen gemeinsamen Leitung Tätigen beschränkt und ein verständnis- und vertrauensvolles Zusammenarbeiten gewährleistet sein müssen; denn „viele Köpfe, viele Sinne" ist ein Sprichwort, das auch hier seine Geltung hat und leicht zum Nachteil des ganzen Unternehmens ausschlagen kann.

Was hier von den leitenden Persönlichkeiten gesagt ist, gilt in gleichem Sinne auch für die Angestellten, vor allem, soweit sie wichtige Posten im Geschäft bekleiden. Auch hier herrschen Über- und Unterordnung bis herab zum Lehrling, jedoch soll dieses Verhältnis stets so sein, daß jeder auf seinem Posten befähigt ist, die nächst höhere Stellung auszufüllen, damit im Falle einer Erkrankung oder Beurlaubung keine Störung im Geschäftsbetriebe entsteht und jeder Angestellte immer das Bewußtsein behält, daß es auf die Zusammenarbeit aller Kräfte ankommt.

2. Zentralisation und Dezentralisation.

Eine andere Frage, die bei größeren Geschäften wichtig ist, besteht in der Art der Verteilung der einzelnen Geschäftsaufgaben. Danach unterscheidet man das System der Zentralisation und das der Dezentralisation.

Beispiele: In einem Warenhause kauft jeder Abteilungsleiter selbständig ein, stellt seine Angestellten an, bewilligt Gehaltserhöhungen und errechnet die Verkaufspreise der eingekauften Waren. Hier liegt ein Fall der Dezentralisation vor; das große Geschäft ist gewissermaßen in eine Reihe von Einzelgeschäften aufgelöst. — Eine Großbank mit vielen Zweigstellen behält sich das Recht vor, alle Kredite über *RM* 2—3000 selbst zu bewilligen, die Anstellung der Angestellten zu entscheiden, durch ihre Revisoren Entlassungen ungeeigneter Kräfte vornehmen zu lassen und monatlich durch vorzulegende Aufstellungen bis ins einzelne das Geschäftsgebaren der Zweigstelle nachzuprüfen. Der Abteilungs- bzw. Zweigstellendirektor ist nichts anderes als ausführendes Organ der Zentrale, also völlige innere Zentralisation trotz örtlicher Dezentralisation, somit genau das Gegenteil des ersten Beispiels.

3. Die Mitarbeit der Angestellten.

Die beste Leitung eines Geschäftes wird versagen, wenn sie bei den ausführenden Kräften auf Unverständnis oder dauernden stillen Widerstand stößt. Daher muß es die Aufgabe jedes Chefs und jedes Betriebsleiters sein, die Arbeitsfreudigkeit seiner Angestellten so weit wie möglich zu fördern. Das kann durch verschiedene Mittel geschehen.

Zunächst muß durch eine sorgfältige Auslese bei Anstellung des Personals dafür gesorgt werden, daß der richtige Mann an die richtige Stelle kommt. Ist dies nicht sofort möglich, so wird eine genaue Beobachtung der Angestellten während der ersten Monate ihrer Tätigkeit das gewünschte Ergebnis zeitigen und nötigenfalls zu einem Wechsel der Stellenbesetzung führen. Der Angestellte muß von vornherein mit dem Gesamtaufbau des Geschäftes vertraut gemacht werden, damit er den Zusammenhang seiner Tätigkeit mit derjenigen der übrigen Angestellten kennenlernt. Neuzeitliche Geschäfte händigen den Angestellten bei oder schon vor der Anstellung eine kurze schriftliche Darstellung der Abteilungen des Geschäftes und einen Geschäftsplan aus. So fühlt der einzelne sich sofort als Glied des Ganzen und weiß, worauf es bei seiner Tätigkeit ankommt. Ferner dürfen Beförderungen in der Stellung und im Gehalt nicht von verwandschaftlichen Beziehungen, Freundschaften oder Lebensalter abhängig gemacht werden, sondern allein von den tatsächlichen Leistungen. Darin liegt der stärkste Antrieb zum gewissenhaften und gleichmäßigen Arbeiten. Die nach dem Kriege aufgestellten Lohntarife der Arbeitgeber- und Arbeitnehmerverbände sollen und wollen nur Mindestsätze für die Entlohnung festlegen. Es bleibt aber jedem Geschäftsinhaber unbenommen, je nach Leistung höhere Gehälter zu zahlen, und tatsächlich wird von diesem Mittel auch gerade von einsichtigen und weitblickenden Kaufleuten recht oft Gebrauch gemacht.

Neben dem festen Gehalt werden in einer Reihe von Unternehmungen noch Sondervergütungen gewährt, die unter verschiedenen Namen bekannt sind. Die Direktoren großer Unternehmen erhalten einen Anteil am Reingewinne, die Tantieme, die oft höher ist als das feste Gehalt. Dasselbe gilt von der Verkaufsprovision der Reisenden, die in einem bestimmten Vomhundertsatz der von ihnen verkauften Waren berechnet wird. In Banken wird den Angestellten eine Prämie gewährt, wenn der Halbjahrsabschluß bis zu einem gewissen Tage fertig ist. Warengeschäfte sichern ihren Verkäufern eine besondere Entschädigung zu für den Verkauf von sogenannten Ladenhütern. Manche Betriebe beteiligen ihr gesamtes Personal an dem Reingewinn des Geschäftes, was indes eine meist nur schwer durchzuführende Maßnahme ist, da der Reingewinn rechnerisch wesentlich erhöht oder ermäßigt werden kann. Besser ist die Beteiligung am Umsatz, da hier erstens die Zahlen einwandfrei und leicht festgestellt werden können und zweitens die Auszahlung monatlich mit dem Gehalt erfolgen kann, also gewissermaßen unmittelbar der klingende Erfolg der Arbeit auf dem Fuße folgt.

4. Die wissenschaftliche Betriebsführung.

a) Wesen. Eine ganze Reihe der organisatorischen Maßnahmen, die eben geschildert wurden, ergibt sich von selbst aus der Erfahrung des täglichen Lebens. Lange Jahre hindurch war diese die einzige Lehrmeisterin. Erst in den letzten Jahrzehnten hat man angefangen, auch in Fragen der zweckmäßigsten Gestaltung aller Arbeitsmittel und Arbeitsvorgänge systematische Beobachtungen und Messungen anzustellen, hat man die Mitwirkung des menschlichen Geistes gewissermaßen mit Uhr und Metermaß zu erfassen gesucht, psychotechnische Studien getrieben, wie es genannt wird. Der eigentliche Schöpfer dieser „wissenschaftlichen Betriebsführung" ist der Amerikaner Frederick W. Taylor, daher nennt man die ganze Lehre wohl auch Taylorismus. Einige Beispiele zeigen besser als lange Erörterungen das Wesen dieser Beobachtungen und der daraus zu ziehenden Schlüsse.

Beispiele: Ein Lehrling hat Briefe mit Freimarken zu versehen. Die Markenwerte sind teils mit 5, teils mit 10 und 20 Pfennig aufzukleben. Die einzelnen Markensorten liegen je nach Wert auf verschiedenen Seiten eines Markenbuches. Der Napf zum Anfeuchten steht am oberen Ende des Pultes. Der Lehrling nimmt nun die Postsachen der Reihe nach vor, wiegt in zweifelhaften Fällen einzelne Briefe auf der ebenfalls am äußersten Ende des Pultes stehenden Briefwage aus, blättert in dem Markenbuche, bis er die Seite mit den entsprechenden Freimarken hat, befeuchtet die Marke an dem entfernt stehenden Anfeuchter und verfährt so mit jedem einzelnen Stück. Wie ist die richtige Handhabung? Sortieren der Postsachen nach der Höhe der aufzuklebenden Freimarken, gleichzeitiges Auswiegen sämtlicher im Gewicht zweifelhafter Postsachen, Heranholen des Anfeuchters in unmittelbare Nähe der linken Hand, Anfeuchten mit der linken, Andrücken der Marken mit der rechten Hand. Erfolg: die Arbeit wird in weniger als der halben Zeit getan, die Anstrengung des Lehrlings ist trotzdem eine wesentlich geringere.

Ein Maurer bückt sich nach jedem einzelnen Ziegelstein nach der einen, nach dem Kalk nach der anderen Seite. Taylor schuf ihm ein verstellbares Gerüst, so daß Kalk und Steine immer in der Höhe der jeweils in Arbeit befindlichen Steinreihe waren und zwar so, daß der Stein links, der Kalk rechts war, weil mit der Rechten der Ziegel bestrichen wird. Der Maurer schaffte nach kurzer Zeit das Mehrfache von dem, was er vorher leistete.

Die wenigen Beispiele werden genügen, um zu zeigen, worauf es ankommt, nämlich Feststellung der auszuführenden Bewegungen und der dazu erforderlichen Zeit, Vermeidung aller überflüssigen, oft auch kraftraubenden Bewegungen und damit Verkürzung der Zeit für seine bestimmte Leistung. Mit anderen Worten, das erstrebte Ziel ist die Durchführung des als „Grundsatz der Wirtschaftlichkeit" bereits S. 2 erwähnten Satzes, daß jeder dahin zu streben hat, mit möglichst wenig Aufwand an Kraft, Zeit und Mitteln einen möglichst großen Erfolg zu erzielen.

b) Wissenschaftliche Betriebsführung im Kontor. Erst in allerjüngster Zeit beginnt man in Deutschland, auch in kaufmännischen Betrieben in dieser Beziehung bewußt zu beobachten, Verbesserungen anzustreben, die auf die Dauer und in ihrer Gesamtheit nicht unwesentlich zur Erhöhung des Arbeitserfolges beizutragen vermögen. Hier können nur die wichtigsten Punkte in dieser Richtung kurz erwähnt werden, aber jeder denkende Mensch wird bei fortgesetzter Selbstbeobachtung sicher mancherlei Kraftvergeudung herausfinden, die er bisher unbewußt zeitlebens getrieben hat.

Es handelt sich indessen nicht nur um eine Untersuchung der Einzelleistungen und die zweckmäßige Gestaltung des Arbeitsvorganges (Arbeitsräume, Arbeitsplätze, Arbeitsmittel, Arbeitsgang), sondern weiter auch um die Feststellung der Eignung des Arbeitenden, ferner um die Ordnung der Gesamtleistung (Arbeitsdauer, Arbeitspausen, Arbeitswechsel usw.), vor allem aber um eine zweckmäßige Teilung und Ordnung der gesamten Betriebsleistung, mithin um die Organisation der Arbeit und die Organisation des Betriebes.

Alle daraus entspringenden Maßnahmen müssen von einer Stelle aus unter einem leitenden großen Gesichtspunkt zum besten des Geschäftsganzen gestaltet werden. Um aber den Erfolg zu sichern und zu erhöhen, ist die Einsicht und Mitarbeit aller im Betriebe tätigen Kräfte erforderlich. Viele Betriebe haben bereits die Einrichtung, daß ein besonderer Briefkasten angebracht wird, in den die Angestellten unter Namensnennung schriftliche Verbesserungsvorschläge werfen, die, wenn sie sich als brauchbar erweisen, durch besondere Geldprämien anerkannt werden. Grundgedanke bei allen Maßnahmen ist und bleibt, daß das Unternehmen ein einheitliches Ganzes, ein Organismus ist, nicht eine Summe von Einzelwesen, daher überall ein einheitliches Ziel, geleitet von einem einheitlichen Willen.

C. Der wirtschaftliche Verkehr.

Das kaufmännische Unternehmen ist nicht für sich allein lebensfähig, vielmehr drängt es zu einem möglichst lebhaften Verkehr mit anderen Wirtschaften. Wir sahen bereits, daß im Gegenstrom zum Güterumlauf sich ein Umlauf der Zahlungsausgleichmittel vollzieht. Diesen gesamten Austausch von Wirtschaftsgütern bezeichnen wir als wirtschaftlichen Verkehr. Zu ihm gehört einerseits der Verkehr im engeren Sinne (Personen-, Güter-, Nachrichtenverkehr), andererseits der Verkehr im weiteren Sinne als betriebswirtschaftliche Verbindung der einzelnen Wirtschaften. Bei letzterem ist mit Rücksicht auf den Gegenstand der Warenverkehr zu trennen von dem Geld-, Kapital- und Kreditverkehr.

I. Der Verkehr im engeren Sinne. [§ 7

Aufgabe dieses Verkehrs ist Raumüberwindung für Personen, Güter und Nachrichten. Er löst diese Aufgabe um so besser, je schneller, sicherer und billiger die Überwindung der Entfernung bewirkt wird. Zur Lösung der Aufgabe sind erforderlich: Verkehrswege und Verkehrsmittel.

1. Verkehrswege.

Sie können natürlicher oder künstlicher Art sein, jedoch tritt bei fortschreitender Entwicklung die zweite Gruppe immer mehr in den Vordergrund.

a) Wasserwege. Der größte und für den Welthandel bedeutendste Verkehrsweg natürlicher Art ist das Meer, das daher auch als die Hochstraße des Weltverkehrs bezeichnet wird. Hier sind die Wege für jeden frei, kein Volk der Erde hat das Recht, die hohe See als sein Eigentum zu betrachten; daher fallen auch die Erschwerungen durch Gesetzgebung einzelner Länder auf dem Meere fort, abgesehen von den Gewaltmaßnahmen im Kriege. Weniger günstig sind in dieser Beziehung schon die Binnenschiffahrtswege, die Flüsse und Seen, da sie den Verkehr an bestimmte Wege binden, die nicht überall günstig sind für die Wirtschaftsentwicklung, der sie ferner durch Naturereignisse (Hochwasser, Wassermangel, Vereisung) nicht immer in gewünschtem Maße zu dienen vermögen. Einen Übergang von den natürlichen zu den künstlichen Verkehrswasserwegen bilden die ausgebauten Flüsse, denen sich die **Kanäle** als Kunststraßen der Binnenschiffahrt anreihen.

Beispiele: Die Windungen der Mosel sind so zahlreich, daß ihre Benutzung als Verkehrsstraße in den meisten Fällen unwirtschaftlich ist. — Die Eisenbahn zwischen Moskau und Petersburg bildet in ihrer Gesamtrichtung fast eine gerade Linie, ist daher der billigste und schnellste Verkehrsweg zwischen den beiden Hauptstädten des alten Zarenreiches. — Die Weser durchfließt in dem Hauptteil ihres Laufes wirtschaftlich wenig entwickelte Gebiete, in dem hoch entwickelten mitteldeutschen Wirtschaftsgebiet fehlt dagegen im Innern eine brauchbare natürliche Wasserstraße. Sie wird erst jetzt durch den Mittellandkanal geschaffen.

Das Vorhandensein der billigen natürlichen Wasserstraßen ist für die Wahl des Standortes verschiedener Großindustrien Lebensbedingung (Eisenhütten, chemische Großindustrie), da Kunststraßen die Beförderung so verteuern, daß der Wettbewerb mit günstiger gelegenen Unternehmungen unmöglich gemacht wird.

b) Landwege. Die Wege des Landverkehrs sind heute nur noch in Ausnahmefällen in wenig kultivierten Ländern natürliche Straßen, so z. B. die Wüsten, die Prärien und teilweise die Steppen, im übrigen sind die ausgebaute Landstraße und die Eisenbahn die Träger des Landverkehrs. Künstliche Verkehrswege haben zwar vor den natürlichen den Nachteil, daß ihre Anlage sehr teuer ist; für Verzinsung, Tilgung des Anlagekapitals und Unterhaltung sind beträchtliche Summen aufzuwenden. Aber sie haben auch den großen Vorteil, daß ihre Anlage und die Richtunggebung so erfolgen, daß den wirtschaftlichen Notwendigkeiten am besten gedient ist.

c) Luftwege. Der Luftverkehr ist ebenso wie der Verkehr auf hoher See an bestimmte Wege nicht gebunden. Er ist am freiesten. Zu seiner Durchführung ist nur die Anlegung von Flughäfen und Richtungszeichen (für den Nachtverkehr) erforderlich. Zur Zeit fehlt es noch an einer allgemeinen zwischenstaatlichen Regelung dieses neuesten und zukunftsreichen Verkehrs. Deutschland wird an der freien Entwicklung seiner Flugverbindungen durch die Bestimmungen des Versailler Vertrages gehindert.

2. Die Verkehrsmittel.

Die Verkehrsmittel sind noch verschiedenartiger als die Verkehrswege. Dem Wasserverkehr dienen Segler, Dampfer und Motorschiff, dem Landverkehr Wagen, Eisenbahn und Kraftwagen, bei einfachen Verhältnissen auch Träger, Lasttier (Maulesel, Pferd, Kamel) und Schiebekarren (China). Die Leistungsfähigkeit der Verkehrsmittel hängt ab von der Größe der Beförderungsgefäße und der Art der Antriebskraft. Je größer die Menge, die auf einmal befördert werden kann, je kräftiger die Antriebskraft und die von ihr entfaltete Geschwindigkeit, desto geeigneter ist das Verkehrsmittel für die hohen Anforderungen der heutigen Wirtschaft. Unerreicht in der Geschwindigkeit steht heute für die Übermittlung von Nachrichten der Funkverkehr da, mittels dessen Nachrichten binnen weniger Minuten über die ganze Erde verbreitet werden, und der an keinen bestimmten Weg gebunden ist. Ähnliche Geschwindigkeit erreichen das Fernschreib- und Fernsprechwesen, die das Kabel unter der Erde und den Leitungsdraht über der Erde als Beförderungsweg benutzen, daher auch höhere Kosten verursachen. Auch im Güterverkehr hat man die menschliche oder tierische Antriebskraft fast ganz durch die mechanische wie Wind, Gas, Dampf und Elektrizität ersetzt und so eine bedeutende Erhöhung und Verbilligung der Leistungsmöglichkeit erreicht. Die Beförderungsgefäße sind im Landverkehr durchweg erheblich kleiner als im Wasserverkehr.

Beispiel: Ein Träger in Afrika vermag durchschnittlich 30 kg zu tragen, ein Eisenbahnwagen faßt 15000 kg (15 t), ein Rheinkahn bis zu 3000 t = 200 Eisenbahnladungen oder den Inhalt von 4 Güterzügen, ein Ozeanfrachtdampfer durchschnittlich 15000 t oder den Inhalt von 1000 Güterwagen = 20 Güterzügen.

3. Die Kosten des Verkehrs.

Die Kosten des Verkehrs sind abhängig einmal von dem Fassungsvermögen der Beförderungsgefäße, zum andern von den Kosten der Anlage und des Betriebes der Beförderungswege und -mittel. Hierbei gilt allgemein der Grundsatz, daß die Kosten mit der Größe der Beförderungsgefäße (bis zu einer gewissen Grenze) abnehmen, mit steigender Geschwindigkeit jedoch zunehmen, und zwar wachsen die Kosten in höherem Maße, als die Geschwindigkeit zunimmt. Für den Kaufmann ist das insofern wichtig, als er zur Verbilligung der Selbstkosten solange wie möglich sich mit einer geringeren Geschwindigkeit begnügen wird, besonders wenn es sich um Waren handelt, die bei großem Gewicht einen geringen Wert haben, die daher als Massengüter bezeichnet werden. Denn die Beförderungskosten wirken um so weniger auf den Warenpreis ein, je höher der Eigenwert der Waren ist.

Beispiel: Brennholz wird durch den Eisenbahnversand so verteuert, daß es im allgemeinen nicht mehr als 100 km mit der Bahn befördert werden kann; Steinkohle kostet in abgelegenen Teilen Süddeutschlands das Doppelte von dem, was sie ab Zeche kosten; Schmuckwaren von Hanau sind in allen Teilen Deutschlands fast zum gleichen Preise zu haben.

4. Die Grenzen der Verkehrsmöglichkeit.

Der Fortentwicklung des Verkehrs sind sowohl natürliche, als auch technische und wirtschaftliche Grenzen gesetzt, die allerdings immer nur eine zeitlich bedingte Bedeutung haben. Natürliche Hindernisse sind z. B. hohe und steile Gebirge, besonders für die Anlage von Wasserwegen, aber auch von Eisenbahnen. Eine natürliche Grenze liegt oft auch in der Eigenart der zu befördernden Güter, die leicht verderblich sind, Frost nicht vertragen können (Kartoffeln) oder durch Hitze verdorben werden (Fleisch, Butter); hier helfen zwar oft künstliche Mittel z. B. Gefrierverfahren, aber sie verteuern den Versand erheblich, so daß dann die Versandmöglichkeit an den Kostenfragen scheitert. Technisch ist z. B. die Größe der Kähne durch den Tiefgang und den dazu nötigen Wasserstand begrenzt, die Geschwindigkeit der Eisenbahn durch Kurven in den Schienenwegen, die Länge der Züge durch die Betriebssicherheit usw. Für den Kaufmann ist die wichtigste Frage die, wie lange sich der Versand einer Ware noch lohnt, mit anderen Worten, wieviel Beförderungskosten sie ertragen kann, um den Wettbewerb mit anderen, vielleicht unter ungünstigeren Bedingungen arbeitenden aber der Verbrauchsstätte näher gelegenen Unternehmen noch aufnehmen zu können. Die Beförderungskosten sind somit oft ausschlaggebend für die Wirtschaftlichkeit einer Unternehmung oder ganzer Wirtschaftszweige eines Landes.

Beispiele: Vor der Erfindung der Eisenbahn war russisches Getreide in Deutschland unverkäuflich, da keine Möglichkeit bestand, es in Deutschland zu den gleichen Preisen anzubieten, wie sie von den hiesigen Erzeugern gefordert wurden. — In Argentinien ließ man das Fleisch der Rinder in den Grasebenen verkommen, da nur die Haut genügend hohen Wert hatte, um die hohen Beförderungskosten mit Ochsenwagen zu ertragen. Die Umwandlung in Fleischextrakt fiel fort, als die neuzeitlichsten Gefriereinrichtungen auf schnell fahrenden Dampfern den Versand des frischen Fleisches ermöglichten.

5. Die Verkehrsorganisation.

Die hohen Anlagekosten künstlicher Verkehrswege, das nach der Natur der Sache sich über große Räume erstreckende Arbeitsgebiet einer Verkehrseinrichtung und das zum Betriebe erforderliche hohe Kapital ließen die neuzeitlichen Verkehrseinrichtungen von vornherein danach streben, den Erfolg nicht durch Errichtung eines Konkurrenzunternehmens zu gefährden. Dazu kam, daß der Staat sich ein weitgehendes Aufsichtsrecht sichern mußte, um das Streben nach Gewinn nicht soweit gehen zu lassen, daß die Verkehrssicherheit darunter litt. Daher finden wir sowohl bei der Dampfschiffahrt wie bei der Eisenbahn gleich im Anfang große Gesellschaften, die als Unternehmer auftreten, oder der Staat selbst tritt sofort als Unternehmer in diesen neuen Aufgabenkreis ein. Die Reichspost, die Reichsbahn, das deutsche Fernsprech- und Fernschreibwesen sind Beispiele hierfür. In anderen Ländern sind die Bahnen wie bei uns die Schiffahrtsunternehmungen zwar in den Händen von Aktiengesellschaften, aber der Staat hat nicht nur ein weitgehendes Aufsichtsrecht über Betriebsführung und Betriebssicherheit, sondern behält sich in der Regel auch einen maßgebenden Einfluß auf die Festsetzung der Beförderungspreise, der Tarife, vor. So liegen z. B. die Verhältnisse bei der Reichsbahn seit 1924, nachdem ihr Betrieb infolge des Londoner Abkommens an eine Aktiengesellschaft übergegangen ist. Soweit die Verkehrseinrichtungen in weitem Umfange der Allgemeinheit dienen, ist es Aufgabe des Staates, durch geeignete Tarifbildung das Wirtschaftsleben und das allgemeine Verkehrsleben günstig zu beeinflussen.

II. Der Geld-, Kredit- und Kapitalverkehr. [§ 8

1. Entwicklung des Geldverkehrs.

Entwicklung der wirtschaftlichen Kultur, Siedlungsweise der Menschen, Vervollkommnung der Verkehrsmittel und Entfaltung des wirtschaftlichen Verkehrs stehen in vielfältiger gegenseitiger Wechselwirkung und Beeinflussung. In der geschlossenen Hauswirtschaft gibt es in der reinen Form weder Tausch noch eine Verkehrsnotwendigkeit. Die erste Tauschwirtschaft allgemeiner Art ist nur über eine kurze Entfernung oder nur mit besonders hochwertigen Waren (Bernstein, Zinn, Wolltücher) möglich. Die Kreise der Tauschmöglichkeit behalten auch einen kleinen Umfang bei der Entwicklung der Städte des Mittelalters. Indes tritt hier schon die Erleichterung ein, daß besonders hochwertige Waren als allgemeines Tauschmittel, als Geld (Näheres hierüber S. 26), im Austausch mit der eigentlichen Ware hingegeben werden. Verbesserung der handelspolitischen Gestaltungen der Verkehrsmittel zu Anfang des neunzehnten Jahrhunderts führen erst zum völligen Übergang vom Tauschhandel zum Kauf gegen Barmittel und zu der großartigen Organisation der dem Geldhandel dienenden Unternehmungen, die wir heute als Banken kennen. Man lernt das Geld durch ein als Banknote bezeichnetes Zahlungsversprechen ersetzen, gewährt auch Zahlungsfristen für die Bezahlung und kommt so zum Kreditverkehr, dessen erste Auswirkung schon im Mittelalter der Wechsel als bezeichnendstes kaufmännisches Kreditmittel ist. Heute ist man einen Schritt weiter gegangen und schaltet nach Möglichkeit die Edelmetalle als Zahlungsmittel aus, indem man entweder mit Geldersatzmitteln (Banknoten) zahlt, oder die Zahlung durch Vermittlung der Banken im Wege der Abrechnung und gegenseitigen Verrechnungen im Überweisungsverkehr bewirkt.

Die Geldeinheit bleibt aber die Grundlage des wirtschaftlichen Rechnungswesens, Geld das Mittel für den wirtschaftlichen Verkehr. Ohne Verfügung über einen ausreichenden Geldvorrat (Geldkapital, landläufig auch einfach als Kapital bezeichnet) ist der dauernde Betrieb einer Unternehmung nicht möglich.

2. Kapitalverkehr.

Die Beschaffung, Erhaltung und Vermehrung des Kapitals muß daher von den Unternehmungen regelmäßig angestrebt werden. Soweit der eigene Geldbesitz des Unternehmens nicht ausreicht, muß es fremdes Kapital (Leihkapital) heranzuziehen suchen. Andererseits hat es dafür zu sorgen, daß zeitweilig oder dauernd unbenutztes Geld anderen Wirtschaften nutzbringend zur Verfügung gestellt wird. So entsteht ein dauernder Verkehr mit Geldkapitalien. Soweit dieser zwischen Nahestehenden (Verwandten, Freunden) stattfindet, ist eine Vermittlung durch Dritte nicht erforderlich.

Anders gestalten sich die Verhältnisse, wenn öffentliche Körperschaften wie der Staat als Geldnehmer auftreten oder große Unternehmungen viele Kapitalisten zur Beteiligung an ihrem Unternehmen heranziehen wollen. Dann wird die Geldhergabe unpersönlich, die Beteiligung erfolgt in Form der Aktie, die Hergabe gegen festen Zins durch öffentliche oder Industrie-Anleihe. Die Vermittlung dieses Kapitalmarktes ist Aufgabe der Banken. Da Geldgeber, Geldnehmer und Banken über das ganze Land zerstreut sind, ein Austausch der Kapitalwerte unter ihnen daher sehr schwierig sein würde, sind einige wenige Sammelstellen für den Kapitalverkehr geschaffen, an denen das Angebot und die Nachfrage nach Anleihen und Aktien aus dem ganzen Lande zusammenlaufen, und die den Namen Börsen führen. Hier werden auch die im Handel ermittelten Preise oder Kurse (= Preis für je RM 100 Nennwert) der Papiere festgestellt.

3. Zahlungsverkehr.

Die Banken sind weiter dazu berufen, den Zahlungsausgleich zu vermitteln. Neben ihnen dienen diesem Zwecke verschiedene öffentliche Anstalten (Post, Girokassen, Sparkassen). Die räumliche Entfernung zwischen Schuldner und Gläubiger einerseits, die Größe der Umsätze andererseits haben die Schaffung und Inanspruchnahme dieser Vermittlungsstelle zur unabweisbaren Notwendigkeit gemacht.

Die Beeinflussung und Regelung des Geldwesens ist, soweit sie nicht vom Staate selbst ausgeübt wird, Sache der vom Staat hierzu besonders ermächtigten oder gegründeten Notenbanken, in Deutschland besonders der Reichsbank, die allein berechtigt ist, Banknoten herzustellen, die im ganzen Reiche als gesetzliches Zahlungsmittel angenommen werden müssen. Diese Banknoten sind Schuldscheine der Reichsbank, für die als Deckung Gold, Auslandswechsel (Devisen) und erstklassige Inlandswechsel vorhanden sind. Die Menge der im Umlauf befindlichen Noten ist nicht immer die gleiche, sondern steigt oder fällt je nach den Bedürfnissen der Wirtschaft, wie dies in dem Abschnitt Zahlungsverkehr (Teil II) noch näher gezeigt werden wird. Reichsgeld im eigentlichen Sinne sind nur die Silber-, Bronze- und Kupfermünzen, die auch Scheidemünzen genannt werden.

4. Der Kreditverkehr.

Das Hinausschieben der Zahlung auf einen späteren Termin wird in größerem Umfange erst möglich, wenn die Rechtssicherheit genügend entwickelt ist. Denn, wenn man Kredit auch nur solchen Personen gewährt, zu denen man das Vertrauen hat, daß sie zum vereinbarten Zeitpunkt zahlen wollen und zahlen können, so wird doch eine rechtliche Sicherung und eine besonders entwickelte Technik des Kreditverkehrs nicht zu entbehren sein. Heute, wo der Kreditverkehr, wie wir schon sahen, vielfach die Barzahlung verdrängt hat, ist er für die Gestaltung unseres Wirtschaftslebens von derartiger Bedeutung, daß man geradezu von einem Zeitalter der Kreditwirtschaft spricht. Nach der Art der Verwendung des Kredites müssen wir unterscheiden: Kredit, der meist auf kurze Zeit (kurzfristig) zur Verstärkung der Betriebsmittel, des flüssigen Kapitals der Unternehmung dient, z. B. beim Landwirt zur Hereinschaffung der Ernte, und Kredit, der auf lange Zeit, oft auf Jahre hinaus, gewährt wird, um Grundstücke, Gebäude und Fabrikanlagen dafür zu beschaffen oder zu erweitern. Dieser Kredit heißt Anlagekredit oder langfristiger Kredit, eine seiner bezeichnendsten Formen ist die Hypothek, bei der Grundstücke als Sicherheit für die Hergabe des Geldes verpfändet werden.

Wichtig ist bei Kreditgewährung, ob allein das persönliche Vertrauen in die Zahlungsfähigkeit und den Zahlungswillen des Geldnehmers genügen, das Darlehn zu gewähren, oder ob die Hinterlegung besonderer Sicherheiten (Wertpapiere, Hypotheken) gefordert wird. Der auf persönlichem Vertrauen allein beruhende Kredit heißt Personal- oder ungedeckter Kredit, der gegen Sicherheitsstellung gewährte Kredit wird als gedeckter, Sach- oder Realkredit bezeichnet. Da bei ihm in der Regel die Gefahr bezüglich der Rückzahlung geringer ist als beim ungedeckten, braucht meist nur ein niedrigerer Zinsfuß dafür bezahlt zu werden. Die als Kredit gewährte Summe wird keineswegs immer in barem Gelde hergegeben, vielmehr werden diese reinen Finanzkredite bei weitem überwogen durch die Warenkredite, bei denen der Verkäufer die Ware liefert und mit der Bezahlung Tage, Wochen oder gar Monate zu warten sich bereit erklärt. Dabei kann diese Schuld entweder in den Büchern des Lieferers als Buchschuld stehenbleiben, oder sie wird durch Ausstellung eines Wechsels, durch den der Schuldner unter ganz besonders strengen gesetzlichen Bindungen zur pünktlichen Rückzahlung gezwungen wird, zu einer Wechselschuld. Der Wechsel ist daher, wie schon früher erwähnt, das wichtigste Kreditmittel des Kaufmanns, da er ihm einerseits die sofortige Barzahlung erspart, anderseits aber den Besitzer des Wechsels in die Lage setzt, sich durch dessen Verkauf an Banken oder Geschäftsfreunde Geld oder Waren zu beschaffen.

III. Die Maßeinheiten. [§ 9

Bedeutung. Je besser ein Betrieb im Innern durchgebildet ist und je leistungsfähiger die in ihm waltenden Kräfte gestaltet sind, um so lebhafter wird sich sein Verkehr mit anderen Unternehmungen entwickeln. In diesem Verkehr von einem Betrieb zum anderen sind aber bestimmte Regelungen erforderlich, um den Austausch der Güter und Leistungen in einwandfreier Weise abwägen und abmessen zu können. Daher spielen die Maße für Waren und Leistungen aller Art, sei es der Menge, sei es dem Werte nach, eine bedeutende Rolle. Ihre Eigenart müssen wir daher näher kennenlernen.

Im Zusammenhange mit den Maßen steht eine einheitliche Zusammenfassung bestimmter Wertmaße für Leistungen und Waren, bei denen die Wertung ganzer Gruppen nach ganz bestimmten Gesichtspunkten die Berechnung für jede Einzelware oder Einzelleistung überflüssig macht. Derartige Richtlinien für Wertungen bezeichnet man als Tarife. Auch sie spielen im zwischenbetrieblichen Wirtschaftsverkehr eine bedeutende Rolle, nicht nur im Verkehr von einem Privatbetrieb zum andern, sondern ganz besonders auch im Verhältnis zum Staat in seiner doppelten Eigenschaft als Träger der Staatsgewalt und als Unternehmer.

Die Tarife haben besonders im Verkehrswesen (Personen, Nachrichten, Güter) weitgehende Verwendung gefunden, da hier die Massenhaftigkeit gleichartiger Leistungen häufiger ist als im übrigen Wirtschaftsleben. Hier sind daher auch eine Reihe sonstiger gleichartiger Vorschriften ergangen, die sich hauptsächlich auf die Art der Abfertigung, also auf die den Verkehr vorbereitenden und abschließenden Leistungen beziehen. Auch mit diesen Erscheinungen muß der Kaufmann vertraut sein, wenn der zwischenbetriebliche Verkehr sich reibungslos abwickeln soll.

1. Die Maße.

a) Das Dezimalsystem. Um etwas messen zu können, müssen wir eine Maßeinheit besitzen, die möglichst unveränderlich ist, in Einheiten abgestuft sein muß und so als Grundmaß den Vergleich verschiedener Größen ermöglicht. Das einfachste Maß ist die Zahl, deren Grundmaß die Eins ist. In Deutschland und den meisten übrigen Kulturländern bedienen wir uns des dezimalen Zahlensystems, bei dem die Zahlen 0 bis 9 je nach ihrer Stelle in der Gesamtzahl einen verschiedenen Wert haben, den Stellenwert.

b) Die Zählmaße. Aus der älteren Zeit stammen noch die Zählmaße Dutzend, Mandel, Schock, Gros, die 12, 15, 60 und 144 Stück bedeuten, und deren Entstehung auf das Zwölfer-System zurückzuführen ist. Heute ist das Zählen vielfach durch das genauere Wiegen ersetzt, z. B. bei Gemüse, in manchen Orten auch bereits bei Eiern.

Als Längen- und Flächenmaße dienten früher Körperteile oder Arbeitsleistungen, woran noch heute die Bezeichnungen Fuß, Elle, Rute, Morgen, Tagwerk (süddeutsches Ackermaß) erinnern.

Heute wird das Maßwesen vom Staat sorgfältig überwacht durch besondere Behörden, die Eichämter, in denen jedes im öffentlichen Verkehr gebrauchte Meßgerät (Wagen, Gewichte, Maßstäbe) geeicht wird und durch einen Stempelaufdruck als geprüft gekennzeichnet werden muß.

c) Längen-, Flächen- und Raummaße. Die Grundlage unserer heutigen Maße bildet, wie schon gesagt, das dezimale System. Das einfachste ist das Längenmaß, als das uns seit 1875 das Meter dient. Die genaue Länge dieses Einheitsmaßes ist 1889 in Paris in den Normalmaßen (aus Platin-Iridium) festgelegt und wird in Deutschland in Spandau aufbewahrt. Teile des Meters werden mit den lateinischen Ausdrücken „deci" = $\frac{1}{10}$, „centi" = $\frac{1}{100}$, „milli" = $\frac{1}{1000}$ (Dezimeter, Zentimeter, Millimeter) bezeichnet, das Mehrfache mit den griechischen Wörtern „deka" = 10 (in Deutschland wenig gebräuchlich), „hekto" = 100 (Hektoliter, Hektar als Flächenmaß) und „kilo" = 1000 (Kilometer, Kilogramm).[1]

[1]) Das metrische System hat fast die ganze Welt erobert, außer den englisch sprechenden

Als Längenmaße sind neben den metrischen Maßen noch in gewissen Waren (Holz, Schrauben) der Zoll, der Fuß und die Linie (Lampenzylinder) üblich, die Bezeichnung erfolgt durch das Kolon, ' = Fuß, " = Zoll, ''' = Linie; meist wird statt nach Linien nach Sechzehntel-Zoll gerechnet. Im Seeverkehr gilt als internationales Einheitsmaß die Seemeile = 1,852 km (= $\frac{1}{60}$ des Längengrades), während die alte deutsche Meile = 7,42 km amtlich nicht mehr gebräuchlich ist. Die verschiedenen ausländischen Längenmaße werden im Rechenunterricht gelehrt und sind in fast jedem Lehrbuch des kaufmännischen Rechnens zu finden.

Während das Längenmaß nur eine Ausdehnung angibt, enthalten die Flächenmaße zwei rechtwinklig aufeinanderstoßende Ausdehnungen. Bei kleineren Einheiten setzt man vor das Längenmaß die Bezeichnung „Quadrat", z. B. Quadratmeter usw. In der Industrie und Technik werden sie auch als Potenzen bezeichnet, z. B. Quadratmeter = m^2, Kubikmeter = m^3, die amtliche Abkürzung ist „q" (qm) und wird, wie alle Mengenbezeichnungen, in kleinen lateinischen Buchstaben ohne Punkt hinter die Zahl gesetzt, während Wertbezeichnungen (*M*, *RM*, frs, Kr usw.) vor die Zahl zu setzen sind. Größere Flächenmaße sind das Ar (a) = 100 qm, das Hektar (ha) = 100 a und das Quadratkilometer (qkm) = 100 ha.

Kommt zu der zweiten Ausdehnung noch die dritte, so erhalten wir die Raummaße, unter denen das Kubikdekameter (10 cm Kantenlänge) eine besonders wichtige Rolle spielt, weil ein Kubikdekameter Wasser von 4° Wärme die Maßeinheit für das Kilogramm ist. Wasser der gleichen Eigenschaft, das einen Kubikmeter ausfüllt, wiegt 1000 kg, 20 Zentner oder 10 Doppelzentner (dz) oder 1 Tonne (t). Im Seeverkehr dient die Tonne als Raum- und als Gewichtsmaß. Im Gegensatz zu dieser metrischen Tonne beträgt die Registertonne, in der gewöhnlich der Rauminhalt der Seeschiffe ausgedrückt wird, 100 englische Kubikfuß oder 2,83 cbm. Diese Tatsache muß besonders beachtet werden, wenn man ausrechnen will, wieviel Gewicht ein Seeschiff von so und soviel Registertonnen aufzunehmen vermag.

d) Hohlmaße und Gewichte. Als Hohlmaß wird das Dekameter als Liter bezeichnet, so daß also 1 Liter (l) Wasser 1 kg wiegt. Im übrigen sind die älteren Hohlmaße wie Metze, Scheffel, Malter usw. durch die Gewichte ersetzt.

Die einen bestimmten Raum ausfüllende Masse eines Körpers bezeichnen wir als dessen Gewicht. Obgleich auch hier das schon erwähnte kg als das allein im amtlichen Verkehr maßgebende Einheitsmaß angesehen werden muß, hat sich doch noch bis auf den heutigen Tag das Pfund im Handelsverkehr aufrechterhalten, ebenso der Zentner = 100 Pfund = 50 kg. Daher werden viele Warenpreise für 50 kg angegeben. Die amtliche Statistik hat der Tatsache, daß der größte Teil der Bevölkerung sich unter der Gewichtstonne wenig vorstellen kann, dadurch Rechnung getragen, daß sie bei größeren Mengen das Gewicht in dz angibt.

e) Zeitmaße und technische Maße. Als Einheit des Zeitmaßes dient bei uns die Stunde. Die maßgebenden Uhren finden sich auf Sternwarten, von wo aus täglich durch Funkspruch die genaue Zeit mitgeteilt wird. Beachtenswert ist, daß infolge der Umdrehung der Erde die Mittagsstunde je 15 Längengrade nach Westen um 1 Stunde später eintritt. Zum Zwecke möglichster Vereinheitlichung werden in Europa drei Zeitangaben unterschieden, die ost-, mittel- und westeuropäische Zeit, die je 1 Stunde voneinander abweichen. Wenn es in Berlin 1 Uhr ist, zeigt die Uhr in London erst 12 Uhr; dies

---

Ländern Großbritannien und Vereinigte Staaten. In England ist seine Einführung wiederholt abgelehnt, da man glaubte, die Einführung würde in dem großen Kolonialreich erhebliche Schwierigkeiten verursachen. Der tatsächliche Grund ist wohl in dem konservativen Charakter des Engländers zu suchen.

ist besonders bei radiotelegraphischen Mitteilungen zu berücksichtigen. Bei Seefahrten von Ost nach West und umgekehrt wird die Fahrt durch die verschiedenen Zeitrechnungen scheinbar länger oder kürzer sein, obgleich sie in Wirklichkeit gleich ist.

Die Hauptzeiten mit je 1 Stunde Abstand sind:

1. die westeuropäische Zeit nach dem Meridian von Greenwich (Großbritannien, Irland, Niederlande, Belgien);
2. die mitteleuropäische Zeit nach dem Meridian von Stargard oder Görlitz (15° ö. L.);
3. die osteuropäische Zeit nach dem Meridian von Leningrad (Petersburg, 30° ö. L.).

In unserem Zeitalter der Technik sind die technischen Maße von ganz besonderer Bedeutung, auch für den Kaufmann, da viele Leistungen nach den technischen Maßen zu bezahlen sind. Das Grundmaß für Kraftleistungen ist das Meterkilogramm, das heißt die Kraft, die aufgewendet werden muß, um ein Kilogramm in einer Sekunde 1 m hochzuheben. Bekannter in Laienkreisen als das Meterkilogramm ist die Pferdekraft = 75 Meterkilogramm. Besonders durch die Kraftwagen ist dieses Maß weit über den Kreis der Techniker hinaus bekannt geworden. Bezüglich des Maßes für elektrische Leistungen sei nur kurz erwähnt, daß als Berechnungsgrundlage gewöhnlich das Kilowatt benutzt wird = 1000 Watt. 736 Watt sind eine Pferdestärke (PS).

Schließlich kann man durch Vergleich von Gewicht und Raum oder Länge auch Qualitätsmaße festlegen, um für bestimmte Waren eine einheitliche Bewertungsgrundlage zu schaffen, z. B. bei Getreide, indem man angibt, wieviel kg ein hl wiegt, bei Garnen durch Angabe, wieviel m zu einem g gehören oder wieviel g 1000 m wiegen. So bezeichnen die Garnnummern bei Baumwolle, wieviel mal 840 Yards auf 1 englisches Pfund gehen, also je höher die Nummer, desto feiner das Garn. Bei Seidennumerierung wird angegeben, wieviel Gramm 1000 m wiegen, hier sind demnach die niedrigsten Nummern die feinsten.

2. Geld und Währung.

a) Geld als Tauschmittel. Das Streben, für Waren und Leistungen, die von einem zum anderen geliefert werden, einen einheitlichen Maßstab zu finden, führte zur Einführung allgemeiner Tauschmittel, die von jedermann angenommen werden, haltbar und teilbar sind und wie alle Maßstäbe eine unveränderliche Einheit bilden. Hierzu war am besten das Edelmetall geeignet, früher das Silber, später das Gold. Mit der Entwicklung des Wirtschaftslebens erhielten die Wertmaße, unter denen wir heute in fast allen Kulturländern das Geld verstehen, immer größere Bedeutung.

Die Bemessungsgrundlage richtet sich sonach einmal nach der Art des Metalles, ferner nach der Menge, die davon für eine bestimmte Werteinheit genommen wird. Diese Werteinheit gibt der Währung eines Landes den Namen (Mark-, Gulden-, Pfund-, Dollar-Währung). Durch Gesetz ist bestimmt, wieviel Werteinheiten aus einem bestimmten Gewicht edlen Metalles geprägt werden (Münzfuß). So werden in Deutschland aus 1 kg Feingold *RM* 2790 hergestellt. Es enthält demnach 1 Reichsmark, in Währungsmünze geprägt, $\frac{1}{2790}$ kg Feingold. Natürlich kann man so kleine Goldmünzen nicht herstellen, daher sind die kleineren Münzen, die Scheidemünzen, aus Silber, Nickel, Kupfer oder anderen unedlen Metallen hergestellt. Sie sind aber nur ein Notbehelf für die eigentlichen Währungsmünzen (10 und 20 Reichsmark) und haben daher keine allgemeine Umlaufsmöglichkeit.

b) Papiergeld. Man kann die Währungsmünze auch durch Papiergeld bzw. Banknoten ersetzen und dafür das Gold in den Kassen der diese Noten verausgabenden Bank, die als Notenbank bezeichnet wird, liegen lassen, ohne daß dadurch notwendigerweise die Goldwährung aufgehoben würde. Diese Maßnahme, das Gold im Umlauf durch

Noten zu ersetzen, erscheint so lange notwendig, als die Gefahr besteht, daß das Goldgeld infolge des Mißtrauens in die Währung als Folge der Geldentwertung (Inflation 1918/23) aus dem Verkehr gezogen und aufbewahrt werden würde. Allerdings sind nicht alle Banknoten durch Gold gedeckt, sondern ein Teil davon, höchstens 60%, zur Zeit etwa die Hälfte, durch gute Handelswechsel (vergl. S. 22).

Gegenüber den anderen Maßstäben hat die Währung als Wertmaß den Nachteil, daß sie nicht unbedingt so frei von allen Schwankungen ist wie die Mengenmaße, da auch der Wert des Goldes gewissen, wenn auch geringen Änderungen des Wertes, das heißt seiner Kaufkraft, unterworfen ist. In der ganzen Welt beträgt diese Kaufkraft jetzt etwa ⅓ weniger als vor dem Weltkriege.

Wichtiger als diese Tatsache ist aber, daß die Währungen der verschiedenen Länder untereinander in einem möglichst gleichbleibenden Verhältnis verharren. Die Grundlage hierfür bildet der Goldwert der Landesmünzen, woraus sich z. B. ergibt, daß ein Dollar der Vereinigten Staaten *RM* 4.20, das englische Pfund Sterling *RM* 20.43 und der Schweizer Franken *RM* —.81 wert sind. Den tatsächlich für fremde Münzen oder sonstige Geldwerte zu zahlenden Preis bezeichnet man als ihren Kurs. Er wird seiner Wichtigkeit für den ganzen Handel wegen täglich in allen größeren Zeitungen veröffentlicht.

3. Tarife.

Maße können für alle möglichen Zwecke und in vielerlei Einheiten ausgedrückt werden, Tarife dagegen beziehen sich immer auf Geldwerte. Voraussetzung ist dabei, daß gleichartige Waren, Leistungen oder Leistungsfähigkeiten so häufig auftreten, daß man sie unter bestimmten Gesichtspunkten zusammenfassen kann.

Beispiel: In alten Zeiten waren Briefe eine Seltenheit, daher wurde das Entgelt für ihre Bestellung von Fall zu Fall mit dem Überbringer vereinbart. Infolge der Massenhaftigkeit der heutigen Briefsendungen sind hierfür einheitliche Sätze festgelegt, die sich im Laufe der Jahrhunderte immer mehr vereinfacht haben.

Einer der ältesten Steuer-Tarife ist vielleicht „der Zehnte", wonach schon im Altertum bestimmte Personen den zehnten Teil ihrer Ernte an die Priester, den Grundherrn oder den Landesfürsten abgeben mußten.

a) Warentarife. Von geringer Bedeutung sind die Warentarife; sie treten meist nur in der Form der Tarife für „Überpreise" auf, indem für gewisse Waren ein Grundpreis festgesetzt wird und für feinere Ausführungen oder besondere Ausstattung ohne Rücksicht auf den Grundpreis ein mit der zu leistenden Mehrarbeit oder höheren Aufwendung wachsender Überpreis. Solche Überpreistarife finden wir in der Draht- und Walzeisenindustrie, im Garnhandel usw.

b) Leistungstarife. Weitaus die meisten Tarife sind Leistungstarife, bei denen wir freiwillige und Zwangsleistungen unterscheiden müssen. Freiwillige Leistungen, die nach Tarif bezahlt werden, sind z. B. die Beförderung von Personen, Nachrichten und Gütern, die Leistungen der Arbeiter und Angestellten sowie der Beamten, die Übernahme der Versicherungen allerlei Art, wobei die sogenannte soziale Versicherung (Krankenkasse, Angestellten-, Invaliden-, Unfallversicherung) bereits zu den Zwangsleistungen hinüberführt; denn das Entgelt für diese Leistungen wird kraft staatlicher Hoheitsgewalt gefordert, beruht nicht mehr auf freiem Vertrag. Durchaus Zwangsleistungen sind die Steuern, Stempel und Zölle.

Lohntarife. Welche Punkte für die Leistungstarife in der Bewertungsfrage maßgebend sind, mag an einigen der wichtigsten von ihnen gezeigt werden. Die Lohntarife für Handarbeiter richten sich entweder nach der Dauer der Arbeit oder nach den vollbrachten Leistungen. Im ersteren Falle legen sie den Zeitlohn, im letzteren den Stücklohn fest. Weiter werden häufig berücksichtigt: das Alter des Arbeiters, besonders bei Jugendlichen, die Zahl der Familienangehörigen bei den sogenannten sozialen Zulagen, manchmal auch das Geschlecht, wobei weibliche Kräfte regelmäßig geringer entlohnt werden als männliche. Bei den Gehaltstarifen für Angestellte oder Beamte fällt der Stücklohn fast immer fort, dagegen spielen Lebensalter und Zahl der Dienstjahre in dem betreffenden Beruf eine größere Rolle. Die Leistung wird insofern berücksichtigt, als Angestellten- bzw. Beamtengruppen für niedere, höhere und leitende Arbeit gebildet werden. Die Reichsbesoldungsordnung kennt auf diese Weise 13 Hauptbesoldungsgruppen, der kaufmännische Angestelltentarif in der Regel nur drei.

Beförderungstarife. Bei den Beförderungstarifen der Post kommen neben der Art der Sendung (Brief, Drucksache, Geldsendung usw.) das Gewicht und bei Paketen die Entfernung in Frage. Die Entfernungen innerhalb des Reiches sind dabei wieder in drei Zonen zusammengefaßt. Bei den Eisenbahntarifen im Personenverkehr bleibt das Gewicht unberücksichtigt; dagegen wird die Entfernung genau nach Kilometern gewertet, ferner die Geschwindigkeit und die dem Reisenden gebotene Bequemlichkeit durch Einteilung in Wagenklassen berücksichtigt. Im Güterverkehr dagegen kommen Art der Ware, Geschwindigkeit, Gewicht und Entfernung in Kilometern in dem Tarif zum Ausdruck. Ähnlich verhält es sich mit den Tarifen der Schiffahrt, nur daß hier der von den versandten Waren eingenommene Raum bei den sogenannten Leichtgütern noch berücksichtigt werden muß.

Versicherungstarife. Völlig andersartig sind die Versicherungstarife, bei denen der wichtigste Gesichtspunkt die Wahrscheinlichkeit ist, mit der das versicherte Ereignis eintritt. Denn versichern heißt, den Versicherer in Anspruch nehmen für den erlittenen Schaden aus einem Ereignis, von dem man nicht weiß, ob es überhaupt eintritt, oder bei dem mindestens der Zeitpunkt dieses Ereignisses unbekannt ist. Einbruch, Feuerschaden, Unfall, Krankheit, Erwerbsunfähigkeit, Wassereinbruch, Hagelwetter sind Ereignisse, deren Eintritt vom Willen des Versicherten unabhängig und ungewiß ist. Der Tod ist zwar sicher, aber der Zeitpunkt seines Eintrittes ist ungewiß; diese Ungewißheit gibt Anlaß zu der Lebens- oder Sterbekassenversicherung. Je höher die Gefahr (Unfall), je häufiger Versicherungsanspruch gebende Ereignisse, desto höher ist der Tarif und damit die vom Versicherten zu zahlende Gebühr, die gewöhnlich als Prämie bezeichnet wird.

Steuertarife. Bei den Steuertarifen des Staates und der öffentlich-rechtlichen Körperschaften (Länder, Provinzen, Kreise, Gemeinden) ist meist die Leistungsfähigkeit des Steuerpflichtigen, sein Einkommen und sein Vermögen, ausschlaggebend für die Höhe des Tarifes. Daneben finden bei den mittelbaren (indirekten) Steuern gewisse andere Tatsachen, wie Höhe des Warenumsatzes, Höhe der gezahlten Löhne, Häufigkeit gewisser Vorgänge u. dgl Berücksichtigung. Der Zoll richtet sich in den meisten Ländern nach der Art und dem Gewicht der aus dem Auslande eingeführten Waren; in manchen Ländern, wie z. B. in den Vereinigten Staaten, wird der Zoll nach dem Wert der Ware berechnet. Die Zollhöhe ist hier in den Tarifen in Prozenten des Wertes ausgedrückt.

c) **Der Aufbau der Tarife** wird später bei den betreffenden Abschnitten noch genauer zu erörtern sein. Man unterscheidet gleichbleibende Tarife, z. B. bei der Feuerversicherung und der Personenbeförderung, steigende Tarife, z. B. im Biersteuertarif, bei dem die Steuer je Hektoliter um so höher ist, je mehr Bier die Brauerei jährlich braut, fallende Tarife, wie wir sie bei der Güterbeförderung finden, bei denen der Satz für die gleiche Leistung um so niedriger wird, je weiter die Entfernung ist. Bei den Zöllen kennen verschiedene Länder Differentialtarife, in denen die gleiche Ware einen verschieden hohen Zoll zu tragen hat, je nachdem, aus welchen Lande sie kommt. In der Regel sind hier

Höchst- (Maximal-) und Niedrigst- (Minimal-) Tarife festgesetzt, innerhalb deren Grenzen sich die Zollhöhe bewegen kann. Die endgültige Festlegung erfolgt im Vertragstarif.

Um dem Benutzer der Tarife einen möglichst schnellen Überblick zu gewähren, sind die Tarife gewöhnlich in Form von Tariftabellen aufgestellt, in denen die maßgebenden Punkte für die Berechnung zusammengestellt sind. Ihre Benutzung erfordert in vielen Fällen eine gründliche Einarbeitung und ist daher oft nur Fachleuten möglich. Aufgabe des Kaufmanns aber ist es, sich mit den Tarifen genauer vertraut zu machen, die für seinen Geschäftszweig häufiger in Frage kommen, damit er wenigstens in der Lage ist, die auf Grund der Tarife erfolgten Berechnungen nachprüfen oder sie für die Selbstkostenrechnung verwenden zu können. Genaue Kenntnis der einschlägigen Tarife hat schon manchem Geschäftsmann erhebliche Vorteile für seine Geschäftsführung gebracht.

Im engen Zusammenhange mit dem Tarifwesen stehen die zum Abschluß eines auf Tarif beruhenden Vertrages erforderlichen Antragsvordrucke, die in vielen Fällen die wesentlichsten Punkte des Tarifs enthalten und daher auf das sorgfältigste nicht nur ausgefüllt, sondern vor allen Dingen vorher gelesen werden sollten. Gerade in dieser Beziehung lassen sich viele Menschen arge Unterlassungssünden zuschulden kommen, natürlich sehr oft zu ihrem eigenen Schaden.

Schrifttum
zu den betriebswirtschaftlichen Grundbegriffen.

Die einführenden Werke sind nicht alle leicht zu lesen, erfordern vielmehr schon ein ziemlich geschultes Denken. An kleineren Schriften seien genannt:

Rudolf Seyffert, Über Begriff und Aufgaben der Betriebswirtschaftslehre. 2. Auflage. Stuttgart 1925, C. E. Poeschel.

Dieses Heftchen von 24 Seiten ist geeignet, ganz knapp in das Wesen der Betriebswirtschaftslehre einzuführen. Das gleiche gilt von dem Heft:

E. Geldmacher, Betriebswirtschaftslehre. 2. Auflage. Leipzig 1927. (45 Seiten.)

Das im Rahmen des großen Sammelwerkes „Teubners Handbuch der Staats- und Wirtschaftskunde" als 4. Heft des 2. Bandes erschienene Bändchen gibt schon eine gründlichere Einführung.

Einfacher gehalten ist das Werk von:

Felix Werner, Allgemeine Betriebswirtschaftslehre. Hanseatische Verlagsanstalt, Hamburg, das mehr die praktische Seite berücksichtigt.

An grundlegenden wissenschaftlichen Werken größeren Umfangs seien genannt:

J. F. Schär, Handelsbetriebslehre. 5. Auflage. Leipzig 1923, G. A. Gloeckner.

Das Buch ist das älteste seiner Art und in erster Linie für die Studierenden der Handelshochschulen zugeschnitten.

Friedrich Leitner, Wirtschaftslehre der Unternehmung. 5. Auflage. Berlin 1926, Walter de Grunter & Co.

H. Nicklisch, Wirtschaftliche Betriebslehre. 6. Auflage. Stuttgart 1922, C. E. Poeschel.

E. Walb, Die kaufmännische Betriebswirtschaftslehre, in Rothschilds Taschenbuch für Kaufleute. 60. Auflage. Leipzig 1926, G. A. Gloeckner.

Eine Zusammenstellung von Sammelwerken, sowie wichtiger Zeitschriften in Auswahl befindet sich auf S. 187 dieses Buches.

2. Die betriebstechnischen Grundlagen der Unternehmung und ihre Hilfsmittel.

A. Die Regelung des Arbeitsganges. [§ 10

In vorstehenden Abschnitten haben wir die Grundlagen der inneren und äußeren Betriebsvorgänge kennengelernt und die Aufgaben, die sie zu erfüllen haben. Wie wickelt sich nun der Betrieb tatsächlich in einem Geschäft ab? Um dies näher kennen zu lernen, wollen wir die wichtigsten Betriebsvorgänge, wie sie sich Tag für Tag wiederholen, in Geschäften verschiedener Größe betrachten.

1. Kleines Ladengeschäft.

Am einfachsten und übersichtlichsten gestaltet sich der Betrieb in einem kleinen Laden, wie wir ihn vor allem auf dem Lande, aber auch in den Städten für eine ganze Reihe von Waren (Lebensmittel, Obst und Gemüse, Kurzwaren usw.) in Nebenstraßen finden. Morgens wird der Laden geöffnet, die Waren werden zurechtgestellt und die Schubfächer daraufhin geprüft, ob der voraussichtliche *Tagesbedarf* in ihnen vorhanden ist. Fehlendes wird aus den Kisten und Fässern, die Keller und Boden beherbergen, nachgefüllt. Zeigt sich hier, daß ein Vorrat zu Ende geht, so schreibt der Inhaber einen Bestellbrief an seinen Lieferer, kopiert den Brief unter einer Kopierpresse in ein aus Seidenpapierblättern bestehendes *Kopierbuch*. Dieses hat am Ende ein alphabetisches Register, in das er die Seitenzahl unter dem Namen des Lieferers einträgt. Inzwischen finden sich bereits Käufer ein, die vom Inhaber selbst, seiner Frau oder einem Lehrling bedient werden, wobei der Verkaufserlös in eine im Ladentisch befindliche Schublade gelegt und aus dieser auch das Wechselgeld entnommen wird. Kann ein Käufer nicht gleich bezahlen, so liegt ein einfaches Buch bereit, in das mit Bleistift die Eintragung des Namens, der bezogenen Waren und ihres Wertes gemacht und später wieder ausgestrichen wird, wenn der Käufer bezahlt.

Die wenigen eingehenden Briefe bringt der Briefträger. Sie enthalten meist Angebote von Waren, vielleicht hin und wieder auch eine Mahnung. Dann wird in einer *Briefsammelmappe*, die den Briefwechsel des ganzen Jahres nach Buchstaben geordnet enthält, nachgesehen, ob die Angaben stimmen, soweit der Chef sie nicht im Kopfe hat. Der Betrag wird aus der Ladenkasse oder einer im Privatzimmer stehenden Geldkassette entnommen und durch Zahlkarte an den Lieferer eingezahlt. Am Abend zählt der Inhaber seine *Ladenkasse*, trägt den Tageserlös in das vom Finanzamt vorgeschriebene Einnahmenbuch zwecks Ermittlung der Umsatzsteuer ein und legt größere Einnahmen in die schon erwähnte Sonderkasse. Damit ist auch das übliche Tagewerk erledigt.

2. Fabrik größeren Umfanges.

a) Personal-Überwachung. Wie ganz anders gestaltet sich dagegen **das Bild**, das uns der kaufmännische Betrieb einer größeren Fabrik bietet! **Kurz vor Beginn** der Bürozeit strömt das kaufmännische Personal dem Haupteingang zu, wo jeder an dem Pförtner vorbei muß, dort entweder seine Marke abgibt, oder an einer Kontrolluhr auf seine Anwesenheitskarte die Ankunftszeit aufstempelt, vielleicht auch ohne weiteres vorbeigeht, solange das Zeichen zum Anfang der Arbeit noch nicht gegeben ist. Betritt er jedoch auch nur eine Minute später das Grundstück, so wird sein Name in ein Buch eingetragen und die Dauer der Verspätung beigefügt. Wiederholte Verspätungen führen zu Bestrafungen, schlimmstenfalls sogar zur Entlassung des betreffenden Angestellten.

b) Posteingang. Inzwischen hat bereits der Geschäftsbote aus dem Postschließfach, wie wir solche auf jedem größeren Postamt sehen, in einem verschlossenen Eisenkasten die eingegangenen Postsachen geholt und sie in den Postempfangsraum gebracht. Hier werden die Briefumschläge von den Boten mit scharfen Messern oder durch Maschinen geöffnet und die Briefe herausgenommen, natürlich unter Beaufsichtigung durch einen oberen Beamten. Die Leiter der einzelnen Abteilungen oder ihre Beauftragten sehen nun die Postsachen durch und setzen auf

Eingegangen: *26. I. 26.*
Abteilung: *Verkauf*
Erledigt durch: *Hesse*
am: *27. I. 26.*
Wieder vorzulegen
am: *15. II. 26.*

jeden Brief einen Eingangsstempel, der ungefähr wie der auf nebenstehender Seite abgebildete aussieht. Zunächst werden natürlich nur die beiden ersten Zeilen ausgefüllt. Die so behandelten Briefe werden nun den einzelnen Abteilungsleitern zugestellt und von diesen zum größten Teil mit kurzen Vermerken oder auch ohne solche an ihre Untergebenen weitergeleitet, teilweise zurückbehalten, um vom Abteilungsleiter persönlich erledigt zu werden oder in kleiner Zahl beiseite gelegt zwecks Rücksprache mit dem Chef oder anderen verantwortlichen Persönlichkeiten. Folgen wir den einzelnen Briefgruppen, so werden wir den wesentlichen Teil des Geschäftsbetriebes kennenlernen.

Abb. 1: Post-Bearbeitungs-Gerät. (Gebr. Weinmann, Berlin.) Die Kästen sind verschiedenfarbig und zwar für:
Eingang = **weiß**
Bearbeitet = **blau**
Schwebendes = **schwarz**
Registratur = **rot**
In den Farbennamen sind Gedächtnishilfen für die Arbeitsbezeichnungen gegeben.

c) Warenbestellung. (Verkauf). Der erste Brief möge eine Bestellung enthalten von einem Käufer, der bisher noch nicht von der Firma bezogen hat, und der durch die Tätigkeit der Werbeabteilung als neuer Abnehmer gewonnen ist. Diese Tatsache wird in der Verkaufsabteilung aus der Kundenkartei ermittelt, die Aufschluß über Name, Wohnort, Art der Firma, Kreditwürdigkeit und Tag der letzten Bestellung der seitherigen Käufer gibt. Da der Auftrag eilt, wird durch Fernruf in dem großen Auskunftsbüro des Ortes mündlich Aufschluß über die Kreditfähigkeit eingeholt. Zu diesen und anderen Zwecken finden wir nicht nur in jedem Raum, sondern sogar auf dem Platz eines jeden verantwortlichen Angestellten einen Fernsprecher, der zur Fernsprechzentrale führt, von wo aus die Gespräche nach außerhalb der Geschäftsräume vermittelt werden, während im Geschäft selbst jede Stelle durch Benutzung des Selbstwählers erreicht werden kann. Die Höhe des zulässigen Kredites wird durch Buchstaben oder Zahlen (Geheimzeichen) auf der neu ausgeschriebenen Bestellerkarte vermerkt und der Auftrag nunmehr ausgeführt.

Zu diesem Zweck wird ein Auftrags- oder Kommissionszettel mit mehreren Durchschriften angefertigt, von denen eine zum Warenlager geht. Dort wird festgestellt, ob die bestellte Ware vorrätig ist, was sich aus der Warenlagerkartei leicht ermitteln läßt. Die Lagerverwaltung fügt auf dem Bestellzettel die näheren Angaben über die zu liefernde Ware (Nummer, Stückzahl, Gewicht usw.) bei und übergibt ihn der Waren-Versandabteilung (Waren-Expedition), in der die Waren versandfertig gemacht werden. Der Auftragszettel wandert mit den nötigen Vermerken weiter zur Rechnungsabteilung (Fakturierungsabteilung), in der mittels Schreibmaschine die Rechnung geschrieben und bei schwierigeren Berechnungen die Beträge mit Hilfe der Rechenmaschine ermittelt werden. Auch von der Rechnung werden mehrere Durchschriften gemacht, von denen eine der Käufer, eine zweite die Verkaufsabteilung, eine dritte die Buchhaltung und eine vierte die Schriftablage (Registratur) erhalten.

In der Buchhaltung ist für jede Buchung eine schriftliche Unterlage, der Buchungsbeleg, vorhanden, an Hand dessen mit der Hand in gebundene Bücher, mittels mechanischer Verfahren (Durchschreibverfahren) auf Bogen und Karteikarten gleichzeitig die Eintragungen gemacht oder mit Hilfe von Schreib-Rechen-Buchungsmaschinen, die mit Händen und Füßen zugleich bedient werden, die Buchungen vorgenommen werden. Der gebuchte Beleg bekommt ein Buchungszeichen und eine laufende Nummer und wird in dieser Reihenfolge aufbewahrt.

Sind in der Bestellung des Käufers, der jetzt der Auftragszettel und die Rechnung beigefügt werden, Sonderwünsche enthalten, so diktiert ein Angestellter der Verkaufsabteilung in einem besonderen Diktierzimmer einer Stenotypistin die Antwort, die von dieser in dem Schreibmaschinenzimmer der Schriftwechselabteilung auf der Schreibmaschine mit einem Durchschlag geschrieben und dann mit den Unterlagen in eine Unterschriftenmappe gelegt wird.

Die zu unterschreibenden Postsachen werden durch Boten oder Rohrpost in das Zimmer der Direktion gebracht, von wo sie nach erfolgter Unterschrift in die Briefversandabteilung (Brief-Expedition) wandern. Hier werden die Umschläge dazu geschrieben, ferner die durch Aufkleben eines kleinen numerierten Zettels, der in gleicher Ausführung auf dem Brief und der Rechnung zu finden ist, gekennzeichneten Anlagen zugefügt und die Briefe durch eine mit der Hand oder elektrisch betriebene Briefschließmaschine verschlossen. Nachdem durch eine Frankiermaschine die erforderliche Freimarke aufgeklebt oder auch nur ein entsprechender Stempelaufdruck angebracht ist, gelangen die Postsachen durch den Boten zur Post, während die Durchschläge zur Schriftablage wandern und hier mindestens zehn Jahre lang aufbewahrt werden müssen.

d) Einkauf von Rohstoffen. Ein anderer Brief enthält vielleicht ein Angebot von in der Fabrik benötigten Rohstoffen. Er geht in die Einkaufsabteilung, die äußerlich viel Ähnlichkeit mit der Verkaufsabteilung hat. Handelt es sich um Rohstoffe für ein neu aufgenommenes Geheimverfahren, dessen Vorgang nur wenigen Eingeweihten vertraut ist, so werden sich die Unterlagen hierfür in dem Archiv befinden, das von den besonders vertrauenswürdigen und verschwiegenen Angestellten des Chefkabinetts verwaltet wird. Hier werden die nötigen Angaben gemacht und der Kalkulationsabteilung übergeben, in der zunächst in einer Vorberechnung ermittelt wird, ob sich bei dem Preise des Rohstoffes der veranschlagte Verkaufspreis einhalten läßt. Die statistische Abteilung vermag aus ihren Aufzeichnungen über die in- und ausländischen Preise ähnlicher Erzeugnisse zu sagen, ob die Ware wettbewerbsfähig sein wird, worauf die Direktion im Einvernehmen mit dem Leiter der Einkaufsabteilung ihre Entscheidung trifft. Die eingetroffenen Waren gelangen auf das Lager, deren Verwaltung nach Bescheinigung der Richtigkeit die Rechnung der Kassenverwaltung übergibt, die den Zahlungsausgleich vornimmt.

e) Lohnzahlung. Große Summen erfordert in der Fabrik der wöchentlich zu zahlende Lohn, dessen Berechnung der Lohnbuchhalterei obliegt. Die Lohnlisten werden rechtzeitig der Kassenverwaltung eingereicht, die nötigenfalls sich mit der Finanzabteilung in Verbindung setzt, wenn z. B. der verfügbare Bankkredit für die Deckung der Löhne nicht ausreicht. Die Auszahlung der Löhne erfolgt in einer Summe von der Hauptkasse an die Lohnkasse, wo die Lohnbeutel mit der nötigen Einzelabrechnung für die Arbeiter zurechtgemacht und diesen ausgehändigt werden. Die Lohnsummen für jeden Arbeiter und die gemachten Abzüge werden von der Lohnbuchhalterei der Wohlfahrts- und

Finanzabteilung mitgeteilt, die mit der Personal-Abteilung Hand in Hand arbeitet, um die nötigen Unterlagen für etwa notwendig werdende Änderungen der Betriebskranken- und Unterstützungskasse und die Mitteilungen an das Finanzamt zu liefern.

Alle geschilderten Vorgänge müssen sich schnell und reibungslos abwickeln, meist in der Zeit von wenigen Stunden; denn darauf beruht zum erheblichen Teil das Geheimnis des Erfolges. Um diesen Zweck zu erreichen, müssen nicht nur an die Angestellten die früher gekennzeichneten Anforderungen (vgl. S. 16) gestellt, sondern es müssen auch die Arbeitsräume und die Arbeitsgeräte auf das Zweckmäßigste gestaltet werden. Ihnen wollen wir daher jetzt unsere Aufmerksamkeit widmen.

B. Die Arbeitsräume. [§ 11

Hier muß zwischen offenen Verkaufs-, Büro- und Fabrikräumen unterschieden werden, von denen die letzteren jedoch bei den gegenwärtigen Erörterungen ausscheiden.

1. Verkaufsräume.

Verkaufsräume müssen hell, übersichtlich und genügend geräumig sein, um einen möglichst großen Teil der Ware dem Besucher offen zeigen zu können. Auch hier besteht ein großer Unterschied zwischen einst und jetzt. Früher hatte der Laden ein oder zwei kleine Schaufenster, in denen einige Waren zur Schau auslagen; im Laden selbst waren die Waren durchweg in Kästen, Fächern usw. untergebracht und wurden erst auf Verlangen des Käufers herausgeholt und ihm gezeigt. Heute geht das Streben dahin, durch eine große Reihe geschmackvoll ausgestatteter Schaufenster zunächst die Aufmerksamkeit der Vorübergehenden auf das Geschäft zu lenken, ihnen aber auch nach dem Betreten der Verkaufsstätte möglichst viele Waren vor Augen zu führen, um sie so zum Kauf anzuregen. Der Laden wird dabei in größeren Geschäften in Abteilungen für die einzelnen Warengruppen aufgeteilt, die vielfach auch durch Säulen oder andere äußere Merkmale voneinander getrennt sind, um dem Besucher den Überblick zu erleichtern.

Von ausschlaggebender Bedeutung bei dem Bau der offenen Verkaufsstätte ist die Frage der Lichtverhältnisse. Am erstrebenswertesten ist natürliches Licht in hinreichender Fülle. Ist der Raum sehr groß, wie z. B. bei Warenhäusern, so wird man Lichthöfe einbauen und den Raum nur im Erdgeschoß voll ausnutzen, während die oberen Stockwerke nur schmalere Verkaufsstände enthalten, so daß der mittlere Raum für das einströmende Licht frei bleibt. Für die Abendstunden und dunkle Tage muß ferner für hinreichende künstliche Beleuchtung gesorgt werden, wobei Geschäfte, die farbige Waren verkaufen (Kleider, Stoffe usw.), darauf achten müssen, daß Lichtquellen gewählt werden, die nach Möglichkeit die Stoffe in den natürlichen Tagesfarben erscheinen lassen. Über die Verwendung des Lichts im Schaufenster und im allgemeinen Werbewesen wird noch an anderer Stelle ausführlicher zu sprechen sein.

Bei der Einrichtung eines Verkaufsraumes ist auch nach möglichster Übersichtlichkeit zu streben, und zwar aus verschiedenen Gründen. Die Bedeutung des leichten Zurechtfindens für den Käufer wurde schon erwähnt, dazu kommt aber als weiterer wichtiger Punkt die Möglichkeit der Überwachung der Verkäufer und Käufer durch das Aufsichtspersonal. Breite Treppen, von deren Absätzen aus man das ganze Geschäft überblicken kann, dienen nicht nur dem Zweck, von einem Stockwerk in das andere zu gelangen, sondern ihre Absätze sind auch die beliebtesten Plätze, um von dort aus die Tätigkeit der Angestellten, ihre Art, die Käufer zu bedienen, ihre Aufräumungsarbeiten und dergleichen zu überwachen. Hier steht ferner im großen Geschäft fast immer ein Kriminalbeamter, der die „Tätigkeit“ mancher Käufer überwacht, die er infolge seiner langjährigen Erfahrung hier meist schon beim Betreten des Geschäfts etwas schärfer in Augenschein nimmt.

Schließlich muß bei dem Bau von Verkaufsräumen gebührende Rücksicht auf die Bequemlichkeit genommen werden. Die Treppen müssen flache Stufen und kurze Absätze

Abb. 2: Laden nach amerikanischem Muster. (Nach „Verkaufspraxis“, Verb. f. Wirtschaft u. Verkehr, Stuttgart.)
Beachtenswert ist, daß alle Waren offen ausliegen und in ihrer übersichtlichen Anordnung nicht nur die Wahl außerordentlich erleichtern, sondern auch zum Kauf anregen.

haben. Wo irgend möglich, wird das Heraufsteigen durch Personenfahrstühle, die dem Käufer kostenfrei zur Verfügung stehen, ersetzt. Das ganze Geschäft muß so beschaffen sein, daß die Kundschaft gern darin verweilt, sich in Muße dieses oder jenes ansehen kann, wozu Sitzgelegenheiten, gegebenenfalls in lauschigen Ecken, einladen. Warenhäuser und andere größere Geschäfte pflegen außerdem einen Erfrischungsraum zu besitzen, in dem Speisen und Getränke zu sehr mäßigen Preisen abgegeben werden. Alles das muß schon bei dem Bau berücksichtigt werden, weswegen weitschauende Geschäftsleute sich häufig wegen der Pläne an Architekten wenden, die sich mehr oder minder ausschließlich mit dem Bau von Geschäftshäusern befassen.

2. Kontorräume.

Bei ihnen steht an erster Stelle die Frage der Zweckmäßigkeit; denn je praktischer die Räume angelegt und ausgestattet sind, desto mehr Zeit wird durch unnütze Wege von einer Arbeitsstelle zur anderen, von einem Arbeitsgerät zum andern gespart. Wo natürliches Licht hinreichend vorhanden ist, wird die künstliche Beleuchtung für den größten Teil des Tages überflüssig und damit der Kostenbetrag dafür gespart, außerdem aber auch die Gesundheit der Angestellten geschont, die infolgedessen leistungsfähiger sein werden, als wenn sie ungünstige Arbeitsplätze haben. Auch eine genügende und gesunde Erwärmung der Räume, und zwar möglichst gleichmäßig an allen Stellen, darf nicht gering eingeschätzt werden.

Wie die Räume im einzelnen zu gestalten sind, wird von der Art des Geschäftes und der Anzahl der Beschäftigten abhängen. Nehmen wir als Beispiel eine Warengroßhandlung mit einer größeren Zahl von Angestellten an. Zunächst muß die Frage erwogen werden: Soll ein großer *Arbeitssaal* für alle Angestellten oder sollen für die einzelnen Abteilungen *Sonderräume* geschaffen werden? Der Arbeitssaal hat den Vorzug der großen Übersichtlichkeit und der besten Raumausnutzungsmöglichkeit, aber dagegen den großen Nachteil, daß jedes Geräusch im ganzen Raum widerhallt und sich so doppelt unangenehm bemerkbar macht. Außerdem ist es in dem großen Raum schwierig, günstiges Licht für alle Arbeitsplätze zu schaffen. Man ist daher meist von dieser Art der großen Arbeitsräume abgekommen und hat die Kontore in Einzelräume aufgelöst, die nur durch dünne Scheidewände getrennt zu sein brauchen. Sie lassen durch Glastüren untereinander sowie durch Verglasung nach der Flurseite hin ebenfalls eine weitgehende Kontrollmöglichkeit zu.

Hierbei kommt es auf die *Lage der Räume zueinander* an. Man wird am besten dem Arbeitsgange der ein- und ausgehenden Post folgen und *die* Räume nebeneinander legen, die am häufigsten zusammenhängende Arbeit leisten. Eine kleine Skizze soll veranschaulichen, worauf es ankommt.

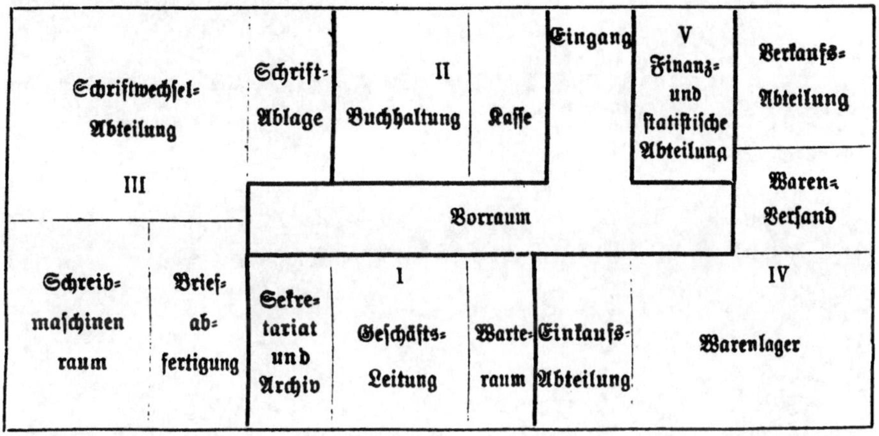

Die Räume sind hier in fünf Gruppen eingeteilt, entsprechend den inneren Zusammenhängen der Arbeit. Gruppe I umfaßt die Geschäftsleitung nebst dem dazugehörigen Sekretariat und Archiv sowie einen Warteraum für die Besucher der Chefs. In Gruppe II sind die in vielfacher Beziehung zueinander stehende Buchhaltung und Kasse vereinigt. Briefabfertigung, Schriftenablage und Schreibmaschinenzimmer sind als Unterglieder des Schriftwechsels anzusehen und liegen daher dicht beieinander (III). Im engeren Sinne der Ware gewidmet sind Ein- und Verkaufsabteilung und Warenversand, die sich daher in Gruppe IV um das Warenlager gruppieren. Der Vorraum der Geschäftsleitung dient gleichzeitig den Geschäftsreisenden, die in der Einkaufsabteilung Angebote machen wollen, als Aufenthaltsraum. Die Geschäftsräume liegen so, daß der Abteilungsleiter durch die Glastüren ständig seine Angestellten beaufsichtigen kann und ein Verkehr der einzelnen Angestellten untereinander mit dem geringsten Zeitverlust möglich ist. Nur die Finanz-

und statistische Abteilung (V) ist mehr unabhängig von dem übrigen Betriebe, in der Regel auch nur in schon ziemlich großen Geschäften zu finden.

Die Arbeitsstellen der einzelnen Angestellten müssen zwar genügend Bewegungsfreiheit für die Betätigung und die Verwendung der erforderlichen Arbeitsgeräte bieten, aber doch so angeordnet sein, daß kostspielige Raumverschwendung und Verlängerung des Weges von einem Platz zum anderen vermieden werden. Wenn irgend angängig, sind die Plätze ferner so zu wählen, daß alle Angestellten das Licht von links erhalten. Die früher so beliebten Doppelpulte sind in dieser und auch in mancher anderen Beziehung somit unpraktisch.

C. Die Hilfsmittel der Büroarbeit.

§ 12] I. Büromaschinen.

Die Schilderung des Brieflaufes im Geschäft hat bereits gezeigt, daß in einem zeitgemäßen kaufmännischen größeren Betriebe eine ganze Reihe von Geräten vorhanden ist, um die Handarbeit in Maschinenarbeit umzugestalten. Zu diesen Büromaschinen gehören als

Abb. 3: Zeitgemäßer Kontorraum (Hinz-Fabrik G. m. b. H., Berlin-Mariendorf). (Alle im Text genannten Anforderungen sind hier erfüllt.)

die wichtigsten die Schreib-, Rechen-, Kopier- und Vervielfältigungsmaschinen, die wir daher etwas genauer kennen lernen müssen, außerdem eine ganze Reihe von anderen größeren oder kleineren Maschinen, mit denen wir wenigstens soweit vertraut werden wollen, daß wir ihre Wirkungsweise und ihren Nutzen verstehen lernen.

1. Die Schreibmaschinen.

a) Entwicklung. Heute ist das Vorhandensein einer Schreibmaschine auch in kleineren Betrieben so selbstverständlich, daß es uns schwer fällt, daran zu denken, daß die ersten brauchbaren Maschinen erst vor etwa 50 Jahren (1873) entstanden sind. Allerdings liegen die ersten Versuche, eine Maschine zu bauen, die an die Stelle der Schreibbuchstaben gedruckte Zeichen setzte, bereits um mehr als 200 Jahre zurück. Indes ist diese patentierte Maschine des Henry Mills (1714) in ihrem Heimatlande England scheinbar nie von praktischer Bedeutung geworden. Das gleiche Schicksal erlebten eine ganze Reihe weiterer Erfindungen, auch die des deutschen Erfinders des Fahrrades, des Freiherrn von Drais, aus dem Jahre 1832.

Abb. 4: Kopiermaschine.
(Fabrik Stolzenberg, Oos i. B.)

Die Briefe werden oben ausgelegt und gleiten zwischen den Gummiwalzen durch die Maschine. Von der Rückseite wird das Seidenpapier von einer Rolle aus durch einen Wassertrog geführt und gelangt mit dem Brief gleichzeitig durch die Walzen, so daß der mit Kopiertinte oder -farbband geschriebene Brief sich auf dem Papier abdruckt. Der Brief fällt in den vorderen Behälter, das Seidenpapier gleitet nach unten und wird durch ein Messer abgeschnitten.

Als eigentliche Erfinder der heutigen Schreibmaschine müssen daher die Amerikaner Sholes, Soulé und Schwalbach angesehen werden, die 1867 ein Patent auf eine Maschine erhielten, die in ihren wesentlichen Teilen auch heute noch als Vorbild für unsere Schreibmaschinen gelten kann. In dem Erfindungsorte Milwaukee wurden zur Patentierung und Verbesserung der ersten Modelle der Patentanwalt Densmore und der Mechaniker Jost herangezogen, die beide später Inhaber sehr bekannter Schreibmaschinenfabriken wurden. Die Maschine von Sholes wurde von 1873 an im großen in der Gewehrfabrik von E. Remington und Sons, Ilion, hergestellt, die heute als eine der größten Schreibmaschinenfabriken der Welt angesehen werden kann. Diese erste Maschine hatte nur große Buchstaben, die in vier Reihen übereinander nach dem Vorbilde des Setzkastens der englischen Druckerei angeordnet waren. Diese Anordnung finden wir noch heute auf unseren Maschinen als Normal-Tastatur. Jede Taste trug einen Typenhebel, der von unten gegen ein Farbband angeschlagen wurde und auf dem um eine Schreibwalze gelegten Papier einen Abdruck gab. Wollte man die Schrift lesen, so mußte der ganze die Walze tragende Wagen emporgehoben werden. Der Preis dieser Maschine war mit 40 Dollar verhältnismäßig gering.

Zahlreiche Verbesserungen verschiedener Art brachten nun allmählich die Maschine auf ihren heutigen vollendeten Stand. So wurden 1878 die Typen mit großen und kleinen Buchstaben ausgerüstet, die abwechselnd dadurch zum Abdruck gebracht werden können, daß beim Schreiben der großen Buchstaben der Wagen gehoben wird und so der obere Teil der Type einen Abdruck auf die Walze bewirkt. Dieses Heben des Wagens geschah wie heute durch eine Umschaltung. Da die englische Sprache nur am Satzanfang und im übrigen sehr selten Großbuchstaben kennt, war die Konstruktion für die englische Sprache außerordentlich praktisch, während für die Deutschen die Umschaltung weniger bequem erscheinen mußte, jedoch bis heute noch durch kein besseres Mittel ersetzt worden ist. Der Versuch des Amerikaners Smith, bei der Smith-Premier-Maschine die Umschaltung dadurch überflüssig zu machen, daß er für jeden Buchstaben und jedes Zeichen eine besondere Taste schuf, führte zu keinem dauernden Erfolge. Die 1885 von ihm gebaute Volltastatur-

Maschine ist heute kaum noch zu finden. Den entgegengesetzten Weg verfolgten die Adlerwerke in Deutschland, die auf jede Type zwei Buchstaben und ein Zeichen setzten und dadurch die Tastenzahl um ein Drittel verminderten. Diese Maschine mit Doppel-Umschaltung ist heute noch viel im Gebrauch, doch bauen die Adlerwerke jetzt auch nur noch Maschinen mit einfacher Umschaltung.

Einen ganz anderen Weg verfolgte der Amerikaner Hammond, der (etwa 1875) eine Maschine baute, bei der alle Buchstaben und Zeichen auf einem Typenrade vereinigt waren. Dieses Rad wird durch den Tastenanschlag so nach oben oder unten geführt und gleichzeitig dabei gedreht, daß jeweils der gewünschte Buchstabe über der Anschlagstelle steht und dort den Abdruck ergibt. Den Gedanken des Typenrades hat man weiter benutzt bei den Zeigerschreibmaschinen. Hier wird ein Zeiger über ein kleines Buchstabenbrett geführt und dann niedergedrückt, wenn er über dem betreffenden Zeichen steht. Mit dieser Maschine ließen sich große Schreibgeschwindigkeiten nicht erzielen, dagegen war ihr Bau erheblich einfacher als derjenige der Tastmaschinen. Daher ist der Gedanke in neuerer Zeit wieder aufgenommen und hat zur Herstellung der Mignon-Schreibmaschine geführt, bei der nicht der Zeiger selbst, sondern eine Taste niedergedrückt wird, um den Buchstaben zum Anschlag zu bringen. Für die Reise und bescheidene Ansprüche, z. B. für kleine Geschäfte und Privatpersonen, haben diese Maschinen sich einen nicht unbedeutenden Abnehmerkreis erobert.

In Deutschland waren lange Zeit nur amerikanische Maschinen zu finden. Erst 1892 nahm die Firma Frister und Roßmann, Berlin, den Bau von Schreibmaschinen auf, und bald folgten eine ganze Reihe anderer Fabriken, so daß wir heute nicht mehr auf den Bezug aus Amerika angewiesen sind, da unsere deutschen Maschinen den amerikanischen durchaus ebenbürtig sind.

b) Bedeutung der Schreibmaschine. Als die ersten Schreibmaschinen in früheren Zeiten erfunden wurden, scheiterte die Einführung daran, daß man sie für völlig überflüssig hielt. Erst die Erfindung der Lokomotive, die Fortschritte der Maschinentechnik und des Seeverkehrswesens führten zu einer Vergrößerung der kaufmännischen Betriebe, in denen besondere Kräfte zum Schreiben der Briefe nach Diktat, in der Kurzschrift, die in Deutschland zuerst von Gabelsberger (1834) erdacht ist, erforderlich wurden. Die großen Vorzüge der Schreibmaschine gegenüber dem Handschreiber beruhen in erster Linie auf der höheren Schreibgeschwindigkeit, die das doppelte bis dreifache des Schreibens mit der Hand beträgt. Dazu kommt die leichte Leserlichkeit der Schrift, die Unabhängigkeit von der Handschrift, die Übersichtlichkeit der Schriftstücke und die Möglichkeit, gleichzeitig mehrere Durchschläge durch Zwischenlegen von Kohlenpapier (bis zu 10) herzustellen. Ein weiterer wichtiger Fortschritt war die Erfindung des Kolonnenstellers (Tabulators), mit dessen Hilfe der Wagen durch einen Fingerdruck sofort auf bestimmte, an der Rückseite einstellbare Stellen springt.

Abb. 5: Fakturier-(Billing-)Schreibmaschine. System „Continental" der Wanderer-Werke, Schönau.)

Die letzte Eigenschaft hat zu einer weiteren Durchbildung der Maschine geführt, die für die Buchhaltung von besonderer Bedeutung ist. Mittels einer Vorrichtung an der Walze kann erreicht werden, daß nur das oberste Blatt aus der Maschine entfernt wird, während die unteren unverändert liegen bleiben. Legt man nun den Buchungsbogen unten an, die Rechnung darüber, so können die Rechnungen und Eintragungen auf das Buchungsblatt gleichzeitig geschrieben werden. Darauf wird die Rechnung entfernt, eine neue eingeführt und ihr Text auf dem Buchungsbogen unmittelbar unter die letzte Eintragung gesetzt. Diese Maschinen mit der Fakturier- oder Billing-Einrichtung (vom englischen „bill" = Rechnung) können auch zur Anfertigung von Listen aller Art verwendet werden und führen hinüber zu den Buchungsmaschinen, bei denen nicht auf eine Schreibwalze, sondern auf ein flach unter der Maschine liegendes Blatt geschrieben wird. Bei der von Elliot-Fisher (Amerikaner) gebauten Maschine dieser Art fährt dann die ganze Maschine über den darunter aufgespannten Bogen hinweg und eignet sich besonders für große Betriebe, bei denen die Durchschreibbuchführung eingeführt ist. Der Preis ist allerdings entsprechend der vielfältigen Verwendbarkeit und der schwierigen Bauart recht erheblich. Auch erfordert die sachgemäße Bedienung eine gründlichere und längere Einarbeitung, als dies bei der gewöhnlichen Schreibmaschine der Fall ist.

Eine Errungenschaft des letzten Jahrzehnts sind die rechnenden Schreibmaschinen, bei denen außer den üblichen Tastenreihen noch ein besonderes Rechentastwerk angebracht ist, das mit kleinen Rechenmaschinen (vgl. S. 44) in Verbindung steht, mit deren Hilfe in der Längs- und Querrichtung durch die Maschine selbständig addiert und subtrahiert wird. Diese Maschinen sind besonders zur Aufstellung von Lohnlisten, Aufstellungen mit Berechnungen aller Art, Tabellen und dergleichen geeignet und werden zu diesem Zweck meist mit einem breiten Wagen geliefert, um auch große Bogen aufnehmen zu können. In der oben erwähnten Buchungsmaschine von Elliot-Fisher findet

Abb. 6: Buchungs-Maschine von Elliot-Fisher.
(Heinr. Zeiß, Frankfurt a. M.)
Bei jedem Anschlag rückt die Maschine selbsttätig ein Stück weiter nach rechts, bei jeder neuen Zeile etwas nach vorn. Die Typen schlagen von oben nach unten. Die zu beschreibenden Bogen werden unter die Maschine geschoben und durch einen Fußhebel festgeklemmt.

auch die Rechenvorrichtung Anwendung, so daß wir dann zu einer Schreib-Rechen-Buchungs-Maschine gelangen, die eine ganze Anzahl sonst erforderlicher Arbeitskräfte zu ersetzen vermag, und die wie die übrigen Schreibrechenmaschinen den Vorzug hat, daß ein Sichverrechnen insofern ausgeschlossen ist, als einerseits die Rechenvorgänge von der Maschine ausgeführt werden, Fehler also nicht vorkommen können, andererseits jedes „Sichvertippen" im Rechenwerk zwangläufig durch dieses selbst nachgewiesen wird und so zur sofortigen Richtigstellung zwingt.

Werden bei den zuletzt genannten Maschinen die mechanischen Fertigkeiten des Menschen durch die Maschine ersetzt, so strebt man andererseits danach, die mit dem Schreiben auf der Maschine verbundene körperliche Anstrengung zu vermeiden. Dies wird z. B. erreicht durch die von den Mercedes-Werken gebaute „Elektra"-Schreibmaschine, bei der der Typenanschlag durch einen kleinen Motor bewirkt und die Auslösung dieses Motors durch ein ganz leichtes Niederdrücken der Tasten um nur etwa 4 mm erreicht wird. Ist die Zeile zu Ende, so zieht der Motor den Wagen selbständig wieder auf die Anfangsstellung zurück. Mit dieser Maschine können ohne jede körperliche Anstrengung sehr hohe Schreibgeschwindigkeiten erreicht werden, vorausgesetzt, daß der Schreiber nach dem Zehnfinger-Blindschreibe-System arbeitet, das eigentlich heute von jedem Maschinenschreiber angewendet werden sollte, da es allein die Möglichkeit bietet, ununterbrochen mit dem Augen auf dem Manuskript (Stenogramm) zu bleiben, während die Finger ihre Tätigkeit völlig mechanisch ausführen und keiner Überwachung durch das Auge bedürfen.

Eine Stenographier-Schreibmaschine, bei der das Stenogramm mittels einer Maschine aufgenommen wird, bringt die Pariser Firma „La Sténotype Grandjean" auf den Markt. Diese mit 21 Tasten ausgerüstete Maschine ermöglicht das Anschlagen mehrerer Tasten zu gleicher Zeit, so daß jedesmal mit einem Griff eine ganze Silbe geschrieben werden kann. Die Schreibweise ist dabei phonetisch, man schreibt also nur die gehörten Laute, was bei Englisch und Französisch natürlich viel vorteilhafter ist als im

Abb. 7a: Stenographiermaschine „Grandjean".

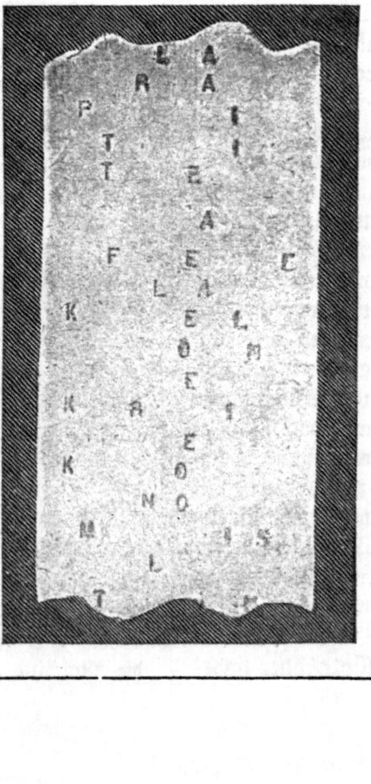

Abb. 7b: Streifen der Stenographiermaschine. Der Text ist ohne weiteres lesbar: „La rapidité avec laquelle on écrit économis . ."

Deutschen. Geschrieben wird auf einen schmalen Streifen Papier, jede Silbe auf eine Zeile für sich. Nach Angabe des Erfinders werden Silbengeschwindigkeiten von 300 und mehr in der Minute erreicht, und das Stenogramm kann von jedem Nichtstenographen übertragen werden. In jüngster Zeit ist auch von der Clemens Müller Aktiengesellschaft, Dresden-N. Herstellerin der „Urania"-Schreibmaschine eine Stenographiermaschine herausgebracht worden, die auf ganz anderer Grundlage aufbaut. Die Maschine gleicht äußerlich fast völlig einer gewöhnlichen Schreibmaschine und kann auch als solche benutzt werden. Sie trägt an den Typen aber noch besondere Zeichen, so daß ganze Silben durch ein Zeichen wiedergegeben werden können. Das angeführte Beispiel veranschaulicht am besten die Art dieser Maschinen-Kurzschrift.

2. Diktiermaschinen.

Der Diktierende ist bei seinem Diktat in der Schnelligkeit an die Schreibgeschwindigkeit seines Stenographen gebunden. Nun gibt es aber nur ganz wenige Stenographen, die in der Geschwindigkeit mit der normalen Sprache mitkommen; infolgedessen muß das Zeitmaß beim Diktieren der Schreibgeschwindigkeit des Aufnehmenden angepaßt werden. Hierdurch und durch das Vorlesen des Stenogrammes geht Zeit verloren, die doppelt gerechnet werden muß, da ja zwei Personen dabei erforderlich sind.

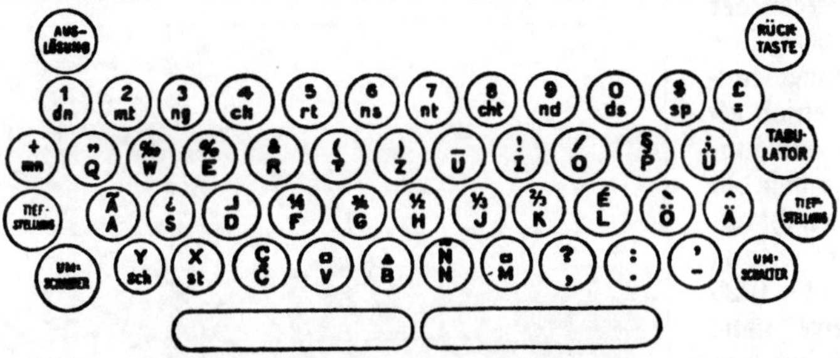

Abb. 8: Tastatur der „Urania Steno".

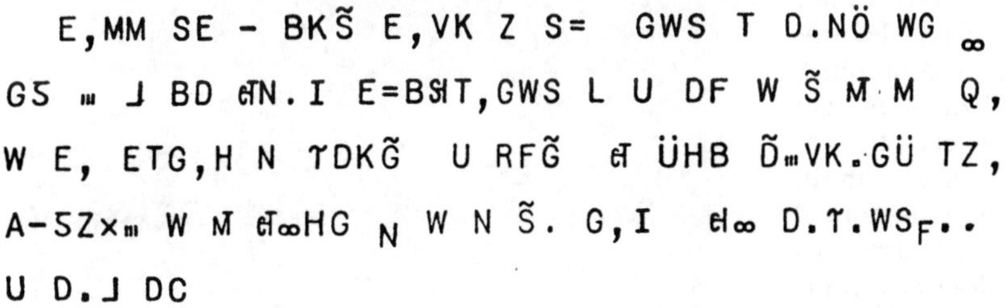

Abb. 9: Schriftprobe der Maschinenstenographie mit Übersetzung.

Übersetzung. Das deutsche Museum sei ein Bekenntnis des deutschen Volkes zu sich selbst! Gewiß ist der neue Weg des Geistes, den die Technik bedeutet, nicht nur in Deutschland beschritten, gewiß wollen und dürfen wir uns mit dem, was wir Deutsche beigetragen haben an Entdeckungen und Erfindungen, nicht überheben andern Völkern gegenüber, trotz allem Stolz, den wir mit Recht hegen, wenn wir an unsere Großen im Reiche der Naturwissenschaften und der Technik denken.

Abb. 10a: Diktiermaschine nach Dr. Stille.

Mikrophon der Maschine. Die unteren Knöpfe ermöglichen ein sofortiges Abhören und Anhalten des besprochenen Drahtes.

Infolgedessen hat man schon seit etwa 1890 versucht, die Sprechmaschine in den Dienst des Diktierens zu stellen. Dies wird bei dem deutschen Erzeugnis „Parlograph" dadurch erreicht, daß der Diktierende in einen Geber (Mikrophon) spricht und die Nadel die Aufzeichnungen in eine Wachswalze einritzt, von der sie die Maschinenschreiberin beliebig oft und in beliebiger Geschwindigkeit abhören kann. Nach dem Gebrauch werden die Walzen wieder abgedreht und können nun von neuem besprochen werden.

Das Abdrehen der Walzen und ihre Neubeschaffung machen den Betrieb etwas teuer und umständlich, so daß der Parlograph nicht allzuweite Verbreitung gefunden hat. 1925 ist nun eine neue Diktiermaschine von Dr. Stille erfunden worden, bei der nicht eine Walze besprochen, sondern durch das Mikrophon ein Stahldraht magnetisch gemacht wird, dessen Magnetismus beim Abrollen des Drahtes einen Kopfhörer in Betrieb setzt. Hierbei kann der Diktierende an seinem Arbeitsplatz sitzen bleiben und durch Fernleitung in die elektromagnetische Diktiermaschine spre-

Abb. 10b: Diktiermaschine nach Dr. Stille.

Der Wiedergabe-Apparat: rechts die Rollen für den besprochenen und „entmagnetisierten" Draht, links (neben der Schreibmaschine) der Kopfhörer.

chen, die unmittelbar neben der Schreibmaschine steht. Nach Abschreiben des Diktates läuft der Stahldraht durch eine Entmagnetisiervorrichtung und kann nun sofort wieder besprochen werden.

3. Rechenmaschinen.

a) Bedeutung. Das für den Kaufmann so wichtige Sprichwort „Zeit ist Geld" und die Tatsache, daß ein Rechenfehler oft unübersehbaren Schaden anrichten kann, haben es in unserer hastenden Zeit dringend wünschenswert erscheinen lassen, die Denkfehler des Menschen beim Rechnen auszuschalten und die mechanische Fertigkeit des Malnehmens, Teilens, Zusammenzählens und Abziehens von einer Maschine ausführen zu lassen, die unabhängig von Abspannung und augenblicklicher Ablenkung zwangläufig jede auf ihr ausgeführte Aufgabe richtig lösen muß. Addieren und Subtrahieren lassen sich durch Proben (Auf- und Abwärtsaddieren, Quersumme usw.) leichter nachprüfen und von dem geübten Buchhalter so schnell ausführen, daß auch eine Maschine nur bei teuren Instrumenten schneller arbeitet.

b) Arten. Daher liegen die ersten Bestrebungen zur Schaffung einer Rechenmaschine auf dem Gebiet der sogenannten „Vierspezies-Maschine", vor allem im Malnehmen und Teilen. Im Gegensatz zur Schreibmaschine sind hier die ersten bahnbrechenden Erfindungen von Deutschen gemacht worden, die erste von dem württembergischen Pfarrer Hahn, die wichtigste aber von dem bekannten Philosophen Leibnitz-Hannover (1774). Leider besaß diese Maschine infolge kleiner technischer Mängel noch nicht die Haupteigenschaft einer Rechenmaschine, die unbedingte Zuverlässigkeit. Immerhin ist die von Leibnitz angewandte Konstruktion für alle späteren Bauarten von größter Wichtigkeit gewesen.

Die erste durchaus brauchbare Rechenmaschine wurde nach 1870 von A. Burckhardt in Glashütte (Sachsen) gebaut. Seitdem ist die Rechenmaschine in vielen Beziehungen vervollkommnet worden. Heute haben wir bei den elektrisch angetriebenen Maschinen nichts weiter zu tun, als mittels Tasten die Aufgabe einzustellen und die Maschine einzuschalten, die dann binnen kürzester Zeit das unbedingt richtige Ergebnis liefert, je nach Wunsch schriftlich mit der Aufgabe oder nur in den Schaulöchern eines Rechenwerkes.

Das Wesen aller „Vierspezies-Maschinen" beruht in der Überlegung, daß Malnehmen ein wiederholtes Zusammenzählen, Teilen ein wiederholtes Abziehen ist. Diese Rechenvorgänge werden nach Einstellung einer oder (beim Teilen) beider Zahlen durch Kurbeldrehung mit größter Geschwindigkeit ausgeführt, wobei eine Reihe von Schaulöchern die Zahl der Kurbelumdrehungen, eine zweite das Produkt bzw. den Quotienten angibt. Die Kurbelumdrehungen können dabei mit größter Geschwindigkeit ausgeführt werden, beim Teilen über den Dividendus hinaus schalten manche Maschinen sich selbständig aus, so daß hierbei völlig mechanisch gearbeitet werden kann. Trotzdem erfordert das Rechnen mit den größeren Maschinen auch eine gewisse Übung, da manche Rechenvorgänge für das Maschinenrechnen völlig umgestaltet werden, z. B. Zuzählen in Malnehmen, Teilen in Malnehmen mit umgekehrten (reziproken) Werten usw.

Beispiel: Bei der Zinsrechnung nach Tagen lautet die kaufmännische Formel: $\frac{\text{Kapital}}{100} \cdot$ Tage, geteilt durch den ständigen Zinsteiler (360 : %). Beim Maschinenrechnen wird der letzte Bruch umgekehrt, also % : 360, so erhält man einen Zinsmultiplikator, und nun wird mit diesem malgenommen.

Auch mit negativen Zahlen kann auf der Maschine gerechnet werden, nur müssen dann alle Zahlen bis auf die letzte im Ergebnis auf 9 ergänzt werden (Ergänzungswerte). Beim Teilen wird von geübten Maschinenrechnern durch die Maschine ermittelt, wie oft die eine Zahl malgenommen werden muß, damit die andere (der Quotient) herauskommt.

Abb. 11: Mercedes-Euklid-Rechenmaschine mit elektr. Antrieb.
Die malzunehmenden oder zu teilenden Zahlen werden durch Niederdrücken der Tasten (oben rechts) eingestellt, die Art der vorzunehmenden Rechnung (Malnehmen, Teilen) durch die kleinen Hebel oben links (unter dem Namen) bestimmt. Alle weiteren Arbeiten verrichtet die Maschine völlig selbsttätig auf elektrischem Wege.

Erst erheblich später als die „Vierspeziesmaschine" hat sich bei uns in Deutschland die Addiermaschine eingeführt, zuerst wohl bei den in vielen Geschäften zu findenden Kontrollkassen. Hier wird jeder gezahlte Betrag ähnlich wie bei der Schreibmaschine durch Niederdrücken von Tasten eingestellt und mittels einer Kurbelumdrehung auf einen kleinen Kassenzettel gedruckt, aber gleichzeitig auch auf einen fortlaufenden Streifen. Die Summe aller auf diesen Streifen gedruckten Beträge kann durch eine weitere Umdrehung mittels einer anderen Hebeleinschaltung sofort unter den letzten Posten gedruckt werden und erspart so das zeitraubende und trotzdem oft unzuverlässige Aufaddieren. Auf dem gleichen Grundsatz beruhen auch die übrigen schreibenden Addiermaschinen, die entweder nur addieren, oder auch die mittels der Tasten bezeichneten Zahlen aufschreiben. An Stelle der für jeden Stellenwert nötigen Zahlenreihe 0—9 gibt es jetzt auch Schnellrechenmaschinen, die im ganzen nur 10 Zahlentasten besitzen und die „getippte" Zahl selbsttätig mit dem richtigen Stellenwert einsetzen. Auch bei diesen Maschinen ist vielfach elektrischer Antrieb vorhanden. Ihre Verbindung mit der Schreibmaschine, wobei die ganze Maschine auf einen winzig kleinen Raum zusammengedrängt ist, wurde bereits (Seite 39) erwähnt.

Abb. 12: Elektrische Addiermaschine von Goerz, Berlin.

Die weitestgehende Ausnutzung der Maschine auch bei zusammengesetzten Rechen- und Buchungsarbeiten findet sich bei dem **Lochkartenverfahren**, bei dem alle Tatsachen mit einer besonderen Maschine in eine vorgedruckte Karte eingelocht werden. Diese Lochkarten können dann durch eine weitere Maschine selbsttätig sortiert und die so geordneten

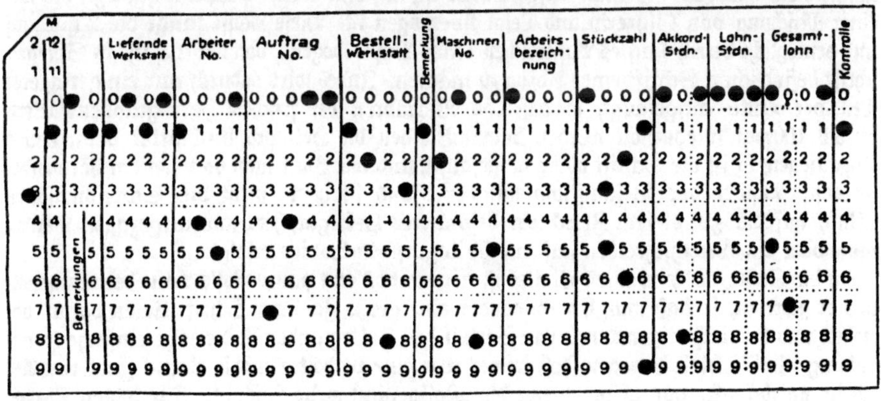

Abb. 13: Lochkarte.

Da die Lochkarte nur Zahlen kennt, wird jeder Arbeitsvorgang durch Zahlen ausgedrückt, z. B. die **Arbeitsbezeichnung** = 321, dabei gibt die 1. Zahl die Hauptgruppe an (z. B. Dreherei = 3), die 2. Zahl die **Arbeitsgruppe** (Vordrehen = 2) und die 3. Zahl die **Einzelarbeit**. Die Auswertung der übrigen Zahlen ist ohne weiteres verständlich, z. B. Werkstatt Nr. 1010, Arbeitsstunden 8, Gesamtlohn RM 7.50 usw.

Karten durch die Hauptmaschine geschickt werden, die alle gewünschten Angaben schriftlich niederlegt, längs und quer addiert und die erforderlichen Buchungen an die richtige Stelle einträgt. Diese Maschinen werden bisher nur von den ursprünglich amerikanischen Firmen Hollerith und Powers hergestellt. Sie sind wahre Wunderwerke der Technik, allerdings auch sehr teuer, so daß ihre Anschaffung sich nur für ganz große Betriebe eignet, so z. B. für die Großbanken, wo durch eine einzige solche Maschine Dutzende von geschulten Kräften überflüssig geworden sind.

4. Vervielfältigungsgeräte.

a) Entwicklung. Die Erfindung der Buchdruckerkunst führte das gesamte geistige Leben in völlig neue Bahnen, machte das Buch zum Volksgut, während es vorher das Vorrecht einer kleinen Klasse von Menschen gewesen war. Indes heißt es nicht umsonst „Buchdrucker**kunst**"; denn das Herstellen eines Schriftsatzes und seine Verwendung in der Presse erfordern jahrelange Übung. Daher waren die Geschäftsleute noch bis über die Mitte des 19. Jahrhunderts hinaus bei ihren schriftlichen Arbeiten, auch wenn sie an eine ganze Reihe von Empfängern im gleichen Wortlaut gerichtet waren, genötigt, jedes Schriftstück einzeln herzustellen, soweit nicht die Auflage so groß war, daß eine Druckerei mit der Herstellung betraut wurde. Drucksachen tragen aber von vornherein den Stempel des Unpersönlichen in sich und werden daher sehr oft ungelesen beiseite gelegt. Mit der Zunahme der sorgfältigen Kundenwerbung machte sich immer mehr das Bedürfnis geltend, ein Vervielfältigungsverfahren zu besitzen, bei dem geschriebene Mitteilungen in großer Zahl mechanisch hergestellt werden, nachträglich aber mit der persönlichen Anschrift des Empfängers in der gleichen Schriftweise versehen werden können. So kam man zu den verschiedenen Arten der Vervielfältigungsgeräte, die heute ohne erhebliche Vorkenntnisse die schnelle Herstellung jeder beliebigen Anzahl von Schriftstücken mit geringen Kosten in Hand- und Schreibmaschinenschrift ermöglichen.

b) Arten. Das älteste und einfachste, auch heute noch viel benutzte Verfahren findet sich beim Hektographenvervielfältiger, bei dem ursprünglich mittels der Feder und einer besonderen Hektographentinte die Urschrift auf ein Blatt Papier erfolgte. Dieses Blatt wird, unmittelbar nachdem die Tinte aufgetrocknet ist, auf eine dünne Papplatte gelegt, die mit einer Mischung von Glyzerin und Leim überzogen ist. Diese Masse saugt die Tinte auf und ermöglicht durch sanftes Aufstreichen eines Papierbogens, von der auf ihr in Spiegelschrift befindlichen Schrift einen Abzug zu machen. Indes wird dadurch nur ein geringerer Teil der Tinte aufgesaugt, so daß das Verfahren bei frischen Hektographenblättern 50 bis 100mal wiederholt werden kann. Bleiben die Hektographenblätter dann einige Tage liegen, so ist die Schrift völlig aufgesaugt, und das Blatt kann von neuem verwendet werden. Anstatt der Beschriftung mit der Hand ist heute meist die Schreibmaschine üblich, auf die zu diesem Zweck ein besonderes Hektographenband aufgezogen werden muß oder ein Durchschreiben auf ein Hektographen-Papier erfolgt.

An die Stelle des einzelnen Blattes ist neuerdings eine ganze Rolle von Hektographenpapier getreten, so daß man hintereinander eine große Zahl von Schriftstücken darauf abziehen und vervielfältigen kann. Ein Vorteil des Hektographen ist die sehr einfache Handhabung, ein Nachteil dagegen, daß immer nur eine verhältnismäßig kleine Zahl von Abzügen möglich ist, vor allem, wenn die Masse nicht mehr frisch ist. Die letzten Abzüge ergeben nur noch eine schwache Schrift. Ferner ist das Arbeiten mit Hektographentinte oft recht unangenehm, da sie von den Arbeitsgeräten und den Händen nur schwer zu entfernen ist.

Einen erheblichen Fortschritt bedeutete daher die Erfindung des Mimeographen durch den bekannten Amerikaner Edison. Hierbei wird mit einem Stahl- oder Achatstift auf ein sehr zähes, fein mit Wachs oder Paraffin durchtränktes Papier geschrieben, das auf einer Stahlplatte ruht. Die Stahlplatte ist mit ganz feinen Längs- und Querrillen (Raster) versehen, so daß die Schrift überall eine fein unterbrochene Linie bildet. Spannt man nun den beschrifteten Bogen straff in einen passenden Rahmen und rollt mit einer in Farbmasse getauchten Walze darüber, so kann diese nur an den Stellen durchdringen, an denen durch die Schrift das Wachs aus dem Bogen herausgedrückt ist. Unter dem Rahmen liegt auf einer glatten Zinkplatte das zu beschreibende Blatt, das nun die Farbe aufnimmt, ähnlich wie der zweite Bogen beim Schreiben mit Kohlenpapierdurchschlägen.

Der gleiche Grundsatz wird heute bei dem Schreiben mit Wachsbogen auf der Schreibmaschine angewandt. Nur muß hierbei ohne Farbband geschrieben werden, und über den Wachsbogen kommt ein Blatt Seidenpapier, um die Schreibmaschinentypen vor der Berührung mit dem Wachs zu schützen. Neuerdings werden die Wachsbogen durch „Dauermatrizen" ersetzt, die aus Japanfaserpapier bestehen und sehr scharfe Abzüge geben. Bei neueren Geräten dieser Art kann gleichzeitig ein ganzer Stapel Briefbogen unter den Abziehapparat gelegt werden. Nach jedesmaligem Abziehen springt durch einen Federdruck der Rahmen mit dem Wachsbogen hoch, der Arbeitende braucht nur das oberste Blatt abzunehmen und den Rahmen wieder nach unten zu drücken. Man nennt derartige Vervielfältiger Stapeldrucker.

Erheblich leistungsfähiger wird das Gerät, wenn der Wachsbogen oder Japanbogen auf eine Walze gespannt, die Einfärbung durch ein mechanisches Farbwerk betätigt wird und die Umdrehung der bespannten Walze mittels eines kleinen Elektromotors erfolgt. Ist diese Maschine ferner mit einem Umdrehungszähler ausgestattet, der selbsttätig bei Erreichung der gewünschten Zahl von Abzügen den Motor ausschaltet, so braucht man nur den Matrizenbogen einzuspannen, den Motor einzuschalten, nachdem der Zähler auf die gewünschte Zahl eingestellt ist, und die nötige Zahl der unbeschriebenen Bogen auf die elektrische Anlegevorrichtung zu legen. Alles andere erledigt dann die Maschine allein in kürzester Zeit.

Der Vorzug dieser Vorrichtung gegenüber dem Hektographen liegt darin, daß man von einem Wachsbogen bis etwa 1000, bei Japanfaserpapier sogar mehrere tausend Abzüge herstellen kann. Ein Nachteil des geschilderten Matrizen- oder Schablonenverfahrens ist, daß für die Abzüge im allgemeinen rauhes Papier verwendet werden muß, die Abzüge daher meist nie ganz scharf werden und bei der Beschriftung mit der Schreibmaschine leicht die kleinen Buchstaben wie o, e, a usw. die innere Öffnung ganz aus dem Wachsbogen herausschlagen, so daß die Buchstaben wie kleine Kleze wirken, wenn auf der Maschine nicht vorsichtig geschrieben wird. Indes fallen die Nachteile bei den Japanfaserbogen völlig fort, sodaß hier nur der höhere Anschaffungspreis der Maschine als Nachteil angesehen werden kann.

Von der wirklichen Maschinenschrift oft nur schwer zu unterscheiden sind die Erzeugnisse der Typendrucker, bei denen die Schrift ähnlich wie im wirklichen Buchdruck mittels Typen gesetzt wird. Die einzelnen gesetzten Zeilen werden aneinandergereiht und bei dem Flachdrucker auf eine Platte des Druckapparates gelegt. Über diese Platte kommt dann ein breites Farbband, darüber der zu bedruckende Bogen, der durch eine Gummiwalze leicht gegen das Farbband gedrückt und an den Stellen, wo im Satz die Typen stehen, bedruckt wird.

Anlegevorrichtung und elektrischer Antrieb gleichen bei den vollkommeneren Vervielfältigern den bei dem vorigen Verfahren beschriebenen. Wählt man als Typen die gleiche Schrift wie sie die Schreibmaschine trägt, als Farbband die gleiche Farbtönung wie sie das Maschinenband zeigt und fügt nachher auf der Schreibmaschine die Anschrift des Empfängers sowie eine handschriftliche Unterzeichnung zu, so wirkt der Brief vollkommen, als ob er ganz mit der Maschine geschrieben wäre, was bei manchen Schreiben (z. B. bei Mahnungen) von nicht zu unterschätzendem Wert ist. Besonders praktische Typenkästen und Ablegevorrichtungen haben außerdem das Setzen so erleichtert, daß es nach wenigen Stunden von dem Kontorangestellten ausgeführt werden kann. Durch Überlegen schmaler Farbstreifen über bestimmte Zeilen und Worte kann außerdem in einem Arbeitsgange auch in zwei- und mehrfarbiger Schrift gedruckt werden. Auch bei diesen Maschinen haben wir neben den Flachdruckern Rund- oder Rotationsdrucker, bei denen die Leistungsfähigkeit natürlich erheblich größer ist als bei Flachdruckern.

Den großen Vorteilen, die der Typendrucker in der ausgeführten Arbeit gegenüber dem Schablonenverfahren hat, steht der Nachteil gegenüber, daß die Anlernung der Arbeitskräfte längere Zeit erfordert und vor allem die Anschaffungskosten ganz erheblich höher sind. Ferner nehmen Anfertigung und Ablegen des Satzes recht erhebliche Zeit in Anspruch, und bei lebhaftem Betriebe sind sehr viele Typen erforderlich. Infolgedessen wird der Typendrucker nur für größere Betriebe zur Anschaffung in Frage kommen. Die Vorzüge beider eben geschilderter Verfahren, nämlich einfache Beschriftung mittels Hand oder Schreibmaschine und völlig scharfe Abzüge auf beliebigem Papier vereinigt der vor kurzem in den Handel gebrachte „Rotaprint", bei dem auf ein dünnes Metallblatt geschrieben und von diesem nach dem Vorbilde des seit einigen Jahren im Kunstdruck verwendeten Gummidruckes (Offset) ein Umdruck gemacht wird, der nun wie der Satz des Typendruckers verwendet wird. Bei diesem Verfahren kann man nach Belieben Hand- und Maschinenschrift, Zeichnungen und Gummistempel auf dem gleichen Blatt zum Abdruck bringen, ja sogar den Briefkopf in Druckschrift mit auf den Bogen setzen. Die Briefe werden von der Maschine auf Rollen Rohpapier gedruckt, auf die gewünschte Größe geschnitten und sind dann von wirklichen Hand- oder Schreibmaschinenbriefen kaum zu unterscheiden. Allerdings sind auch hier die Anschaffungskosten nicht gering.

Eine Ergänzung zu den Vervielfältigungsmaschinen, aber auch für viele andere Zwecke verwendbar, bilden die Adressiermaschinen. Versand- und andere große Geschäfte müssen oft an Tausende ihrer Geschäftsfreunde Drucksachen oder Rundschreiben verschicken. In großen Fabriken und Steuerbüros sind die gleichen Namen sehr oft wieder in Listen (Lohnlisten, Steuerlisten, Krankenkassenlisten) einzusetzen. Hier hilft die Adressiermaschine viel Arbeit und Schreibfehler vermeiden. Ihren ersten Bestandteil bildet die Prägemaschine, mittels der auf eine kleine Blechplatte der Name und nötigenfalls die Anschrift des Betreffenden eingeprägt werden und zwar so, daß die Buchstaben in Spiegelschrift erhöht auf der Platte liegen. Diese Platten werden nun in hohem Stapel in die Adressiermaschine selbst gesetzt, jede Platte durch ein Farbkissen angefärbt und auf den sich selbsttätig darunter schiebenden Briefumschlag oder in die durchlaufende Liste eingedruckt. Die zum Druck verwandte Platte wird dann von der Maschine ebenfalls zwangläufig weggenommen und unten abgelegt, so daß jetzt die nächste Platte sich auf den folgenden Umschlag oder bei Listen in die nächste Zeile abdruckt.

Abb. 14: Druckplättchen der „Adrema"-Adressiermaschine.
(Adrema-Maschinenbau-Gesellsch., Berlin.)

5. Richtige Wahl der Büromaschinen.

In den vorstehenden Ausführungen sind nur die wichtigsten Büromaschinen näher besprochen, andere erwähnt worden. Daneben gibt es natürlich noch eine ganze Anzahl weiterer Maschinen, die in großen, aber auch in kleineren Kontoren Verwendung finden, je nachdem, in welcher Weise das Geschäft organisiert ist und welche Eigenarten bei ihm vorherrschen. Wie schon früher (S. 17) erwähnt, unterscheidet sich der zeitgemäße Betrieb von dem veralteten dadurch, daß es in ihm nie einen Stillstand gibt, sondern die Organisation und Ausstattung mit Geräten sich stets der Ausdehnung des Geschäftes anpaßt und mit der Neuzeit Schritt hält. Was für Maschinen für ein Kontor anzuschaffen sind, welche Arten dieser Maschinen für diesen Betrieb am zweckmäßigsten sind, läßt sich niemals von einem Außenstehenden entscheiden, sondern nur von einer mit dem gesamten Betriebe durchaus vertrauten Persönlichkeit. Größere und daher teurere Maschinen ersparen zwar meist den einfacheren gegenüber viel Arbeit, erfordern für ihre Anschaffung und Unterhaltung aber auch größere Mittel, die vielleicht mehr Nutzen bringen, wenn sie als Betriebskapital anderweitig Verwendung finden, falls die Maschinen nicht genügend ausgenutzt werden, oder die von ihnen zu verrichtende Arbeit durch Arbeitskräfte verrichtet werden könnte, die nicht voll beschäftigt sind. Daher zeigt sich auch in der Art, wie ein Geschäft mit Büromaschinen ausgerüstet ist, ob es von einem geschickten Organisator eingerichtet ist, oder ob es von Rückständigkeit, andererseits wohl auch von Großmannssucht Zeugnis ablegt. Auf jeden Fall kann durch eine wohldurchdachte Auswahl von Büromaschinen und -geräten sehr viel Zeit und damit Geld gespart und der Umsatz des Geschäftes nicht unerheblich gehoben werden.

II. Schriftenablage (Registratur). [§ 13

1. Zweck.

Ein großer Teil des geschäftlichen Verkehrs wickelt sich, wie schon mehrfach betont, auf schriftlichem Wege ab, seien es nun Briefe, die ein- und ausgehen, Rechnungen, Quittungen, gedruckte Werbesachen, Preislisten oder Zeichnungen. Dieser gesamte Schriftverkehr ist nicht völlig erledigt, wenn er bei seiner Ankunft gelesen und beantwortet ist, sondern es muß sehr oft auf ihn zurückgegriffen werden. Daher ist für jedes Geschäft die Frage von größter Wichtigkeit: Wie bewahrt man die eingegangenen Schriftstücke so auf, daß sie jederzeit in kürzester Zeit wiedergefunden werden können?

Neben dieser rein praktischen Frage schreibt auch das Handelsgesetzbuch in seinem § 44 vor, daß die eingegangenen Briefe und die Abschriften der ausgegangenen mindestens 10 Jahre lang aufbewahrt werden müssen, da sie für Gerichtsverfahren und Steuerfragen sowie im Falle des Konkurses neben den Geschäftsbüchern als wichtige Unterlagen dienen sollen. Während der Kaufmann nur in seltenen Fällen Schriftstücke wieder einsehen muß, die längere Zeit, vielleicht mehr als ein Jahr, zurückliegen, wird hier also eine Aufbewahrung für lange Dauer gefordert. Daraus ergibt sich bereits, daß man die aufbewahrten Schriftsachen in zwei Gruppen einteilen wird, nämlich in solche, die jederzeit zur Hand sein müssen und in solche, auf die nur selten, eigentlich nur in Ausnahmefällen zurückgegriffen wird (ruhende Ablage).

2. Ablageverfahren.

Die älteste Art, Briefe abzulegen, bestand darin, daß der Brief nach seiner Erledigung zusammengeknickt und außen mit Blaustift der Name des Absenders und der Tag der Absendung nebst Jahreszahl daraufgeschrieben wurden. Diese Briefe wurden dann ohne weitere Ordnung monatlich mit einem Bindfaden umschnürt und in einen Schrank gepackt. Einen Schritt voran bedeutete es schon, als man die so gefalteten Briefe innerhalb des Monats alphabetisch ordnete und dadurch ein leichteres Wiederfinden ermöglichte. Immerhin mußte man auch hierbei größere Mengen durchsuchen, wenn der Tag der Ankunft nicht mehr genau in Erinnerung war. Eine gewisse Hilfe bildete in solchen Fällen das Briefkopierbuch mit den Abdrücken der abgesandten Briefe, da sich hieraus feststellen ließ, wann der Brief beantwortet wurde, falls überhaupt eine Antwort erfolgt war.

3. Die Sammelmappen.

Erst um das Jahr 1890 führte die Firma August Zeiß Briefsammelmappen ein, die nach ihrer Heimat Amerika als „Shannon-Mappen" bezeichnet wurden. In ihnen wurden die Briefe, nachdem sie mittels eines Lochers von in der Regel 8 cm Abstand zwischen den beiden Löchern vorbereitet waren, auf zwei entsprechende Dorne in der Mappe gelegt, so daß ein gegenseitiges Sichverschieben sowie ein Verlorengehen aus der Mappe damit unmöglich gemacht war. Außerdem enthalten diese Mappen starke Papierblätter, von denen jedes auf einem Vorsprung einen Buchstaben des Alphabets trägt, hinter den dann die Briefe von Firmen mit dem entsprechenden Anfangsbuchstaben abzulegen sind. Eine Feder, die mit einem Hebel in Verbindung steht, ermöglicht weiter, die Briefe in der Mappe festzuklemmen, bis diese ganz gefüllt ist. Ein Schild auf dem breiten Rücken der Mappe diente ursprünglich nur zur Aufnahme der Tage, an denen die Mappe begonnen und als gefüllt beiseite gestellt wurde. Eine neue Mappe trat dann an ihre Stelle. Die Einrichtung finden wir heute noch, sie ist von der Firma Leitz in Feuerbach bei Stuttgart weiter vervollkommnet und erfüllt in kleineren Geschäften durchaus ihren Zweck.

Bei lebhaftem Schriftwechsel größerer Firmen werden die Mappen sich indes schnell füllen und daher wiederum ein längeres Suchen nötig machen, wenn ein bestimmtes Schriftstück, dessen Ankunft einige Zeit zurückliegt, benötigt wird. Man ging daher dazu über, gleichzeitig mehrere Mappen in Betrieb zu nehmen, z. B. eine solche von A—F, ferner Mappen für G—M, N—R und S—Z. So kam man zu einer Unterteilung, die nun wieder innerhalb der Mappe eine weitere Teilung der Schriftstücke nach dem zweiten Buchstaben wünschenswert erscheinen ließ, also z. B. bei B, Ba, Be, Bi, Bl, usw. An der Aufstellung bestimmter Ordnungen für derartige Ablagen haben sich vor allem die Firmen Glogowski, Soennecken-Bonn, die Regis-Registratur und Grünewald beteiligt. Man erleichtert das richtige Abstellen der Briefe und Mappen durch Kennzeichnung der Buchstaben in verschiedenen Farben, durch Markierung des Buchstabens in der Weise, daß die Mappe A ganz oben eine Marke trägt, die Mappe Z ganz unten, so daß die Mappen mit einem Blick zeigen, ob sie in der richtigen Reihenfolge stehen. Sie werden dann wie die Bücher einer Bücherei nebeneinander auf einem dazu besonders geschaffenen Gestell untergebracht, tragen außen deutlich Buchstabe und Marke sowie im unteren Teile ein kreisrundes Loch, so daß sie leicht herausgenommen werden können.

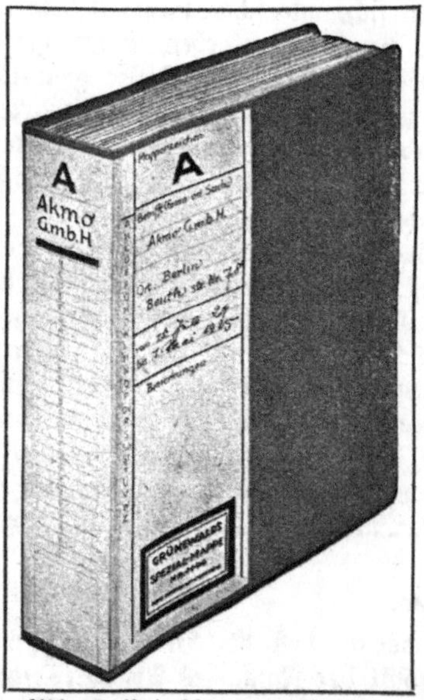

Abb. 15: Briefsammelmappe.
(Grünewalds Registrator-Co., Berlin.)

Lange Jahre hindurch nahmen diese Briefmappen nur die eingegangenen Schriften auf. Wollte man also einen Schriftwechsel verfolgen, so war es nötig, daneben das Briefkopierbuch zu verwenden und in diesem die entsprechenden Antworten aufzusuchen. Mit dem Aufkommen der Durchschläge bei der Schreibmaschine und der Kopiermaschine anstelle der Kopierpresse wurde es möglich, auch die ausgehenden Briefe auf lose Blätter zu kopieren und nunmehr den gesamten Schriftwechsel — Brief und jeweilige Antwort — hintereinander abzuheften. Immerhin liegt ein Nachteil bei der Verwendung der starken und ziemlich teuren Sammelmappen darin, daß bei schlechter Unterteilung nach Buchstaben einige Mappen übervoll, andere dagegen nur teilweise gefüllt sind, und daß so die Neuanschaffung von Mappen zu sehr ungleichen Zeiten nötig ist. Auch die in den Mappen älterer Jahrgänge steckenden Kapitalien häuften sich bei größeren Betrieben zu nicht unerheblichen Beträgen. Weiter ist ein Nachteil, daß, wenn der Schriftwechsel mit einer Firma gebraucht wird, die ganze Mappe anderen Benutzern entzogen ist.

4. Die Schnellhefter.

Daher wurde es freudig begrüßt, als um 1900 die Firma Stolzenberg in Oos-Baden die großen und teuren Sammelmappen durch billige Schnellhefter ersetzte, die zwar weniger Schriftgut aufzunehmen vermögen, aber so billig sind, daß man für jede Firma, mit der ein lebhafterer Schriftverkehr stattfindet, eine eigene Mappe anlegen kann, die alle ein- und ausgehenden Schriftstücke in sich aufnimmt. Hier besteht die Möglichkeit, jederzeit, wenn die eine Mappe für den Jahresverkehr nicht ausreicht, eine zweite, dritte usw. hinzuzunehmen, während bei geringerem Umfange des Verkehrs eine Mappe für den gleichen Zeitraum genügt.

Allerdings lassen derartige Schnellhefter sich nicht so gut wie Sammelmappen in bibliothekarischer Weise senkrecht nebeneinander stellen. Man findet hier vielmehr ähnlich wie bei den Akten der Behörden ein Aufschichten der Hefter wagerecht übereinander mit dem Rücken nach außen, so daß die auf den Rücken geschriebene Firma zu lesen ist, oder, was viel weniger praktisch ist, eine Aufschichtung mit der Unterkante der Mappe nach vorn. Dann muß jedesmal erst der ganze Stapel herausgenommen werden, um die richtige Mappe zu finden. Diese ältere Art der wagerechten oder Horizontalablage ist neuerdings mehr und mehr verdrängt durch die Steil- oder Vertikalablage, bei der die Mappen mit dem Rücken nach unten oder oben hintereinander gestellt bzw. aufgehängt werden und dadurch ein schnelleres Auffinden sowie vor allem eine ganz bedeutende Raumersparnis ermöglichen. Um die Ausgestaltung dieses Verfahrens haben sich besonders die Gebr. Weinmann, Berlin (Oda-Werke, Oda = Organisiere Deine Arbeit) verdient gemacht. Die genannte Firma versieht die Schnellhefter, die in Ablagekästen oder Trögen mit dem Rücken nach unten stehen, oben an der Rückseite der Mappe mit einem Vorsprung, der je nach Wunsch den Namen, einen Ort, eine Sachbezeichnung oder eine Zahl trägt, so daß man die gewünschte Mappe mit einem Blick aus hundert, die hintereinander stehen, herausfinden und mit einem Griff herausnehmen kann. Leitkarten, die zwischen die Mappen gestellt werden und die Gruppen abteilen helfen, erleichtern das schnelle Finden und Abstellen der Mappen sowie die Einreihung neuer.

5. Neuere Arten der Ablageordnung.

Wir haben bisher bei der Ablage nur die alphabetische Ordnung kennen gelernt. Indes hat sich bei der Ausdehnung der Geschäfte gezeigt, daß diese den heutigen Ansprüchen schnellster Auffindung jedes Schriftstückes nicht mehr genügt. Man hat daher durch sorgfältige Überlegung und jahrelanges Ausprobieren mancherlei andere Verfahren ausfindig gemacht und praktisch durchgeführt. Bei Fabriken und Groß-

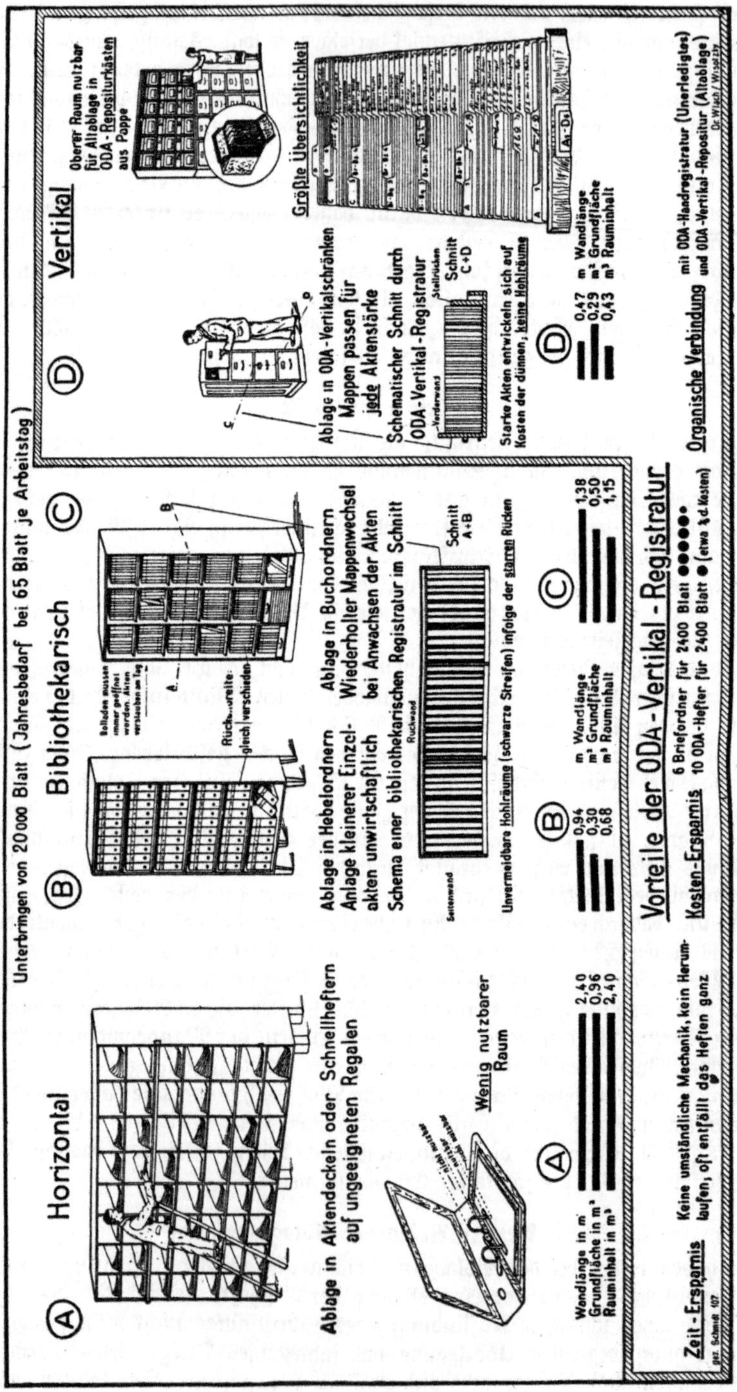

Abb. 16: Registraturverfahren. (Gebr. Weinmann, Berlin.)

handlungen mit weitem Absatzgebiet empfiehlt sich vielfach die **geographische Ordnung** nach Vertreterbezirken, Orten und, z. B. in Berlin, Straßen. Innerhalb dieser geographischen Ordnungseinheiten werden dann die Schriftgüter der einzelnen Firmen alphabetisch geordnet. Die größeren Bezirke können rein äußerlich schon durch verschiedene Farben der Mappen kenntlich gemacht werden, so daß z. B., wenn die Mappe „Neustadt in Schlesien" aus Versehen zu der Mappe „Neustadt an der Haardt" gestellt worden wäre, die andersartige Färbung der Mappe den Fehler sofort deutlich kenntlich machen würde. Das geographische Verfahren ist besonders von der Hinz-Fabrik, Berlin-Mariendorf, zu der sogenannten mechanischen Geographie ausgebaut worden. Hierbei ist z. B. Deutschland nach den politischen Einheiten (Provinzen, Einzelländer) eingeteilt, von denen jede eine **Ordnungsnummer** trägt, z. B. Bayern die Nummer 8. Die Unterteilung erfolgt durch eine zweite Nummer, also Oberpfalz 80, Unterfranken 81, Mittelfranken 82 usw. Die kleinsten Verwaltungsbezirke sind dann durch eine dritte

Abb. 17: Der wichtigste Bauteil: Die Greifermappe.

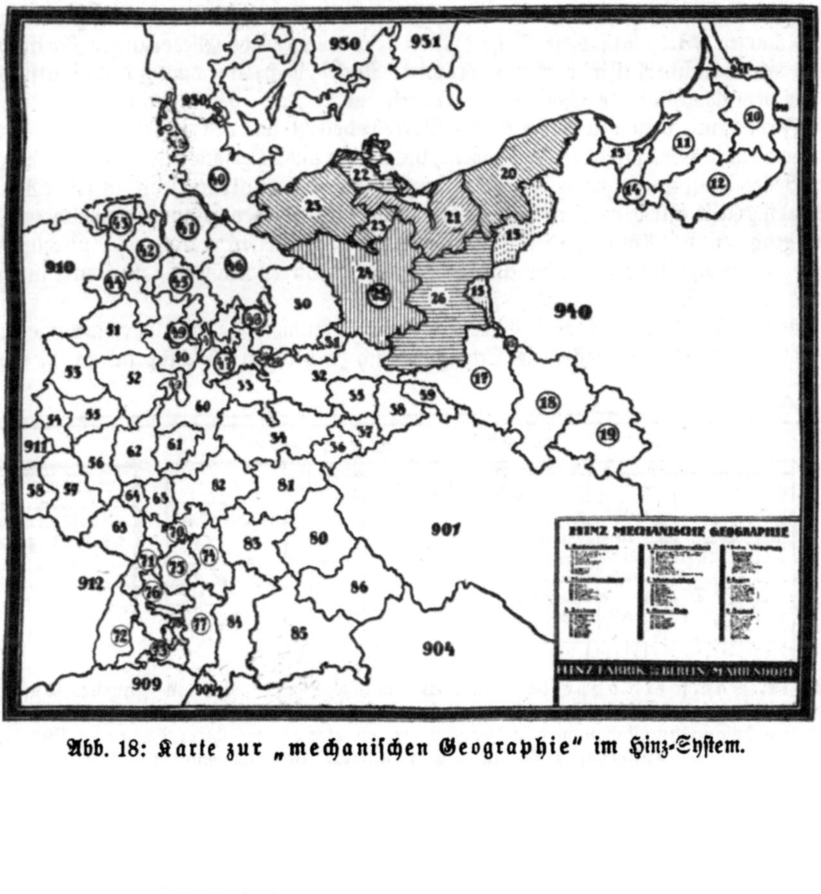

Abb. 18: Karte zur „mechanischen Geographie" im Hinz-System.

Nummer gekennzeichnet, ist Oberbayern 85, so ist der Kreis Garmisch 857. Ein alphabetisches Ortsverzeichnis ermöglicht die schnelle Einreihung jedes Platzes in die richtige Ordnungsnummer, doch hat die Erfahrung gezeigt, daß die Nummern sich dem mit der Ablage Beschäftigten verhältnismäßig schnell einprägen. Das Verfahren dieser Ordnungsnummern in der eben gekennzeichneten Weise hat sich übrigens in kaufmännischen Betrieben auch auf viele andere Gebiete übertragen, z. B. bei der Einordnung von Waren in größere Gruppen sowie in Buchhaltungen mit einer großen Anzahl von Konten.

Es führt uns hinüber zu der Ablage des Schriftverkehrs nach Nummern, bei der jeder neue Geschäftsfreund einfach die nächste Nummer bekommt und so die Registratur ständig ohne jede Hemmung ausgedehnt werden kann. Man muß dann allerdings ein besonderes Register in alphabetischer Ordnung haben mit weitgehender Unterteilung nach dem ersten, zweiten und nötigenfalls noch dritten Buchstaben, in das jeder neue Geschäftsfreund mit seiner Ordnungsnummer eingetragen wird. Für Riesenbetriebe, wie sie z. B. die Postscheckämter darstellen, ist dieses Verfahren das einzig denkbare.

Eine weitere Verbesserung der Ablage bedeutet die Verbindung der alphabetischen mit der Nummernordnung, kurzweg auch als Nummeralpha bezeichnet. Allerdings erfordert auch dieses Verfahren die Verbindung der Hefter mit sogenannten Leitkarten, die in alphabetischer Weise geführt werden und dahinter die Nummern der Mappen angeben. Ist z. B. der Buchstabe A mit der ersten Nummer 1 bezeichnet, so erhalten alle Firmen mit diesem Anfangsbuchstaben eine zweite Nummer, die aus der Leitkarte ersichtlich ist, z. B. Allgemeine Elektrizitäts-Gesellschaft die Nummer 1/3, einzelne Abteilungen davon weiter einen kleinen Buchstaben hinter der Nummer, so die Abteilung Kabelwerk die Nummer 1/3d. Auf diese Weise können sehr weitgehende Gliederungen stattfinden, ohne daß die leichte Auffindbarkeit gestört wird. Auch sachliche Einordnung kann stattfinden, wobei derartige Mappen schon äußerlich durch andere Farbe gekennzeichnet sind. Briefe von Firmen, mit denen noch kein regerer Verkehr besteht, kommen zunächst in eine Sammelmappe des betreffenden Buchstabens, die wieder anders gefärbt ist. Wird eine Mappe zur Bearbeitung ausgegeben, so wird an ihre Stelle eine Fehlkarte, die in jeder Mappe liegt, eingestellt mit dem Vermerk, wer die Mappe ausgeliehen hat und an welchem Tage dies geschehen ist. Am Ende des Buchstabens steht eine weitere Karte, die Aufschluß darüber gibt, welche Mappen in die ruhende Kartei der älteren Mappen gekommen sind und unter welcher Nummer sie dort zu finden ist.

Für manche Betriebe oder Teile von ihnen, wie Archive, Behördenverwaltungen usw. eignet sich zur Ablage besser die Ordnung nach sachlichen Gesichtspunkten, z. B. für

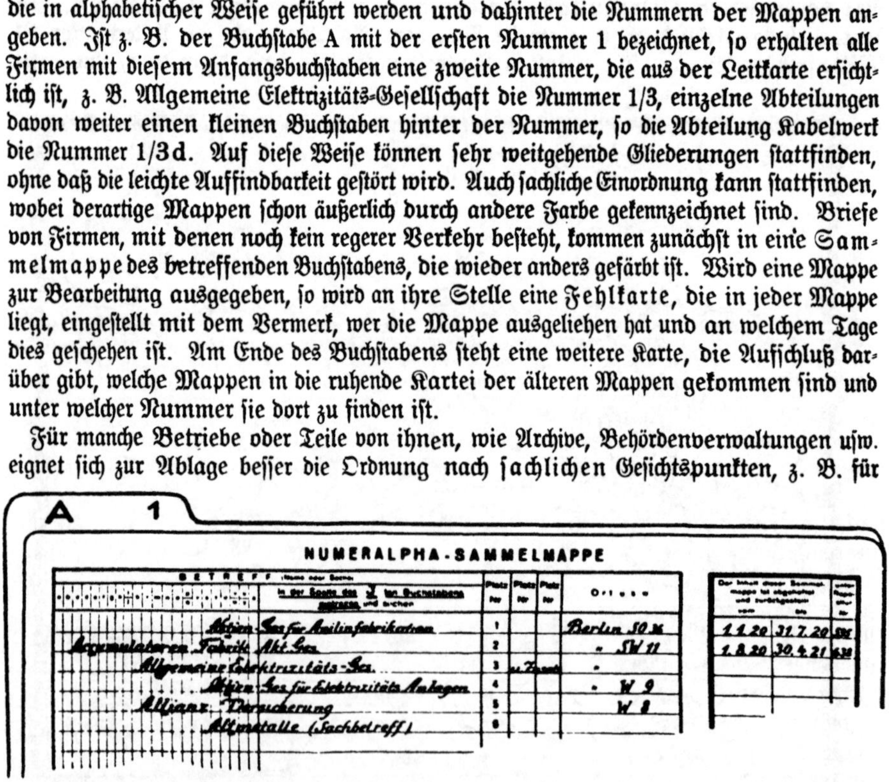

Abb. 19: Sammelmappe der Firma Weinmann, Berlin. Um ein schnelles Auffinden der Firma zu ermöglichen, findet sich am oberen Rande ein Alphabet. Die Firma wird nun mit dem Anfangsbuchstaben in die Längsspalte eingetragen, die ihrem dritten Buchstaben entspricht, z. B. Aktien-Ges. unter t, Altmetall unter t.

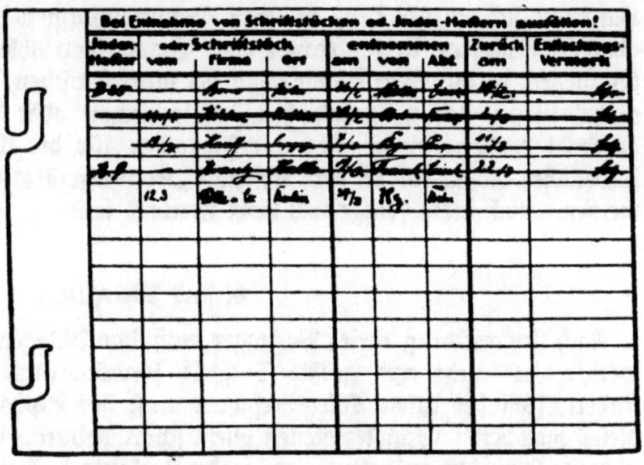

Abb. 20: Fehlkarte. (Grünewalds System.)

die Steuersachen der verschiedenen Steuerarten. Große Fabrikbetriebe, die verschiedene Arten von Warengruppen erzeugen, werden nach diesen ordnen, innerhalb der Gruppe wird dann wieder alphabetisch eingereiht. Derartige Ablage-Einrichtungen können auch unbedenklich örtlich getrennt in den verschiedenen Abteilungen des Werkes aufbewahrt werden. Nur muß hier wie in jedem Großbetriebe mit getrennten Schriftablagen ein durchaus einheitliches System angewendet werden und eine Zentralstelle vorhanden sein, bei der augenblicklich die Abteilung festgestellt werden kann, wo die betreffenden Mappen zu finden sind.

Wenn auch in jedem der vorgenannten Verfahren die Schriftstücke einer Firma oder Sache nach der zeitlichen Reihenfolge eingeheftet werden, so gibt es doch auch Fälle, wo man nur die zeitliche Anordnung befolgt, z. B. bei ein- und ausgehenden Rechnungen, Frachtbriefen, Kassenbelegen und dergleichen mehr. Dabei empfiehlt es sich, von ausgehenden Schriftstücken mehrere Durchschläge anzufertigen, von denen einer unter dem betreffenden Namen, der zweite in die zeitlich-sachlich geordnete Mappe kommt. Man hat dann den Schriftwechsel mit der Firma vollständig beisammen, kann aber andererseits z. B. aus den sämtlichen Durchschlägen der abgesandten Rechnungen das Verkaufsbuch nachprüfen, die Umsatzsteuer errechnen usw.

Abb. 21: Hängende Mappen der Plan-Spiral-G. m. b. H., Berlin.

Für die äußere Art der Unterbringung sei der Vollständigkeit halber noch erwähnt, daß es neben den stehenden Steilablagen auch solche gibt, bei denen die Mappen durch eine sinnreiche Vorrichtung aufgehängt werden, wobei dann der Rücken die Aufschrift trägt. Dieses Verfahren eignet sich besonders auch für Betriebe, bei denen Schriftstücke sehr verschiedener Größe einlaufen, ferner für Preisbücher und ganz besonders für Zeichnungen in technischen Büros.

Die vorstehenden Ausführungen zeigen, daß die Einrichtung und wirklich zweckmäßige Ausgestaltung einer Schriftablage keineswegs so untergeordneter und einfacher Natur ist, wie es auf den ersten Blick scheinen möchte.

Hat man sich entschieden, ob man Sammelmappen in bibliothekarischer Ordnung oder Schnellhefter in senkrechter oder wagerechter Ablage wählen will, so ist noch zu festzulegen, ob die Schriftstücke nach der alphabetischen, der Nummern-, der nummer-alphabetischen, der geographischen, der sachlichen oder der rein zeitlichen Reihenfolge geordnet werden sollen. Über die Frage der für die Unterbringung der Mappen erforderlichen Möbel soll in dem Abschnitt „Kontorgeräte" (S. 65) noch einiges ausgeführt werden. Auch diese Frage will wohl überlegt sein.

6. Das Ablegen.

Nach Entscheidung dieser Vorfragen muß das Ablegen selbst zweckmäßig durchgeführt werden, das nicht nur größte Sorgfalt, sondern auch mancherlei Überlegungen erfordert. Fast bei allen Ableeverfahren muß das Alphabet benutzt werden. Nun bietet dieses mancherlei Schwierigkeiten allein schon dadurch, daß wir Buchstaben haben, die nicht im Alphabet enthalten sind, so die Umlaute ä, ö und ü und der Buchstabe j. Für die richtige Einreihung sind jetzt von dem Ausschuß für Büro-Organisation in Berlin NW 7, Sommerstr. 4a, besondere Merkblätter herausgegeben, die in großen Geschäften durch eine genaue Dienstanweisung für die Schriftenablage ergänzt werden. Nach dem genannten Merkblatt kann man ä, ö und ü in dreifacher Weise behandeln: 1. Es werden die Buchstaben als besondere Formen des Alphabets angesehen und allen Namen mit a, o, u nachgeordnet, z. B. Hacker, Havemann, Häcker, Haenisch. Ob der Name dabei mit ä oder ae geschrieben wird, ist gleich. 2. Nach dem zweiten Verfahren wird zwischen a und ä überhaupt kein Unterschied gemacht, selbst wenn der Name mit ae geschrieben wird; dann folgt also: Hacker, Häcker, Halle, Haenisch, Havemann. 3. Die dritte Möglichkeit endlich ist die, ä, ö und ü auf alle Fälle zu behandeln als ob ae, oe, ue geschrieben würde. Dann ist zu ordnen: Hacker, Hadler, Häcker, Haenisch, Halle. J wird als besonderer Buchstabe angesehen und hinter i gestellt. Ähnliche Vorschriften sind für die Behandlung von Gesellschaftsfirmen (Aktiengesellschaften, Doppel- und Sachfirmen mit Personennamen) gegeben. Es würde im Rahmen dieses Buches zu weit führen, auf alle Einzelheiten einzugehen. Selbstverständlich müssen alle in der Registratur Beschäftigten bei Beginn ihrer Arbeit genau darüber unterrichtet sein, in welcher Weise abgelegt werden soll; denn jedes falsche Ablegen kann zu stundenlangem Suchen und oft sogar, z. B. bei Prozessen, zu schweren wirtschaftlichen Schädigungen der Firma führen. Daher ist es grundfalsch, die Schriftablage als das Aschenbrödel des Geschäfts, die darin Beschäftigten als Angestellte unteren Grades anzusehen.

Bei dem Ablegen selbst wird man sich schließlich die Arbeit erheblich erleichtern durch Gruppenbildung beim Vorsortieren. Die Schriftstücke kommen in wildem Durcheinander in großen Bergen in die Ablage und müssen hier möglichst schnell eingeordnet werden. Man bildet nun bei alphabetischer Ablage zunächst 5—6 Gruppen, z. B. A—D, E—H, I—N, O—S, T—Z. Jede dieser Gruppen wird dann nach den einzelnen Buchstaben geordnet, jeder Buchstabe wieder nach dem zweiten oder, wie es heute sich als praktischer erwiesen hat, zweiten hörbaren oder dritten Buchstaben, bis endlich vollkommen die Reihenfolge der Ablage erreicht ist. Dabei müssen die Briefe allerdings wiederholt in die Hand genommen werden, jedoch geht das Vorsortieren soviel schneller als das unmittelbare Ordnen, daß ein beträchtlicher Zeitgewinn darin liegt, und außerdem die Gefahr falscher Ablage nahezu unmöglich wird. Ist der Brief auch beim ersten Vorsortieren unter einen falschen Buchstaben geraten, so muß sich dieser Fehler doch bei dem weiteren Ordnen unbedingt herausstellen. Schon bei dem Vorsortieren muß darauf geachtet werden, daß die Häufigkeit des Vorkommens einzelner Buchstaben sehr verschieden ist. So entfielen nach den Angaben der Oda-Werke von 145760 Namen auf A nur 2,5%, auf B 10%, auf S

12,5%, auf V nur ½%. Erst wenn alles geordnet ist, beginnt das Lochen und darauf das ungehinderte und ununterbrochene Abheften in die betreffenden Mappen. Rückstände sollte es in einer Schriftablage nie geben; was am Morgen hereinkommt, muß am Nachmittag oder Abend in seiner Mappe zu finden sein.

III. Das Karteiwesen. [§ 14

1. Die Buchhaltung als Ausgangspunkt des Karteiwesens.

Der kaufmännische Schriftwechsel bildet, wie bereits gesagt wurde, eine wichtige Grundlage des Rechnungswesens, besonders aber der *Buchhaltung*. Fast in jedem Unternehmen steckt *fremdes Geld*, teils als Darlehen von Banken oder sonstigen fremden Personen, teils als Warenschulden. Schon aus diesem Grunde muß der Unternehmer geordnete und zuverlässige Aufzeichnungen über seine Geschäftsvorfälle machen, soweit sie die Art und Zusammensetzung seiner Betriebsmittel beeinflussen. Aber er muß auch jederzeit in der Lage sein, den *Stand seiner Schulden und seiner Verpflichtungen* festzustellen, wenn Forderungen, die nicht pünktlich eingehen, rechtzeitig angemahnt, eigene Schulden pünktlich beglichen werden sollen.

Ferner wünscht der Unternehmer am Ende des Geschäftsjahres festzustellen, welchen *Erfolg* seine Arbeit ihm gebracht hat, mit anderen Worten, ob sich sein Kapital vermehrt oder vermindert hat. An dieser Tatsache hat auch das Finanzamt ein lebhaftes Interesse der *Steuerveranlagung* wegen. Schließlich können etwaige *Unregelmäßigkeiten* im Geschäftsbetriebe fast nur mit Hilfe einer ordnungsmäßigen Buchhaltung ermittelt und, was noch wichtiger ist, nach Möglichkeit verhindert werden.

Aus all diesen Gründen ist dem Kaufmann die *Führung von Büchern* im Handelsgesetz *zur Pflicht* gemacht; jedoch bleibt ihm dabei völlig freie Hand, in welcher Weise er dieser Pflicht nachkommt. Nur *ordnungsmäßig* müssen die Bücher geführt werden. Die Eintragungen müssen regelmäßig erfolgen und ein klares Bild von den Handelsgeschäften und der Vermögenslage geben. Ob dabei die *einfache* oder die *doppelte Buchführung* zur Anwendung gelangen soll, ist nicht vorgeschrieben. Der Unterschied zwischen beiden liegt in der Hauptsache darin, daß die einfache Buchhaltung in ihrer reinen Form am Ende des Geschäftsjahres mittels der *Vermögensaufstellung* (Inventur) und *Vermögensübersicht* (Bilanz) den *Geschäftserfolg* in nur einem Posten aufweist, während die doppelte Buchhaltung eine genaue Zergliederung des Erfolges in Aufwendungen und Erträge der verschiedensten Art ermöglicht.

Beispiel: Eine Warengroßhandlung hatte am 1. Januar 1926 ein Kapital von *RM* 350000, am 1. Januar 1927 ein solches von *RM* 382000, der Geschäftserfolg betrug somit *RM* 32000. Die doppelte Buchhaltung vermag nun zu dieser Tatsache folgende Einzelheiten anzugeben:

Aufwendungen (Verluste):	*RM*	Erträge (Gewinne):	*RM*
Gehälter	6 000	Waren (-Verkauf)	50 000
Fuhrwerk	1 500	Bank-Zinsen	3 000
Frachten	1 400		
Miete	3 000		
Steuern	4 700		
Wechsel-Diskont	700		
sonstige Unkosten	3 700		
Reingewinn	32 000		
	53 000		53 000

Bei derartigen Ermittlungen werden die Zahlen, wie das Beispiel zeigt, gegenübergestellt. Die Rechnung hat üblicherweise eine linke (Soll-) und eine rechte (Haben-) Seite und wird in dieser Form **Konto** (= Rechnung) genannt. Je mehr Konten die Buchhaltung hat, um so weiter läßt sich die Gliederung der Erfolge durchführen. In dieser Möglichkeit liegt der große Vorzug der doppelten Buchhaltung gegenüber der einfachen.

Neben der Rechnungslegung über die **Wertveränderungen**, der Hauptaufgabe der Buchhaltung, erscheint eine Nachweisung der **Mengenänderungen** (Waren, Werkzeuge, Geräte usw.) dringend wünschenswert. Auch diese Aufgabe vermag die Buchhaltung in den neben den wichtigsten Büchern (**Grundbücher** und **Hauptbuch**) geführten **Nebenbüchern** zu erfüllen. Die Buchungen werden dabei meist zunächst in ein Grundbuch eingetragen und dann in die Nebenbücher und das Hauptbuch übertragen. Es ist leicht ersichtlich, daß Zahl und Größe der Bücher mit dem Umfange des Geschäftes und der gewünschten Art der Zergliederung (Zahl der Konten) zunehmen müssen. Haben doch viele Geschäfte Tausende von Geschäftsfreunden in ihren **Personen-Konten** und weitverzweigte Fabrikbetriebe oft über hundert **Sachkonten**. Damit wächst natürlich die Schwierigkeit, die Buchhaltung übersichtlich und die Bücher handlich zu erhalten. Auch in dieser Beziehung hat die Geschäfts-Organisation in den letzten Jahren viel Neues geschaffen.

Nach älteren Vorschriften des Handelsgesetzbuches (bis 1900 gültig) **mußten** die Geschäftsbücher gebunden sein. Mit der Entwicklung der Großbanken stellte sich diese Vorschrift als ein Übelstand heraus insofern, als die Eintragungen in ein Grundbuch nicht von einer Person erledigt werden konnten, wenn dieses Buch von anderen Angestellten auch zum Übertragen gebraucht werden mußte. Man half sich zunächst dadurch, daß einen um den anderen Tag nur das gleiche Buch zu Eintragungen verwendet wurde, also zwei Bücher nebeneinander liefen, von denen das eine alle geraden, das andere alle ungeraden Tage benutzt wurde. Damit war eigentlich schon der Grundsatz der fortlaufenden Eintragung in das gleiche Buch durchbrochen. Das Handelsgesetzbuch von 1900 nahm auf diesen Umstand Rücksicht und schrieb nur noch vor, daß die Bücher gebunden sein **sollen**, also nicht unbedingt gebunden sein müssen. Die Banken buchten nun auf **lose Bogen**, die monatlich oder in anderen bestimmten Abständen nachträglich gebunden wurden.

2. Loseblattbücher.

Eine andere Unannehmlichkeit zeigte sich in der Buchführung besonders in den der Führung der Personenrechnungen (Kontokorrent) dienenden Büchern. Hier läßt sich oft im voraus schwer übersehen, wieviel Raum für eine Rechnung erforderlich ist; es scheiden Geschäftsfreunde aus, andere treten während des Jahres neu hinzu. Daraus ergibt sich die Notwendigkeit, bei Einrichtung eines solchen Buches viele Seiten leer zu lassen, die oft nie beschrieben werden, während andererseits der für eine laufende Rechnung vorgesehene Raum vielfach nicht ausreicht und dann Überträge an irgendwelche leeren Stellen des Buches erforderlich sind, wodurch die ursprünglich genaue alphabetische Ordnung unterbrochen wird und die Übersichtlichkeit leidet. Hier bedeutete es einen großen Fortschritt, als Bücher auf den Markt gebracht wurden, die infolge einer Klemm- oder Schraubenvorrichtung ermöglichten, an Stelle gebundener Blätter lose Blätter zu einem Buch zusammenzufügen, einzelne von ihnen zu entfernen und jederzeit mit wenigen Handgriffen neue hinzuzulegen. So entstanden die heute in vielen Betrieben verwendeten Loseblattbücher, deren Vorzüge bereits angegeben wurden. **Ein** Nachteil ist allerdings kaum vermeidbar, nämlich der, daß Blätter nachträglich unbemerkt entfernt oder durch neue ersetzt werden können. Jedoch ist dieser Mangel nicht so groß, wie er auf den ersten Blick erscheinen könnte, da die Buchungen in derartigen Loseblattbüchern mit den Eintragungen in den übrigen, in der Regel fest gebundenen Büchern übereinstimmen müssen.

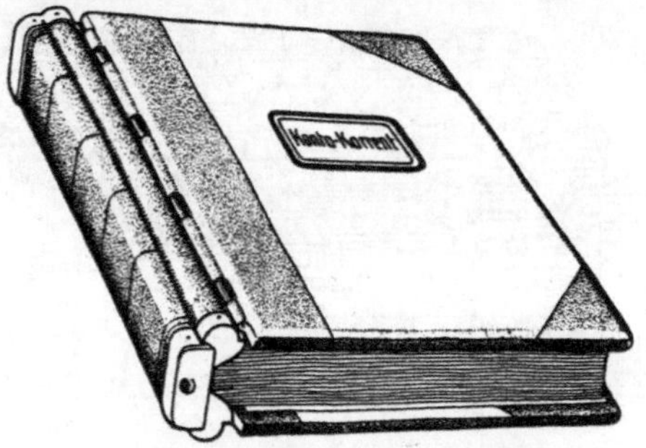

Abb. 22: Loseblatt-Buch (König & Ebhardt, Hannover)
a) geschlossen.

b) arbeitsbereit geöffnet.

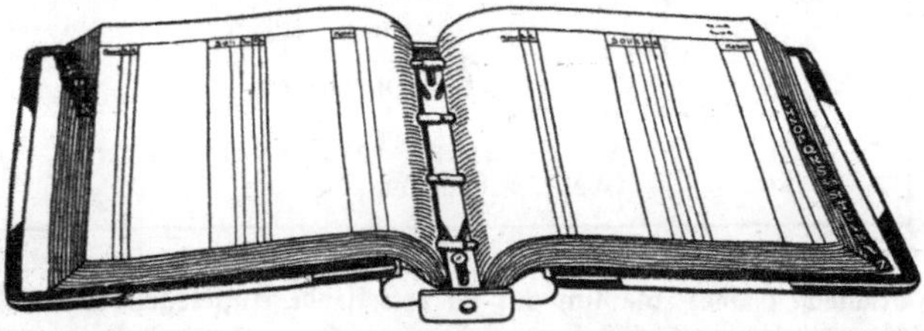

c) aufgeschlossen zur Entnahme oder Einlage einzelner Blätter an beliebiger Stelle. Das Aufschließen geschieht mittels eines Schlüssels (ganz unten).

3. Die Karteikarte.

Wird das lose Blatt nun verkleinert und auf ein besonders kräftiges Papier oder dünnen Karton gedruckt, werden weiter diese einzelnen Karten nicht buchartig zusammengefügt, sondern in einem geeigneten Kasten hintereinander aufgestellt, so entsteht die heute fast in jedem Geschäft bekannte und in jedem Unternehmen kaufmännischer und anderer Art verwertbare Kartei, deren Ausgestaltung und Verwendungsmöglichkeit gerade in den letzten Jahren in schnellem Wachsen begriffen ist. Die Gefahr der Beseitigung oder Verschleppung einzelner Karten, die kaum völlig verhindert werden kann, vermag bei weitem nicht die Vorzüge aufzuwiegen, die eine solche Kartei in vielen Beziehungen bietet. Vieles, was bei der Schriftablage über Einordnung nach den verschiedenen Gesichtspunkten gesagt vurde, trifft auch ohne weiteres auf die Kartei zu, so daß hier nur noch ihre Sonderheiten, in denen sie sich von der Ablage unterscheidet, erörtert zu werden brauchen.

a) Arten und Inhalt der Karten. Die Karteien beschränken sich keineswegs auf buchhalterische Maßnahmen oder den Schriftverkehr mit den Geschäftsfreunden. Sie können und wollen vielmehr über alles Auskunft geben, was im Betriebe jederzeit griffbereit zur Hand sein soll. So gibt es Karteien über die Kundenwerbung, die Aufschluß geben über die Firmen und Personen, denen Angebote gemacht sind, Karteien über Angebote und Bestellungen, über die Kreditfähigkeit der Geschäftsfreunde, über den laufenden Rechnungsverkehr mit ihnen, über die Lagerbestände, das beschäftigte Personal, die in Arbeit befindlichen Aufträge, über die Zeitungen und Zeitschriften, in denen Angebote gemacht sind, sowie über andere Tatsachen der **Kundenwerbung**, über die in der Bücherei vorhandenen Schriftwerke. Kurzum, es gibt kaum ein Gebiet, das sich nicht karteimäßig behandeln ließe, und seien es die Geburtstage einer mit reicher Zahl von Verwandten und Bekannten ausgestatteten Familie.

Dementsprechend ist auch der Inhalt der Karte sehr verschieden, nicht allein je nach dem Gegenstand, über den die Karte Auskunft geben soll, sondern auch je nach der Art des Betriebes, der sie benutzt.

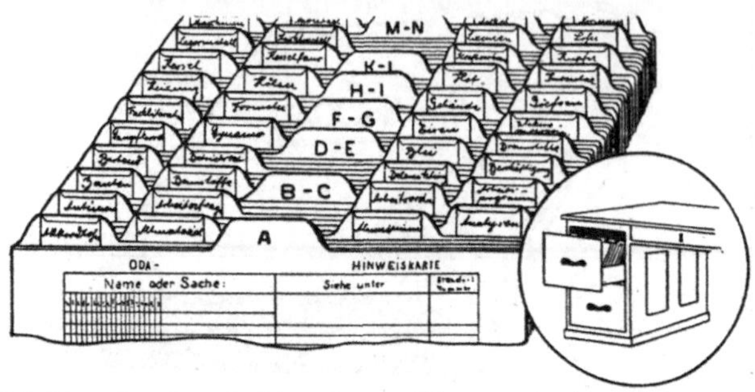

Abb. 23a: Der Denk-Oda-Parat hält wertvolles Wissens- und Arbeitsgut, Briefe, Ausschnitte, Preislisten usw. dauernd bereit.

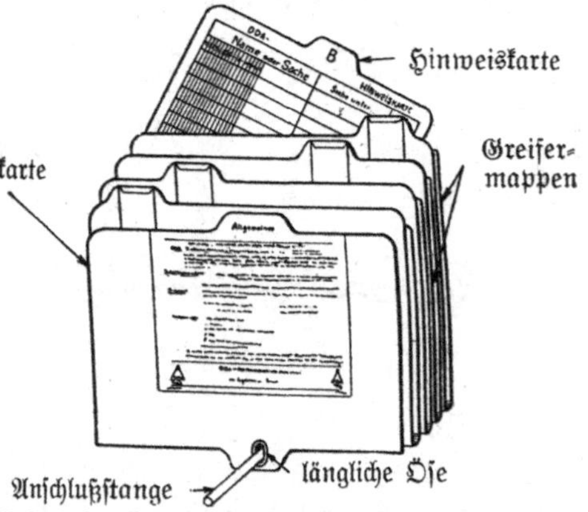

Abb. 23b: Die Bauteile des Denk-Oda-Parats. (Gebr. Weinmann, Berlin.)

Hinter jede Leitkarte kommen alle die Schriftstücke (Briefe, Merkzettel, Drucksachen usw.), die sich auf die betreffende Angelegenheit beziehen. Die vorstehenden Schildchen werden je nach der Art des Betriebes mit verschiedenen Aufschriften versehen und sind in unserem Beispiel für eine Metallwarenfabrik eingerichtet. Erledigte Briefe gelangen später in die Schriftablage.

Abb. 24: Familien-Haushalt-Kartei. (Busch u. Toelle, Arnstadt.)

b) Der Vordruck der Karte. Bei der Anordnung des Vordruckes muß zunächst darauf Rücksicht genommen werden, daß die Karte, wenn sie leicht zu handhaben sein soll, eine gewisse Größe nicht überschreiten darf und dem Benutzer einen schnellen und sicheren Überblick über das Wissenswerte geben soll. Das Wichtigste und gleichzeitig Schwierigste ist daher eine praktische Anordnung des Kopfes, der nur das unbedingt Nötige enthalten soll, damit der Druck auch für kurzsichtige Leute noch schnell und leicht lesbar ist, aber auch so eindeutig sein muß, daß Irrtümer nach Möglichkeit ausgeschlossen sind. Die Lineatur muß ebenfalls klar sein, darf aber die Eintragungen nicht stören, also nicht zu stark in den Vordergrund treten. Man muß auch bedenken, daß die Karten im allgemeinen nicht von völlig Uneingeweihten benutzt werden, sondern ihre Benutzung ebenso wie die Einsicht in Geschäftsbücher eine gewisse Einarbeitung und Fachkenntnis des Benutzers voraussetzt. Jedes Zuviel auf der Karte stört meist mehr als ein Zuwenig; natürlich muß die Karte trotzdem über alle wichtigen Tatsachen Aufschluß geben. Bei der Auswahl der Größe muß demnach von vornherein auf den Inhalt, den die Karte aufnehmen soll, Rücksicht genommen werden.

c) **Die Ordnungsmittel** (Taste, Reiter und Kerb). Über die sechs Möglichkeiten der Ordnung nach bestimmten Gesichtspunkten wurde bereits bei der Schriftablage gesprochen. Hier war auch bereits die Rede von Leitkarten, die zwischen die eigentlichen Karten gestellt werden, um einen leichten Überblick zu ermöglichen. Diese Leitkarten tragen allgemein eine über die Höhe der Karte hinausragende Zunge, nach dem amerikanischen Vorbild als Taste oder Tab (deutsch ausgesprochen) bezeichnet. Diese Taste trägt bei kleinen Karteien nur einen Buchstaben, den Anfangsbuchstaben aller Karten, die hinter oder vor dieser Leitkarte stehen, je nachdem, ob die Karten mit dem Buchstaben A hinten oder vorn in dem Karteikasten beginnen. Bei größeren Karteien wird der zweite oder dritte Buchstabe hinzugefügt, so daß Karteien mit 50, 100, 200, ja mit 1000 Leitkarten zu finden sind. Allzuviel Leitkarten mit den ziemlich großen Zungen erschweren indes das Suchen und Einstellen, statt die Übersicht zu heben. Man ist daher an Stelle der festen Leitkartensysteme, bei denen man im voraus bestimmen muß, wieviel Leitkarten zur Verwendung kommen sollen, in letzter Zeit zu den sogenannten Dehnalphabeten übergegangen. Hierbei können die Leitkarten je nach Bedarf beliebig ergänzt werden.

Bei anderen Verfahren werden überhaupt keine Leitkarten mehr verwendet, sondern die Karten tragen selbst die Bezeichnung ihrer Einordnung. Diesem Zwecke dienen einerseits die bereits erwähnten Tasten, andererseits

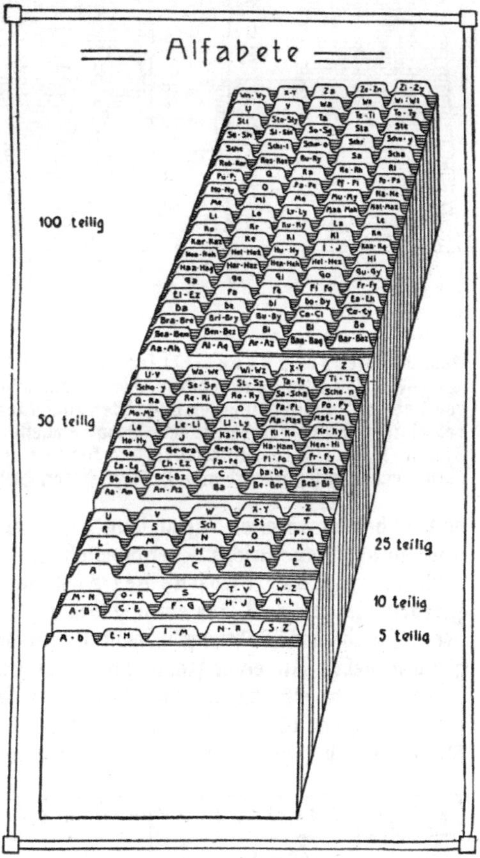

Abb. 25: Leitalphabete älterer Art (System der Fa. Stolzenberg, Oos i. B.) für eine Einteilung nach 5, 10, 25, 50 und 100 Leitkarten. Der erste Buchstabe steht jeweils vorn.

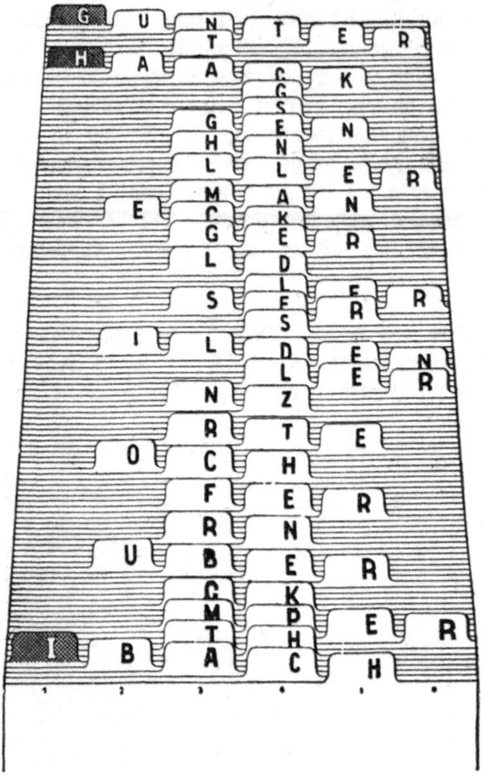

Abb. 26: *Dehnalphabet* für sehr große Kartei. (Hinz-Fabrik, Berlin-Mariendorf.) Die Tasten geben von links nach rechts den ersten bis sechsten Buchstaben des Wortes an und werden je nach Bedarf eingestellt. Einzelne Namen können unmittelbar (von *hinten* nach vorn lesend) abgelesen werden, z. B. Haack, Huber, Huth.

Kerbschnitte. Soll z. B. die Karte „Emmerich" eingeordnet werden, und soll die Einordnung nach dem ersten und zweiten Buchstaben erfolgen, so kann dies in folgender Weise geschehen: Die Karte trägt unmittelbar am oberen Rande aufgedruckt ein Alphabet, bei dem die einzelnen Buchstaben durch Striche getrennt sind, weiter darüber als Taste ein zweites Alphabet, bei dem die Buchstaben auf überstehende halbkreisförmige Zungen (Tasten) aufgedruckt sind. (Skizze unten.) Der Buchstabe „E" wird nun links mittels einer Kerbzange dreieckig eingekerbt, die Tasten-Buchstaben werden alle abgeschnitten bis auf den Buchstaben „m", der somit allein stehen bleibt. Der Vorteil dieses zunächst vielleicht etwas umständlicher erscheinenden Verfahrens liegt darin, daß niemals eine Karte unbemerkt falsch abgelegt, bzw. wieder eingestellt werden kann; denn ein Blick über die Kerben zeigt, ob alle „E"-Karten genau an der gleichen Stelle den Einschnitt tragen. Ein zweiter Blick gibt Auskunft, ob alle „m"-Tasten hintereinander stehen und ob weiter alle mit „E" beginnenden Namen in der Reihenfolge des zweiten Buchstabens geordnet sind, was daran erkenntlich ist, daß die Tasten allmählich von links nach rechts fortschreiten. Jetzt kann die Zahl der Karten beliebig wachsen, ohne daß irgendwelche Neueinrichtung erforderlich ist.

Weitere Verwendung der Tasten. Die Tasten können auch vielerlei anderen Zwecken dienen, z. B. bei einem Wohnungsamt angeben, ob es sich um Zwei-, Drei- oder Vierzimmer-Wohnungen handelt, in welchem Stadtteil diese liegen und dergleichen mehr. In einer Fabrik kann man mit ihrer Hilfe kenntlich machen, wie weit in einer Auftragskartei die Ausführung des Auftrages fortgeschritten ist, indem jedesmal *die* Zunge abgeschnitten wird, auf der die durchlaufene Abteilung aufgedruckt ist. Kann auch jeder denkende Kaufmann sich selbst entscheiden, in welcher Weise er dieses

Abb. 27: *Verbindung von Taste und Kerb.* Die schraffierten Teile sind weggeschnitten. Die Karte schließt sich nach unten an die abgebildete Kopfleiste an.

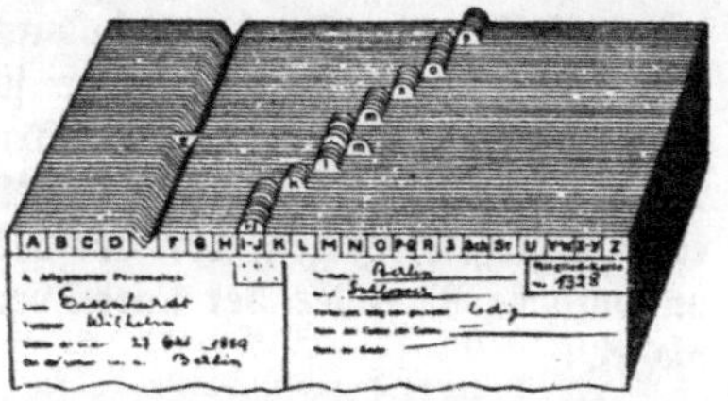

Abb. 28: Dehnalphabetkartei mit Taste u. Kerb. (Gebr. Weinmann, Berlin.) Die Karte des letzten Beispiels, im Block falsch abgestellt. Man beachte, wie deutlich das E und das m als an falscher Stelle stehend sofort erkennbar sind.

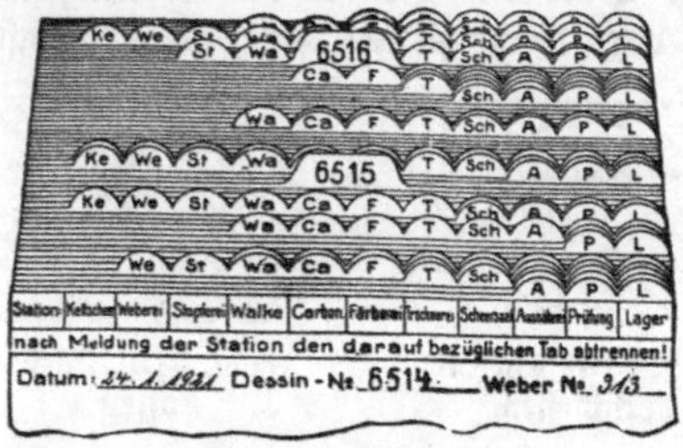

Abb. 29: Herstellungskartei einer Tuchfabrik. (Gebr. Weinmann, Berlin.) Auf der ersten Karte sind die einzelnen Abteilungen in der Reihenfolge, wie die Ware sie durchläuft, verzeichnet. Die großen Zahlen geben die Auftragsnummer der betreffenden Ware an.

wichtige Hilfsmittel verwenden soll, so geben doch auch die Organisationsfirmen, die sich mit der Herstellung der Karteien befassen, stets gern Aufschluß und erteilen Ratschläge für die beste Anordnung.

Die Reiter. Für nichtdauernde Tatsachen, die äußerlich kenntlich gemacht werden sollen, dient der Reiter, eine kleine, meist farbige Blechklemme, die auf die Karte aufgesetzt wird. Zu diesem Zweck trägt der obere Rand der Karte ähnlich wie für Kerbschnitte Buchstaben, Zahlen oder andere Vermerke. In einer Kundenkartei finden wir z. B. hintereinander am oberen Rande die Vermerke „bestellt, Auftrag ausgeführt, gemahnt, wiederholt gemahnt, Zahlungsbefehl erlassen, verklagt, fruchtlos gepfändet". Der Reiter wird nun einfach je nach dem Stande der Angelegenheit auf der Reiterbahn ein Feld weiter nach rechts geschoben und zeigt so schon äußerlich an, wieviel Aufträge noch laufen, wieviel Abnehmer gemahnt sind usw. Fügt man auf der rechten Seite der Karte eine Zahlenreihe I—XII auf der Reiterbahn an, so kann man hier ohne Schwierigkeiten weiter kenntlich machen, wann die betreffende links gekennzeichnete Tatsache erfolgt ist, bzw. zu erfolgen hat. Die Anfügung einer dritten Reihe von 1—31 ermöglicht dann sogar die Festlegung des Tages. Dabei können für jeden Vorgang Reiter von anderer Gestalt und Farbe Verwendung finden. Will der Verwalter der Abnehmerkartei wissen, wer an dem betreffenden Tage gemahnt werden soll, so überschaut er nur die Reihen seiner Karten, nimmt alle diejenigen heraus, bei denen der Reiter auf dem Tage des entsprechenden Datums steht, schreibt die vorgedruckten Mahnbriefe aus und versetzt dann den Reiter um ein Feld weiter.

Auf die Verwendung der Farbe zur Vermeidung von falschem Einordnen, z. B. Lieferer grün, Abnehmer gelb, sowie auf das Einstellen von Fehlkarten für herausgenommene Karten wurde bereits bei der Schriftablage hingewiesen. Wichtig und neu dagegen ist die Sicherung der Karte gegen unbefugtes Entfernen, was durch einen an der unteren Seite der Karte eingeschobenen Lochstab erreicht wird. Die Karte trägt zu diesem Zweck unten in der Mitte einen Einschnitt, kreisförmig oder oval, der sich nach unten zu einem schmalen Schlitz verengt.

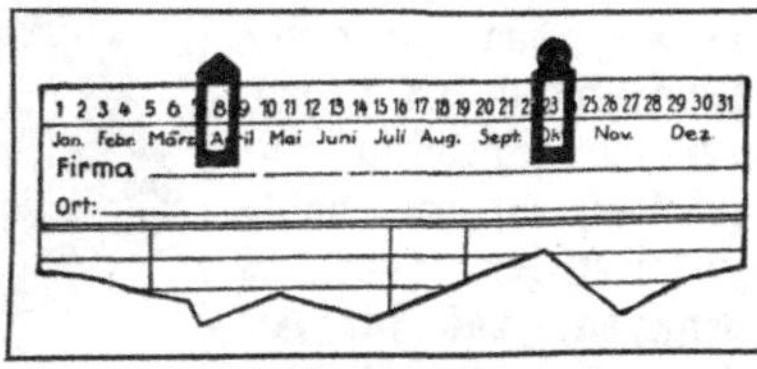

Abb. 30: Stolzenbergs Karteireiter (verschiedene Form und Farbe).

Dicht über dem Boden des Karteikastens läuft in der ganzen Länge des Kastens von vorn nach hinten eine flache Eisenstange, die nur in der erweiterten Öffnung quer gestellt werden kann und dadurch das Entfernen der Karten, ohne sie zu verletzen, unmöglich macht. Das Drehen der Stange kann nur mittels eines Schlüssels erfolgen, den der verantwortliche Verwalter der Kartei verwahrt.

Abb. 31a: Karten verschlossen.

Abb. 31b: Karten offen.

4. Sichtkarteien.

Zu den letzten Errungenschaften des Karteiwesens gehören die Sichtkarteien, ebenfalls zuerst in Amerika hergestellt, jetzt jedoch als deutsche Erzeugnisse beziehbar. Bei diesen Sichtkarteien sind eine ganze Anzahl von Karten so auf einer Holzunterlage um ihre Unterkante drehbar befestigt, daß der schmale Kopf aller Karten dieses Brettes gleichzeitig sichtbar ist. Die Karten brauchen ferner zur Bearbeitung nicht herausgenommen zu werden. Man klappt vielmehr einfach die darunter liegenden Karten nach unten und kann dann die betreffende Karte bis zur letzten Zeile beschriften. Weiter kann die Vorder- und Rückseite der Karten gleichzeitig für verschiedene Firmen verwandt werden, so daß man zunächst nur die Hälfte der sonst erforderlichen Kosten für die Anschaffung der Karten aufzuwenden hat.

5. Bedeutung der Karteien.

Die Einrichtung einer gut geordneten und zweckmäßigen Kartei und der dazugehörigen Kästen ist nicht immer billig und erfordert sorgfältige und oft schwierige Überlegungen, da jede falsche Maßnahme sich später bei der Brauchbarkeit rächt, ja sogar die ganze Kartei als unzweckmäßig erscheinen lassen kann. Aber die Vorteile einer wirklich gut organisierten Kartei sind kaum zu überschätzen. Sie allein bietet die Möglichkeit, über alle denkbaren Tatsachen im Augenblick zuverlässigen Aufschluß zu geben, Termine rechtzeitig einzuhalten, kurzum, nichts zu übersehen oder zu vergessen, was für das Unternehmen von Bedeutung ist.

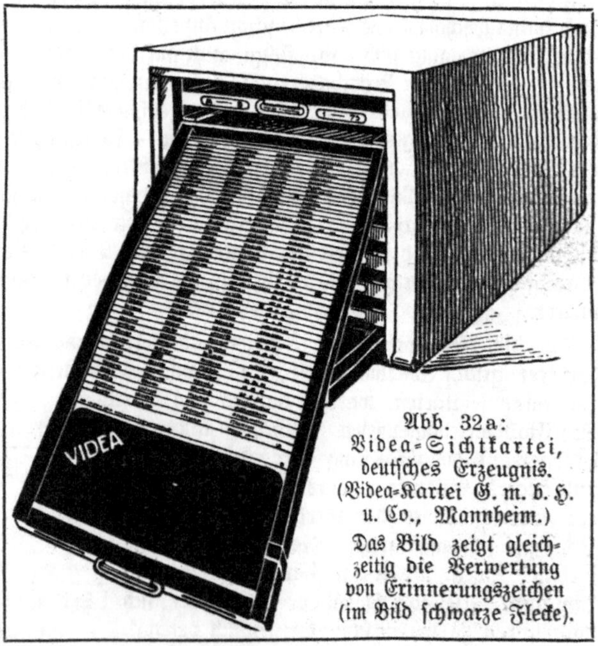

Abb. 32a: Videa-Sichtkartei, deutsches Erzeugnis. (Videa-Kartei G. m. b. H. u. Co., Mannheim.) Das Bild zeigt gleichzeitig die Verwertung von Erinnerungszeichen (im Bild schwarze Flecke).

Beispiel: In einem großen Berliner Versandhaus war eine Anzahl von Besuchern anwesend, denen vom Inhaber der Vorteil seiner Abnehmerkartei dadurch erläutert wurde, daß er wettete, von jedem der Anwesenden binnen einer halben Minute festzustellen, ob und wann er von ihm bezogen habe. Obgleich die Firma im Laufe der Zeit über 100000 Abnehmer gezählt hat, wurde den Anwesenden innerhalb der festgesetzten 30 Sekunden genaue Auskunft erteilt. Es war kein Fall feststellbar, in dem die Kartei unrichtigen Aufschluß gegeben hätte. Selbst die beste Buchhaltung vermöchte bei gebundenen Büchern derartiges nicht zu leisten.

Über die Verbindung der Kartei mit der Buchhaltung und ihrer Ausgestaltung zur völlig mechanischen Lochkartenkartei (Hollerith-System) wurde bereits an anderer Stelle (S. 45) gesprochen.

Abb. 32b: Hier ist die Arbeitsweise mit der Sichtkartei erkennbar.

IV. Kontorgeräte. [§ 15

1. Schriftablage- und Karteimöbel.

Die zweckmäßige Unterbringung der Schriftablage und Kartei ist für deren Verwendbarkeit und leichte Benutzung von sehr erheblicher Bedeutung. In älteren Kontoren findet man heute noch vielfach die Einrichtung, daß die Sammelmappen über den Schreibpulten auf Wandbrettern untergebracht sind. Diese sind erstens nur von großen Personen ohne Anstrengung erreichbar und haben außerdem den Nachteil, daß niemand an die Mappen herankann, ohne den an dem Pult Arbeitenden zu stören. Dadurch wird nicht allein dessen Arbeit unterbrochen, sondern sehr oft bietet diese Gelegenheit auch Veranlassung zu den beliebten kleinen Gesprächen der Angestellten, wodurch dann also gleich zwei von der Arbeit abgehalten werden. Neuzeitliche Schriftablagen sind daher in Schränken untergebracht, die auf der Erde beginnen und in der Regel nicht über 2 m Höhe hinausgehen, damit auch kleinere Personen ohne Mühe und ohne Leiter oder Fußtritt das Gewünschte an den Schildern lesen und die Mappe herausnehmen können. Die Schränke sind weiter so eingerichtet, daß sie mit der Zeit in der Breite und Höhe ergänzt werden können durch Auf- oder Anbau gleichartiger Teile. Neben der zweckmäßigen Ausgestaltung kommen hierbei natürlich auch Fragen des Schönheitssinnes hinzu; das Kontor soll zwar schlicht und zweckmäßig, auf keinen Fall aber unschön wirken. Dieser Gesichtspunkt gehört mit zu denjenigen, auf die auch heute noch leider oft allzuwenig Rücksicht genommen wird.

Für stehende Schriftmappen (Steilablage) und Karteien müssen die Möbel noch niedriger gehalten werden, da der Arbeitende von oben her Einsicht nehmen muß, wenn die Schubladen geöffnet sind. Hier wird man also zweckmäßigerweise nicht über 150 cm Höhe hinausgehen, am besten aber auch nicht unmittelbar über dem Erdboden anfangen. Zur besseren Raumausnutzung kann der Raum unter den Kästen in solchem Falle für Unterbringung von Vordrucken, Zeitschriften und dergleichen und der Raum darüber bis zu 2 m für stehende Mappen oder die nötige Handbücherei verwendet werden. Die Kästen oder Schubfächer müssen weiter bei allen wichtigeren Mappen und Karten verschließbar sein, am besten mit einem Zentralverschluß, bei dem das Sperren eines Faches die gesamten anderen Fächer mit verriegelt. Karteikästen tragen außerdem außen auf einem

Abb. 33: Schriftablage-Schrank (Gebr. Weinmann, Berlin).
Unten Kästen für die laufenden Mappen, oben für die gefüllten, nur selten noch gebrauchten. Jede erledigte (ruhende) Mappe erhält eine fortlaufende Nummer, die auf der neuen Mappe vorgemerkt sind.

weißen oder farbigen Schilde in großen Zeichen oder Buchstaben ein Merkmal des Inhaltes, um unnützes Suchen zu verhindern. Für stehende Mappen oder Karten empfiehlt sich oft eine **Trogkartei**, bei der Mappen und Karten, wie der Name sagt, in Trögen stehen, die links und rechts von einer Arbeitstafel angeordnet sind, so daß der Bearbeiter ohne aufzustehen stets sein Arbeitsgerät zur Hand hat.

2. Schreibtische.

Damit kommen wir schon zu den Schreibtischen, deren zweckmäßige Ausgestaltung ebenfalls das schnelle Arbeiten ohne Unterbrechung durch unnütze Wege erheblich fördern kann. Wie oft sieht man noch heute Schreibtische in winzigen Abmessungen, links und rechts durch eine Seitenwand vom Licht abgesperrt, bei denen ein Überbau auf der Rückseite außerdem noch jede Möglichkeit nimmt, größere Schriftstücke ungehindert zu bearbeiten. Wie anders sieht dagegen ein zeitgemäßer Schreibtisch aus. Eine gerade Schreibplatte, im Bedarfsfalle noch durch seitliche Auszüge vergrößerbar, bietet freies Arbeitsfeld für alle Zwecke. Die seitlichen Schränke nötigen nicht zum Bücken und Herauskramen alles vorn Liegenden, wenn etwas gesucht wird, was hinten im Fach liegt. Vielmehr sind die Tische mit Zügen ausgestattet, bei deren Herausziehen alles Gewünschte offen vor dem Suchenden liegt. Hier kann die eine Seite weiter gleichzeitig zur Aufnahme einer Kartei oder Schriftablage dienen, beim Inhaber z. B. für die Personalkartei und den halbprivaten Schriftverkehr eingerichtet sein. Ein drehbarer Schreibsessel mit Rückenlehne ermöglicht das Arbeiten in dieser Kartei durch eine halbe Wendung des Stuhles. Hat der Arbeitende weiter selbst auf der Maschine zu schreiben, so kann diese an der anderen Seite des Schreibtisches in einem Auszuge untergebracht sein und durch Drehen des Sessels nach dieser Richtung ohne jeden Zeitverlust durch Aufstehen ebenfalls benutzt werden. Fernsprecher mit Selbstwähler für den inneren und äußeren Betrieb

Abb. 34: Trog-Kartei (Gebr. Weinmann, Berlin.)
In der Mitte der Arbeitsplatz.

und fremde Teilnehmer stellen die Verbindung nach allen Seiten her. Neben dem Schreibtisch steht ein Aktenständer, auf dem in einem Arbeitsordner eingegangene, bearbeitete, unbearbeitete und später zu bearbeitende Post in getrennten Behältern liegt. (Vgl. Abb. 1, S. 31). Der Tisch selbst zeigt nur noch ein praktisches Schreibgerät, das alles Erforderliche wie Stempel, verschiedenfarbige Tinte und Stifte, Büronadeln, Brieföffner usw. enthält. Ist der Schreibtisch weiter noch mit einem Mikrophon ausgestattet, das zum Diktieren der Briefe in die Diktiermaschine (vgl. S. 41) dient, so kann der Arbeitende fast jede vorkommende Arbeit verrichten, ohne auch nur von seinem Tisch aufstehen zu müssen. Wieviel Zeit und unnütze Mühe dadurch gespart wird, braucht nicht weiter ausgeführt zu werden. Die Kosten für eine Neuanschaffung an Stelle veralteter Geräte machen sich hier sicherlich in kürzester Zeit bezahlt.

Abb. 35: Hängende Schriftablage der Organisationsgesellschaft Leipzig.

3. Landkarten.

Es ist ein guter, alter Brauch, daß in Kontoren eine Landkarte aufgehängt ist, die allerdings meist ein recht beschauliches Dasein führt. Sie wird indes sofort zu einem höchst praktischen Arbeitsgerät, wenn sie zu einer Karte mit Markierungssystem ausgebaut wird. Diesem Zweck dient sie besonders in Unternehmungen, die bestimmte Reisenden- oder Vertreterbezirke haben. In solchem Falle werden farbige Fäden mittels Nadeln auf der Karte befestigt, durch die man die einzelnen Bezirke nach ihrem jeweiligen Stande gegeneinander abgrenzt. Durch Fähnchen verschiedener Größe und Färbung werden die Wohnsitze bzw. der jeweilige Aufenthalt der Vertreter und Reisenden dauernd oder täglich wechselnd bezeichnet. Will man noch etwas weiteres tun, so werden die Orte untereinander durch farbige Linien, auf denen kleine Pfeile eingezeichnet sind, verbunden, damit gleichzeitig erkennbar ist, welche Orte der Vertreter in der nächsten Zeit aufsuchen wird. Ein Ortsverzeichnis, bei dem hinter dem Ortsnamen die Lage des Platzes und durch Anfangsbuchstaben bezeichnet ist, zu welchem Vertreterbezirk der Ort gehört, ermöglicht, im Augenblick zu wissen, was über den Ort, seinen planmäßigen demnächstigen Besuch und den zuständigen Vertreter erforderlich ist.

4. Geldschränke.

Zu den unbedingt erforderlichen Einrichtungsgegenständen wird in jedem Betriebe ein Geldschrank gehören, der nicht nur die Barvorräte, sondern auch die Scheckbücher, Wechsel und sonstige wichtige Papiere aufzunehmen hat. Dringend wünschenswert muß es weiter erscheinen, daß die Geschäftsbücher außerhalb der Arbeitszeit

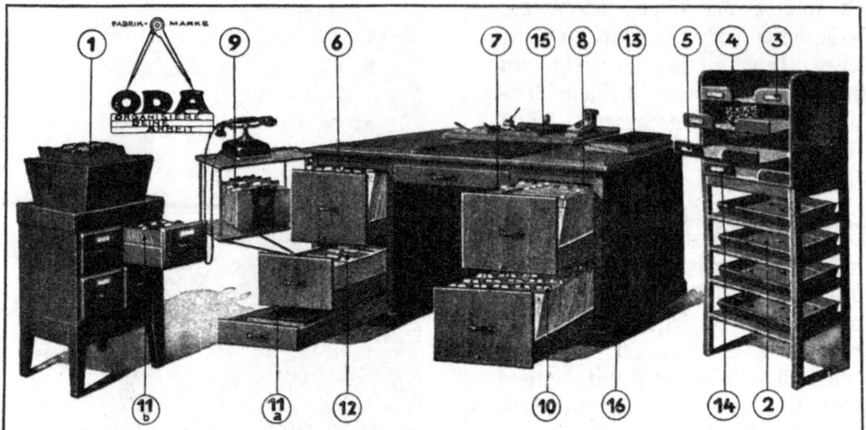

Abb. 36: Arbeitsgerät des Geschäftsleiters nach Gebr. Weinmann, Berlin.

1 und 2 Mappen und Behälter für die eingegangene Post und für die Verteilung
3 bis 5 Behälter für weiterzuleitende, sofort zu bearbeitende und etwaige zurückzustellende Post
6 Mappen zur Aufnahme von Wissensstoff für die Bearbeitung eines bestimmten Gebietes
7 Mappen für die Bearbeitung umfangreicher Geschäftsvorfälle
8 Behälter für den schwebenden Briefwechsel
9 Block für Termine und Notizen
10 Mappen für wieder vorzulegende Sachen
11 Geschäftsbücher und Karteien
12 Schreibmaterial
13 Unterschriftenmappe
14 Behälter für Abzulegendes
15 Schreibgerät.

Abb. 37: Schreibtisch, in Verbindung mit Schreibmaschine und Kartei.

in feuersicheren Schränken untergebracht sind; denn ihre Vernichtung kann dem Geschäft oft größeren Schaden bringen als das Verbrennen der Barmittel, die in der Regel durch eine Feuerversicherung gedeckt sind. Kleine Geschäfte werden sich vielleicht an Stelle des Geldschrankes mit einem in die Wand eingelassenen kleinen Eisenbehälter begnügen.

Schrifttum

über die technischen Hilfsmittel.

Auf keinem Gebiet veraltet das Schrifttum vielleicht so schnell wie bei dem über Kontormaschinen und -geräte. Indes kann man hier selbst sehr leicht sich dauernd auf dem Laufenden halten, wenn man sich an die einschlägigen Firmen mit der Bitte um Überlassung ihrer Werbeschriften wendet, die jederzeit gern zur Verfügung gestellt werden. Sie sind überdies bei den an allen größeren Plätzen ansässigen Firmen, die die Erzeugnisse der Fabriken führen, erhältlich. Die Werbeschriften gehen vielfach über den üblichen Rahmen der einsachen Anpreisung hinaus und enthalten vorzügliche Anleitungen zur Benutzung der Erzeugnisse sowie häufig Abhandlungen führender Männer über die Fragen der zweckmäßigen Organisation.

Bücher, die nicht von bestimmten Werken herausgegeben sind:

Als beste Einführung in das gesamte Gebiet der praktischen Organisation sei hier genannt das Werk:

Friedr. v. Schack, Die Praxis der Büro- und Geschäftsorganisation, Charlottenburg 1925, Verlag für Spezialliteratur, das in ausgezeichneter Weise eine Einführung über alle einschlägigen Fragen bietet, ohne sich irgendwie in Einzelheiten zu verlieren.

Eine kurze übersichtliche Einführung bietet das Büchlein:

Robert Stern, Neueste Errungenschaften moderner Bürotechnik. Wien 1926, Becksche Univ.-Buchhandlung.

Nur mit den Büromaschinen befaßt sich das Werk:

Brauner, Illustriertes Büromaschinen-Dauerlexikon in Kartothekform. Berlin 1926, Organisation-Verlagsgesellschaft m. b. H. Hier werden alle Büromaschinen genau beschrieben und durch zahlreiche Abbildungen erläutert.

Über Geschichte und Wesen der Schreib- und Rechenmaschinen geben folgende Büchlein vorzügliche Auskunft:

Hugo Neumaier, Schreibmaschinenkunde. München 1926, R. Oldenbourg.

Karl Lenz, Die Rechenmaschinen und das Maschinenrechnen. 2. Aufl. Leipzig 1924, B. G. Teubner.

Eine sehr gute Einführung in das Karteiwesen bietet die kleine Schrift von:

Vogt-Porstmann, „Die Kartei", Orgaschrift 5. 3. Aufl. Berlin 1923, Organisation-Verlagsgesellschaft m. b. H.

An weiteren Werken, die für das eingehendere Studium geeignet sind, seien noch genannt das Werk von:

Hanftmann, Organisation und rationelle Arbeitsmethoden in kaufmännischen Betrieben. Osnabrück 1925, Gebr. Teismann;
ferner

M. Menzel, Bürokunde. Berlin 1926, Verlag für Bürotechnik.

H. Kegel, Der Bürobetrieb der kaufm. Unternehmung. Leipzig 1927, Verlag Dr. M. Gehlen.

Karl Bott Die neuzeitliche Organisation des Geschäftsbetriebes. 3. Aufl. Hamburg 1921, Hanseatische Verlagsanstalt.

Werner Grull, Die Registratur. 2. Aufl. Leipzig 1922, G. A. Gloeckner.

Dr. Robert Grimshaw, System und Organisation in Betrieben. 5. Aufl. Stuttgart 1921, Wilhelm Violet.

3. Rechtsgrundbegriffe.

A. Entwicklung und Wesen des Rechts.

I. Aus der Entwicklung des Rechts. [§ 16

1. Das Gewohnheitsrecht.

Die bisherigen Betrachtungen haben wiederholt gezeigt, daß unser heutiges Wirtschaftsleben nur möglich ist, wenn sichere rechtliche Grundlagen den Verkehr der Menschen untereinander ermöglichen. Nur Völker ohne bedeutenden Wirtschaftsverkehr, die in kleiner Zahl auf weitem Raum verstreut leben, können ohne sichere Rechtsgrundlagen auskommen. Sobald die Bedürfnisse der Menschen sich so ausdehnen, daß ein Austausch der Erzeugnisse eintritt oder mehrere Menschen sich zu gemeinsamer Arbeit zusammentun, oder aber die Menge und Zahl bestimmter Güter so gering ist, daß nicht jeder nach Belieben über sie verfügen kann, müssen die Menschen sich über ihr gegenseitiges Verhalten zueinander einigen, wenn nicht ständig Kampf zwischen ihnen herrschen soll. Es werden sich bestimmte Gewohnheiten herausbilden über das äußere Verhalten der Menschen zueinander, und man wird diese Gewohnheiten gegenseitig beachten, da sonst sofort Unfrieden entstehen muß. Aus der ständigen Beachtung derartiger Gewohnheiten leitet der Mensch allmählich einen Anspruch auf ihre Innehaltung ab. Dieses Recht wird als Gewohnheitsrecht bezeichnet. Gewohnheitsrechte finden sich auch bei den einfachsten Naturvölkern. Wer sie nicht beachtet, wird von den anderen Beteiligten zur Rechenschaft gezogen und gegebenenfalls bestraft. Allerdings spielt die körperliche Kraft bei derartigen Entscheidungen in einfachen Verhältnissen eine große Rolle. So wurden bei den Germanen häufig Streitigkeiten durch einen Zweikampf der beiden Beteiligten zur Entscheidung gebracht. Bis ins Mittelalter hinein suchte man die Schuld durch ein Gottesurteil zu ermitteln. Da das Gewohnheitsrecht sich von einem Geschlecht auf das andere im Wege der mündlichen Überlieferung überträgt, wird es auch als traditionelles Recht bezeichnet.

2. Die Entstehung der Gesetze.

Erst sehr viel später beginnt man, die Rechtsüberlieferungen schriftlich aufzuzeichnen, wodurch sie die Gestalt eines Gesetzes erlangen. Das Gesetz hat vor der Überlieferung den großen Vorteil, daß nicht mehr durch falsche Übermittlung Änderungen daran vorgenommen werden können. Dieses großen Vorteils wegen hat man sogar in Ländern mit weniger hoher Kultur die Gesetze anderer Völker angewandt, obgleich sie dem Wesen des eigenen Volkes fremd waren und häufig den althergebrachten Sitten und Gebräuchen nicht entsprachen. In Deutschland wurde so das römische Recht durch die Mönche aus dem alten Römerreich verbreitet und hat bis 1900 in einzelnen Landesteilen gegolten.

3. Recht und Leben.

Wenn das Recht bestehende Gewohnheiten der Gegenwart schriftlich niederlegt, wird es entweder auf etwaige Änderungsmöglichkeiten Rücksicht zu nehmen haben oder aber schnell veralten und beseitigt werden müssen. Andernfalls tritt eine Vergewaltigung des ständig sich ändernden Lebens ein. So war die Preußische Verfassung von 1850 mindestens nach der Entstehung des Deutschen Reiches schon nicht mehr zeitgemäß. Daß sie trotzdem noch bis 1918 in Kraft blieb, war ein wichtiger Grund mit für die tiefe Unzufriedenheit, die viele politische Kreise in Preußen seit Jahrzehnten beherrschte. Je enger ein Gesetz mit dem Wechsel der wirtschaftlichen Verhältnisse verknüpft ist, um so häufiger wird es geändert werden müssen, wie z. B. die Gesetze über die soziale Versicherung oder die Gewerbeordnung beweisen. Schon im Mittelalter war man überzeugt, daß die Gesetze das bestehende Gewohnheitsrecht, die Sitten und Gebräuche eines Stammes widerspiegeln sollten. Daher finden wir für die Gesetze jener Zeit wiederholt die Namen „Spiegel" (Sachsenspiegel, Schwabenspiegel). Je mehr das Gesetz dem Rechtsempfinden des Volkes Rechnung trägt, um so leichter läßt es sich durchführen, um so weniger wird es als drückend empfunden; denn jeder vernünftig denkende Mensch sieht ein, daß derartige Gesetze den wirtschaftlichen Verkehr, das äußere Verhalten der Menschen zueinander, erleichtern, nicht erschweren. Auf gute Gesetze darf niemals das Wort aus Goethes Faust zutreffen: „Es erben sich Gesetz' und Recht wie eine ew'ge Krankheit fort."

II. Wesen des Rechts. [§ 17

1. Begriff der Rechtshandlungen.

Die in Gesetzen festgelegten Rechtsgrundsätze können sich, wie oben schon gesagt, nur auf das äußere Verhalten der Menschen zueinander beziehen, und zwar auf ein Verhalten, das in einer Handlung, aber auch in einer Unterlassung bzw. dem Aufrechterhalten eines bestimmten Zustandes besteht. Demgemäß können wir Rechtshandlungen und Rechtszustände unterscheiden.

Beispiele: Jeder Kauf ist eine rechtliche Handlung, hier tritt eine Änderung des bisherigen Zustandes ein. Das Alleinrecht des Reiches, Geld herzustellen, ist ein Zustand; niemand darf versuchen, etwas daran zu ändern. Wer es dennoch versucht (Falschmünzerei), wird vom Gesetz mit Strafen bedroht. — Die vermögensrechtlichen Beziehungen der Ehegatten untereinander sind weitgehend gesetzlich geregelt (äußerer Zustand); dagegen kann kein Gesetz einen Gatten in dem gefühlsmäßigen Verhalten dem anderen Ehegatten gegenüber beeinflussen (inneres Verhalten).

Nicht jede Handlung, die wir im Leben vornehmen, ist von einer Rechtswirkung bzw. einer rechtlichen Folge begleitet. Gleichgültig ist dabei, ob die rechtliche Folge mit oder ohne den Willen des Handelnden, vielleicht sogar gegen diesen eintritt.

Beispiel: Zwei junge Leute, von denen der eine Sohn eines Gastwirtes ist, essen zusammen in den Gasträumen des Vaters des einen von ihnen zu Mittag. Für den Wirtssohn ist diese Handlung ohne rechtliche Folgen. Den anderen verpflichtet sie zur Zahlung des Verzehrten, vorausgesetzt, daß er nicht ausdrücklich eingeladen war. Für ihn ist es also eine Rechtshandlung, und zwar eine gewollte. — Während des Essens läßt der Freund eine Schüssel fallen, die entzweigeht. Er muß sie dem Eigentümer ersetzen, obgleich er hier ohne seinen Willen gehandelt hat; es liegt somit eine ungewollte Rechtshandlung vor. Zertrümmert er sie aber im Zorn, so kann er noch wegen Sachbeschädigung bestraft werden; diese rechtliche Folge tritt also durchaus gegen seinen Willen ein.

2. Rechts- und Geschäftsfähigkeit.

Im allgemeinen muß bei Rechtshandlungen der Wille des Handelnden ersichtlich sein, bestimmte rechtliche Änderungen hervorzurufen; wir sprechen dann von rechtlichem Wollen. Dieses Wollen kann in der Regel nur von Menschen ausgehen, die sich ihrer Handlungsweise voll bewußt sind (die also nicht im Traum oder in Hypnose handeln) und die dafür verantwortlich gemacht werden können. Die letztere Eigenschaft bezeichnen wie als Geschäftsfähigkeit. Sie tritt im vollen Umfange mit der Volljährigkeit ein, die mit der Vollendung des 21. Lebensjahres erreicht wird. Nur Geisteskranke und wegen Verschwendung, Trunksucht oder Geistesgestörtheit Entmündigte rechnen nicht zu den Volljährigen, auch wenn sie über 21 Jahre alt sind. Zwar sind auch jüngere Menschen vom 7. Lebensjahre an bis zu gewissem Grade geschäftsfähig, indes muß hier in der Regel ein anderer, nämlich der Vater oder Vormund, die Verantwortung für ihre Rechtshandlungen übernehmen. Man nennt diesen Zustand beschränkte Geschäftsfähigkeit.

Die Voraussetzungen für eine Rechtshandlung sind also folgende:

1. eine rechtsfähige Person (Rechtssubjekt) nimmt eine Handlung vor, die einen bestehenden Zustand ändert oder seine Änderung verhindert. Der Gegenstand dieser Handlung ist das Rechtsobjekt.

2. Nach den bestehenden Gesetzen muß diese Rechtshandlung möglich und ihre Rechtsfolgen müssen aus dem Gesetz ersichtlich sein.

3. Der Gesetzgeber muß berechtigt gewesen sein, derartige Gesetze zu erlassen und die Macht besitzen, nicht nur die Beachtung seiner Rechtsregeln zu überwachen, sondern sie im Notfalle auch zu erzwingen.

Daraus ergibt sich, daß neben den Gesetzgebern Kräfte vorhanden sein müssen, die darüber zu entscheiden haben, ob und welche Rechtsregeln auf den einzelnen Fall anzuwenden sind und die nötigenfalls die Beachtung der Rechtsordnungen erzwingen. Dies ist die Aufgabe der Rechtspflege, die den Gerichten übertragen ist. Ohne diesen Rechtsschutz würde auch das beste Gesetz ohne praktische Wirkung bleiben, Gesetzgebung ohne Rechtspflege wäre daher sinnlos. Der Schutz erstreckt sich einerseits auf den einzelnen, andererseits auch auf die Gesamtheit des Volkes.

B. Aufbau des Rechts.

§ 18]

I. Öffentliches Recht.

1. Seine Aufgaben.

Voraussetzung für die Schaffung und Durchführung von Rechtsregeln ist, wie oben gesagt, daß eine Macht vorhanden ist, der nicht allein das Recht zuerkannt wird, derartige Rechtsregeln festzusetzen, sondern die auch die Macht hat, sie durchzuführen. Diese Macht ist heute der Staat. Ob eine einzelne Person oder Vertreter des Volkes die Gesetzgebung ausüben, ist für die Gültigkeit der Rechtsregeln dabei belanglos. Der Staat als Gesetzgeber steht somit über seinen Angehörigen, die Obrigkeit über den Untertanen. Er bestimmt aus eigener Macht heraus (autonom, selbstherrlich), welche Rechte er für sich in Anspruch nimmt, welche Rechte und Pflichten er seinen Untertanen auferlegt, inwieweit er ihr Leben, ihre Gesundheit und ihr Eigentum schützen kann und will. Nicht besondere Klassen des Volkes haben Anspruch auf Staatsschutz, sondern die Gesamtheit der Volksgemeinschaft; im heutigen Rechtsstaat sind vor dem Gesetz alle Menschen gleich. Schutz der Allgemeinheit ist eine der vornehmsten Aufgaben des Staates.

2. Gliederung.

a) Staatsrecht. Zu den Aufgaben des öffentlichen Rechts gehört demnach zunächst die Regelung der Aufgaben des Staates und seines Verhältnisses zu den Staatsangehörigen. Diese Aufgabe erfüllt das Staatsrecht, dessen Grundlage in der Reichs- und Staatsverfassung gegeben ist. In der Reichsverfassung ist auch das Verhältnis des Reiches zu den Ländern geregelt, und zwar in der Weise, daß Reichsgesetze immer den Staatsgesetzen vorangehen. „Reichsrecht bricht Landesrecht.“

Verwaltungsrecht. Der Staat muß aber auch eine Reihe von Einrichtungen treffen, die eine ordnungsmäßige Durchführung seiner besonderen Aufgaben gewährleisten. Diese Aufgabe fällt den einzelnen Zweigen seiner Verwaltung zu. Der Aufgabenkreis dieser Verwaltungsbehörden, ihr Verhältnis zu Reich und Staat, untereinander und gegenüber den Volksangehörigen ist ebenfalls gesetzlich geregelt; man nennt diese Gesetze das Verwaltungsrecht. Ein besonders wichtiger Zweig des Verwaltungsrechtes ist die Regelung darüber, in welcher Weise die Rechtspflege ihre Tätigkeit ausüben soll und wie sie aufgebaut (organisiert) ist. Wir finden diese Bestimmungen in dem Gerichtsverfassungsgesetz und in den Prozeßordnungen.

b) Strafrecht. Der Staat soll seine Angehörigen aber auch vor Übergriffen seitens ihrer Mitmenschen schützen. Diese können in unrechtmäßige Beeinträchtigung oder Schädigung ihrer Gesundheit oder ihres Eigentums bestehen. Hier kann zur Erreichung des Zweckes Zwang nicht entbehrt werden. Wer sich der gesetzlichen Regelung in dieser Richtung nicht fügen will, muß die Folgen am eigenen Leibe spüren. Er wird für sein ungesetzliches Verhalten bestraft. Gesetze, die zum Schutze des einzelnen vor Schädigungen des Lebens, der Gesundheit und des Eigentums geschaffen sind, fallen unter das Strafrecht. Nicht nur der Geschädigte wird von dem ungesetzlichen Verhalten getroffen, sondern die Gefahr weiterer Schädigung trifft die Allgemeinheit; daher ist es berechtigt, daß der Staat als solcher die Gesetzesübertretungen verfolgt und nicht der Betroffene.

Beispiel: Wenn ein Wegelagerer eine Dame überfällt, sie beraubt und verletzt, ist zunächst nur diese eine Person davon betroffen. Es besteht indes die Gefahr, daß auch anderen Wanderern das gleiche Schicksal widerfährt. Es liegt somit im Sinne der Allgemeinheit, daß der Räuber dingfest gemacht und bestraft wird. Kläger gegen den Schädling der Allgemeinheit ist hier nicht die geschädigte Dame, sondern der Staat selbst; die Beraubte wird nur als Zeugin gehört. Sie kann jedoch Privatklage auf Herausgabe des Eigentums und auf Schadenersatz erheben.

II. Privatrecht. [§ 19

1. Entwicklung.

Solange die mit ihren Viehherden von Ort zu Ort ziehenden Menschen (Nomaden) keinen festen Wohnsitz hatten, war der Begriff des *Eigentums* des einzelnen unbekannt, soweit es sich nicht um seine persönliche Habe (Kleidung, Arbeitsgeräte, Waffen) handelte. Was im übrigen vorhanden war, gehörte der gemeinsam wandernden, jagenden und kämpfenden Horde. Es bestand also eine gewisse Art von Kommunismus. Das änderte sich mit der Seßhaftmachung. Wer die Scholle bebaute, wünschte auch die Früchte seiner Arbeit zu ernten, und zwar für sich und seine Familie allein. So entstand das persönliche Eigentumsrecht am Grund und Boden, an den in der Hauptsache selbst geschaffenen Geräten und Waffen. Eine rechtliche Regelung des Eigentums machte sich erforderlich. Diese Notwendigkeit stieg in dem Maße, wie das Eigentum beweglicher wurde, durch Kauf und Tausch in andere Hände überging. Mit anderen Worten: je mehr der wirtschaftliche Verkehr sich entwickelte, um so notwendiger wurde seine rechtliche Regelung. Diese Aufgabe erfüllt das *Privatrecht*. Seine erste Aufgabe ist also die Regelung und *Ordnung des Eigentums*. Mit der Entstehung des Einzeleigentums entwickelt sich auch aus der Sippe und Horde die Einzelfamilie, nicht nur als Verwaltungsgemeinschaft des Privateigentums, sondern auch als Ausdruck dauernder enger persönlicher Beziehungen. Die sich hier herausbildenden festen Gewohnheiten über das äußere Verhältnis der Familienmitglieder untereinander und zu dem Familienvermögen führten zur Schaffung des *Familienrechts* für die Verhältnisse unter Lebenden und des *Erbrechts* für die Regelung von Todes wegen.

2. Das bürgerliche Recht.

Mit der Entstehung des Geldverkehrs und der Entwicklung des Kaufmannsberufes bildet sich im Mittelalter der Stand der *Bürger* heraus im Gegensatz zum Adel und dem abhängigen Bauern. Das in der Hauptsache nicht auf das ruhende, sondern auf das bewegte wirtschaftliche Leben zugeschnittene Privatrecht führt daher mit gutem Grunde den Namen *Bürgerliches Recht*. Diese Bezeichnung ist auch als Überschrift des wichtigsten Gesetzes auf diesem Gebiet, des am 1. Januar 1900 in Kraft getretenen Bürgerlichen Gesetzbuches (abgekürzt BGB.) in die weiteste Öffentlichkeit gedrungen. Obgleich der Geist des Bürgerlichen Gesetzbuches von dem bis 1900 noch vielfach nachwirkenden Römischen Rechte nicht unbeeinflußt blieb, ist er doch in weitestem Maße der deutschen Auffassung von bürgerlicher Freiheit gerecht geworden und hat die auf sozialem Gebiete gemachten Fortschritte der letzten Jahrzehnte berücksichtigt.

3. Sondergesetze.

a) Überblick. Die Vielgestaltigkeit des menschlichen Lebens bringt es mit sich, daß mit der sich immer mehr steigernden Lebhaftigkeit des wirtschaftlichen Verkehrs und den Fortschritten der Technik stets neue Erscheinungen auftreten, die eine gesetzliche Regelung erforderlich machen, wenn sie breitere Volksschichten erfassen. So entstehen im Laufe der Zeit Sondergesetze in fast unübersehbarer Zahl, die sich entweder auf bestimmte Vorgänge des Lebens oder auf bestimmte Personenkreise beziehen.

Beispiel: Seit etwa 1860 kam der zuerst in England ausgebildete Scheck nach Deutschland, jedoch fand er erst nach 1890 etwas mehr Verbreitung in den Kreisen außerhalb der Banken. In dem Maße, wie der bargeldlose Zahlungsverkehr sich ausbreitete, wurde auch der Scheck von der Geschäftswelt mehr benutzt, und so regten sich immer mehr Stimmen, die eine gesetzliche Regelung des Scheckwesens forderten. Die Gewohnheiten, die sich im Gebrauch der Schecks ausgebildet hatten, wurden nunmehr genau ermittelt und führten 1908 zur Schaffung des Scheckgesetzes als eines Sondergesetzes für ein bestimmtes Mittel des Zahlungsverkehrs.

Sondergesetze für bestimmte Personenkreise sind das Beamtenrecht, das Binnenschiffahrtsrecht und für den Kaufmann als wichtigstes das Handelsgesetzbuch, das gleichzeitig mit dem BGB., also am 1. Januar 1900, in Kraft trat. Ihm gesellen sich das Genossenschaftsrecht und das Gesetz betr. die Gesellschaften mit beschränkter Haftung zu, während die Reichsgewerbeordnung teils bestimmte Personenkreise, teils bestimmte Sachgebiete behandelt.

Zu den für den Kaufmann wichtigsten Gesetzen, die sich auf bestimmte Vorgänge beziehen, gehört auch die Allgemeine Deutsche Wechselordnung, zugleich das älteste Gesetz, das in ganz Deutschland eingeführt wurde, lange vor der Reichsgründung, schon im Jahre 1847 (in Preußen endgültig 1850). Eine Reihe von Sondergesetzen beziehen sich auf das Bank- und Börsenwesen und werden dort noch zu erörtern sein. Über den Kreis der Kaufleute hinaus greifen das Patentgesetz, das Urheberrecht (für schriftstellerische Erzeugnisse), das große Werk der sozialen Versicherung, das jetzt in der Reichsversicherungsordnung und dem Gesetz über die Angestelltenversicherung zusammengefaßt ist. Auch die Konkursordnung und die Verordnungen über die Geschäftsaufsicht betreffen nicht nur kaufmännische Unternehmungen.

b) Das Handelsrecht. Der ganze Personenkreis der Kaufleute ist bezüglich seiner Stellung, seiner Gesellschaftsformen und einer Reihe seiner Geschäfte unter ein Sonderrecht gestellt, das im Handelsgesetzbuch (HGB.) festgelegt ist. Da jedes Sonderrecht den allgemeinen Gesetzen vorgeht, ist in jedem Falle zunächst zu prüfen, ob das HGB. Bestimmungen für den betreffenden Fall enthält. Fehlen diese, so gilt das BGB. Wer Kaufmann ist, hat der Gesetzgeber genau umschrieben (§§ 1—4); er erwartet von den Kaufleuten in allen geschäftlichen Handlungen eine ganz besonders große Sorgfalt, die als Sorgfalt eines ordentlichen Kaufmanns gekennzeichnet wird. Der Kaufmann muß z. B. sorgfältig Bücher führen, alle Geschäftsbriefe 10 Jahre aufbewahren, er muß sich jede geschäftliche Handlung gründlich überlegen und für ihre Folgen voll aufkommen, wie ein Beispiel zeigen mag.

Beispiel: Ein Brückenbau-Anstalt übernimmt für eine neue Bahnstrecke die Lieferung einer Eisenbrücke, die bis 15. August fertig aufgestellt sein muß. Der Preis der Brücke beträgt 120 000 *RM*. Für jeden Tag, den die Brücke später betriebsfähig ist, verpflichtet die Gesellschaft sich zur Zahlung einer Vertragsstrafe von 10 000 *RM*, da die Inbetriebnahme der ganzen Strecke erst nach Vollendung der Brücke möglich ist. Würde die Brücke 14 Tage zu spät fertig, so hätte die Gesellschaft bereits 20 000 *RM* mehr Strafe zu zahlen, als die ganze Brücke kostet. Nach § 343 BGB. könnte das Gericht diese Strafe als unverhältnismäßig hoch herabsetzen, falls die Bauanstalt nicht Kaufmann wäre. Da es sich aber um eine Handelsgesellschaft handelt, ist nach HGB. § 34 die Herabsetzung ausgeschlossen. Dem Kaufmann kommen somit die Milderungen des BGB. wegen mangelnder wirtschaftlicher Kenntnisse nicht zugute.

§ 20] III. Grundlagen des Rechts.

Die Rechtssätze sind in den Gesetzen festgelegt, die nach ihrem verfassungsmäßigen Zustandekommen in den Gesetzblättern veröffentlicht werden und erst dadurch Rechtskraft erhalten. Da weitaus die meisten wichtigen Gesetze Reichsgesetze sind, bildet das Reichsgesetzblatt die Hauptquelle der Gesetzestexte. Durch ausführliche Inhaltsverzeichnisse, die am Ende eines jeden Jahrganges erscheinen, ist die Auffindung bestimmter Gesetze auch aus früheren Jahren wesentlich erleichtert. Der Kaufmann wird allerdings nur in seltenen Fällen ständiger Bezieher des Reichsgesetzblattes sein. Praktischer und handlicher sind die in Buchform erscheinenden Textausgaben der für den Kaufmann in Betracht kommenden Gesetze, also z. B. das Bürgerliche Gesetzbuch, die Zivilprozeßordnung, das Handelsgesetzbuch, das Scheck- und Wechselrecht, vielleicht auch die Gewerbeordnung.

Der Text der Gesetze ist dem juristisch Ungeschulten oft nicht leicht verständlich, da der Gesetzgeber jeden Ausdruck auf das peinlichste überlegen muß, um Zweideutigkeiten zu vermeiden. So gelangt er zu einer Art Kunstsprache, die unter der Bezeichnung „Juristendeutsch" sich nicht immer besonderer Beliebtheit erfreut, dem Fachmann aber dafür ein genauer Wegweiser in seiner Rechtspflegetätigkeit ist. Um auch dem Laien die Gesetze verständlicher zu machen, werden die Texte vielfach mit Anmerkungen und Erläuterungen, Heranziehung einzelner praktischer Fälle und Entscheidungen aus dem betreffenden Gebiet versehen. Derartige Bücher bezeichnet man als Kommentare. Sie sind entweder in erster Linie für Juristen oder in volkstümlicher Weise für Laien geschrieben und leisten dem Kaufmann oft sehr gute Dienste. In schwierigen Fällen wird er allerdings am besten tun, sich an seinen Rechtsbeistand, in der Regel also an einen Rechtsanwalt, zu wenden, und zwar nach Möglichkeit vor der Vornahme des Rechtsgeschäftes; denn es ist immer empfehlenswerter, sich vorher über die möglichen Wirkungen des Vorganges zu unterrichten, als vielleicht nachher beim Gericht in einem langwierigen und kostspieligen Prozeß eine Entscheidung herbeizuführen.

Überblick über unser Rechtswesen.

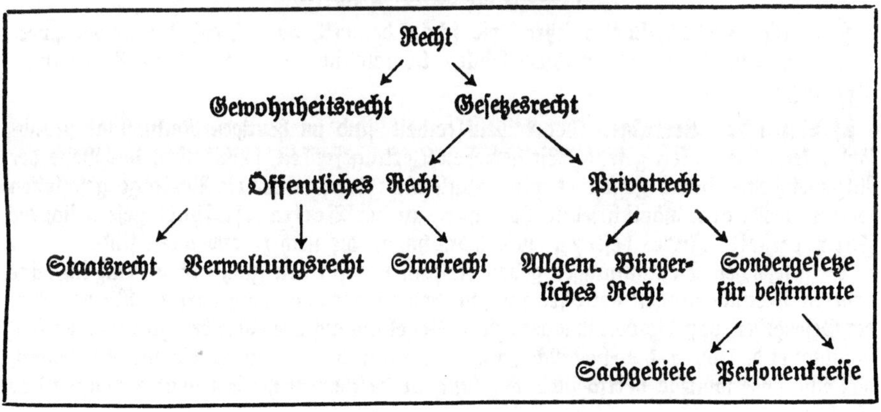

C. Die Gliederung des Bürgerlichen Rechts.

I. Art der Rechtsgeschäfte. [§ 21

Da Rechtsgeschäfte die Betätigung des auf einen bestimmten Zweck gerichteten Willens zum Ausdruck bringen, besteht hier zunächst eine doppelte Möglichkeit: Entweder es handelt sich um den Willen nur einer Person, oder zwei Personen stimmen in ihren Willensäußerungen überein und bringen dadurch das Rechtsgeschäft zustande. Im ersteren Falle sprechen wir von einseitigen, im letzteren von zweiseitigen Rechtsgeschäften, wobei besonders bemerkt werden muß, daß hier der Ausdruck „Geschäft" nichts mit kaufmännischen „Geschäften" zu tun hat, sondern einfach soviel wie Handlung bedeutet.

1. Einseitige Rechtsgeschäfte.

Einseitige Rechtsgeschäfte kommen im allgemeinen viel seltener vor als zweiseitige, da bei ihnen ja eine Person anderen ihren Willen aufzwingt, gleichgültig, ob diese damit einverstanden sind oder nicht. In bestimmten Fällen ist es nicht einmal erforderlich, daß die Willenserklärung, um Rechtskraft zu erhalten, einer bestimmten Person gegenüber abgegeben wird. Es handelt sich dann um eine nichtempfangsbedürftige Willensäußerung, deren wichtigster Vertreter das Testament ist. Ihr bloßes Vorhandensein führt schon die beabsichtigte Rechtswirkung herbei. Viel häufiger sind die einseitigen empfangsbedürftigen Willenserklärungen, bei denen also die Rechtswirkung erst eintritt, wenn die Äußerung einer bestimmten Person gegenüber abgegeben wird, auf die sie wirken soll. Die Kündigung ist der hier am häufigsten vorkommende Fall.

Beispiele: Jemand setzt seinen letzten Willen (Testament) auf, ohne irgendwelche Personen hiervon in Kenntnis zu setzen, und legt das Schriftstück in seinen Schreibtisch, wo es nach seinem Tode gefunden wird. Wenn das Testament keine Formfehler enthält, ist es auch in diesem Falle voll rechtswirksam. Besser wäre es allerdings gewesen, es beim Gericht oder einem Notar zu hinterlegen, da es dann auf alle Fälle sofort nach dem Tode geöffnet und in Kraft gesetzt wird. — Ein Geschäftsinhaber ist mit seinem Buchhalter unzufrieden und äußert einem anderen Angestellten gegenüber: „Der Müller ist unzuverlässig, ich kündige ihm, er kann zum 1. Oktober gehen." Diese Willensäußerung hat keine Rechtswirkung, solange sie nicht dem Müller selbst gegenüber abgegeben ist, auch wenn sie von dem Inhaber durchaus ernst gemeint war. Wird sie aber Müller gegenüber abgegeben, so tritt ihre Rechtswirkung ein, auch wenn Müller mit der Kündigung nicht einverstanden ist.

2. Zweiseitige Rechtsgeschäfte.

Zweiseitige Rechtsgeschäfte setzen, wie schon bemerkt, voraus, daß die beiden „vertragschließenden Parteien" in ihrem Willen übereinstimmen, man nennt sie kurzweg Verträge.

a) Wesen der Verträge. Der Willensfreiheit sind im heutigen Rechtsstaat grundsätzlich keine Schranken gesetzt. Wir genießen Vertragsfreiheit, soweit nicht das Beste der Allgemeinheit dadurch gefährdet wird. Auch die Form, in der die Verträge geschlossen werden, bleibt grundsätzlich jedem überlassen, zu der Vertragsfreiheit gesellt sich die Formfreiheit. Indes bestehen auch Ausnahmen, die noch zu erwähnen sind.

Die gesetzlichen Bestimmungen gelten vielfach nur für den Fall, daß vertraglich keine anderen Vereinbarungen getroffen sind, sie bedeuten dann nachgiebiges Recht. Will der Gesetzgeber, daß die von ihm getroffene Regelung auf alle Fälle beachtet werden soll, so bringt er dies durch die Ausdrücke „muß", „kann nicht" usw. zum Ausdruck oder betont, daß eine anderweitige vertragliche Regelung ausgeschlossen ist; jetzt liegt zwingendes Recht vor.

Beispiel: Die Kündigungsfristen für Wohnungen sind gesetzlich festgelegt, können aber vertraglich anderweitig vereinbart werden. Ist die Wohnung aber gesundheitsschädlich, so kann der Mieter jederzeit ausziehen, selbst wenn er sich vertraglich verpflichtet hat, den ungesunden Zustand der Wohnung nicht als Kündigungsgrund anzusehen. Der Gesetzgeber will hier den wirtschaftlich Schwächeren selbst gegen seinen Willen schützen.

Der allgemeine Verlauf eines Vertrages besteht darin, daß sich jede der beiden vertragschließenden Parteien durch Willenserklärung zu einer Leistung verpflichtet. Beide schulden also wechselseitig eine Leistung, sie werden im Rechtssinne zu Schuldnern. Das eingegangene Schuldverhältnis muß alsdann durch Erfüllung des gegebenen Versprechens von beiden Seiten gelöst werden. Dabei wird die eine Partei der anderen den Abschluß des Vertrages antragen. Diese kann den Antrag annehmen oder ablehnen. Im ersteren Falle hat dann der erste Schuldner eine Leistung auszuüben und der andere eine Gegenleistung.

Beispiel: Ein Verein wendet sich an einen Sänger mit der Anfrage, ob er bereit ist, an einem Festabend etwas vorzutragen und bittet um Angabe der Forderung hierfür. Der Sänger erklärt sich gegen Zahlung von *RM* 100 zu dem Vortrage bereit. Jetzt besteht das gegenseitige Schuldverhältnis: Der Sänger schuldet den Vortrag, der Verein das hierfür zu zahlende Honorar. Die Leistung des Sängers wird durch den Vortrag der Lieder bewirkt, die des Vereins durch die Zahlung der *RM* 100. Wer von beiden zuerst zu leisten hat, ist Sache der Vereinbarung. — Schuldner im Rechtssinne sind vom Augenblick der Vereinbarung an sowohl der Sänger wie der Verein.

Beim Kaufvertrage besteht in der Regel der Antrag im Angebot der Ware (Offerte), die Annahme in der Bestellung, die Leistung in der Warenübergabe und die Gegenleistung in der Bezahlung. Wird der Auftrag ohne vorhergehendes Angebot erteilt, so ist der Besteller der Anbietende, und es steht im Belieben des Verkäufers, diesen Antrag anzunehmen (durch Ausführung der Bestellung) oder abzulehnen. Es gibt auch Verträge, bei denen die Gegenleistung fehlt, z. B. bei der Schenkung und der Leihe.

Überblick.

Vertrag
Abschluß — Erfüllung
Antrag (Angebot) — Annahme (Bestellung) — Leistung (Lieferung) — Gegenleistung (Zahlung)

b) Inhalt der Verträge. Hier ist zu unterscheiden, ob Gegenstand der Vereinbarung die Übertragung einer Sache an die Gegenpartei oder die Übernahme einer Leistung ist. Natürlich gibt es zwischen beiden Gruppen auch Übergänge. Ferner kommt es darauf an, ob die Hergabe einer Sache vorübergehend oder dauernd erfolgt, ob bei vorübergehender Überlassung der Vertragsgegner die Früchte der Sache verwenden darf oder nicht, ob bei Übernahme bestimmter Leistungen diese nach Zeit oder nach dem Erfolg gewertet werden sollen. Durch diese Unterscheidungsmerkmale entstehen eine Reihe von wichtigen Vertragsarten, die wir am besten an Beispielen kennenlernen.

Beispiele: Ein Herr geht in den Laden, läßt sich Zigaretten verschiedener Herkunft zeigen, wählt eine bestimmte Sorte, füllt davon 10 in sein Zigarettentäschchen und legt den Preis von 50 Pfennig auf den Tisch. Hier liegt ein Kauf vor, der Herr wird dauernd Eigentümer der Sache und zahlt dafür ein Entgelt.

Ein Ehepaar verreist im Sommer drei Monate und überläßt einer bekannten Familie den Garten zur Benutzung und Aberntung der Beeren von den Sträuchern gegen Zahlung einer Entschädigung. Hier liegt Pacht vor; denn es wird überlassen: 1. eine Sache, 2. auf Zeit, 3. gegen Entgelt und 4. einschließlich des Ertrages. — Dürfte die Familie zwar den Garten benutzen, nicht aber die Früchte abernten, so würde es sich um Miete handeln.

Ein Beamter hat einen besonders praktischen Wasserhahn erfunden und schützt die Erfindung vor Nachahmungen, indem er das Patent dafür anmeldet und erhält. Er kann nunmehr, da die Herstellung für ihn selbst nicht in Frage kommt, dieses Herstellungsrecht an eine Fabrik dauernd abtreten, also verkaufen, er kann es aber auch dieser oder mehreren Fabriken auf bestimmte Zeit überlassen, also verpachten. Das Beispiel zeigt, daß man nicht allein wirkliche Dinge, rechtlich Sachen genannt, verkaufen und verpachten kann, sondern auch bloße Rechte, hier das Alleinherstellungsrecht oder dieses Recht für mehrere Personen. Alles, was gekauft und gepachtet werden kann, Sachen und Rechte, nennt das Gesetz Gegenstände.

Ein besonders fleißiger und bedürftiger Schüler erhält aus einer Stiftung einen Geldbetrag als Stipendium. Hier handelt es sich um ein Geschenk, wenn nicht irgendeine Bedingung mit der Hergabe verbunden ist, z. B. die, an je zwei Nachmittagen der Woche bei dem Direktor schriftliche Arbeiten zu verrichten; denn das Wesen der Schenkung liegt darin, daß keinerlei Gegenleistung gefordert wird.

Eine Schulbücherei gibt an die Schüler Bücher auf zwei bis drei Wochen zum Lesen aus und fordert keinerlei Entgelt dafür. Da die Bücher ohne Gegenleistung auf Zeit an andere abgegeben werden, handelt es sich um Leihe; würde dagegen ein wöchentliches Lesegeld von 10 Pfennig für jedes Buch verlangt, so läge Miete vor. Die Leihbüchereien der Buchhandlungen sind demnach rechtlich gesehen Mietbüchereien.

Eine Dame läßt sich von einer Schneiderin ein Kleid anfertigen. Dann bestehen folgende Möglichkeiten:

1. Die Schneiderin kommt in das Haus der Auftraggeberin, erhält alle nötigen Zutaten gestellt und wird nach der Zeit, die sie zur Anfertigung gebraucht hat, bezahlt. Hier liegt ein Dienstvertrag vor, dessen Kennzeichen darin bestehen, daß Dienste gegen Entgelt für bestimmte Zeit verrichtet werden.

2. Die Schneiderin übernimmt die Anfertigung der Arbeit und verlangt als Macherlohn RM 15, ohne Rücksicht darauf, wieviel Zeit sie zur Anfertigung braucht. Werden auch in diesem Falle von der Auftraggeberin alle Zutaten gestellt, so handelt es sich um einen Werkvertrag, bei dem es somit nicht auf die verwandte Zeit, sondern auf die vollbrachte Leistung, das Werk, als Bewertungsgrundlage ankommt.

3. Die Schneiderin erhält nur den Stoff zur Anfertigung, stellt aber alle Zutaten, Futter, Knöpfe usw. selbst. Aus dem reinen Werkvertrag ist dann ein Werklieferungsvertrag geworden. Dieser würde auch vorliegen, wenn die Schneiderin den Stoff selbst geliefert hätte. Bei fast allen auf Bestellung angefertigten Waren liegen derartige Werklieferungsverträge vor.

Bei den Beförderungen auf der Eisenbahn und Post wird das Werk bezahlt, ebenso beim Zahnarzt. Läßt jedoch jemand einen Hausarzt wöchentlich einmal nach seinen Kindern sehen und zahlt dafür eine feste Jahressumme, so ist dies ein Dienstvertrag.

Im täglichen Leben muß man wissen, welche Art von Vertrag im einzelnen Falle vorliegt, da die verschiedenen Arten rechtlich auch ungleich geregelt sind.

Überblick.

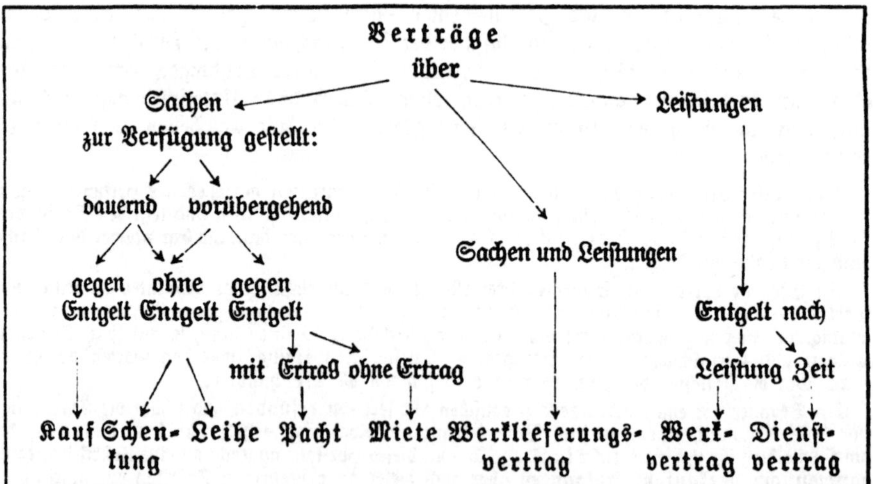

Bei den Verträgen über Sachen ist zu unterscheiden, ob diese beweglich oder unbeweglich sind. Bewegliche Sachen, kurzweg Waren genannt, können leicht den Eigentümer wechseln. Sie sind die eigentlichen Gegenstände des Handels und müssen daher vom Gesetze so behandelt werden, daß sich der wirtschaftliche Verkehr mit ihnen möglichst hemmungslos

vollzieht. Verträge über Kauf oder Miete von Waren sind daher grundsätzlich formfrei. Wer im Besitz der Ware ist, d. h. die augenblickliche tatsächliche Verfügungsgewalt darüber hat, gilt im allgemeinen auch als Eigentümer, also als derjenige, der auch rechtlich darüber verfügen kann. Nur gestohlene Sachen machen eine Ausnahme von dieser Regel. Eine weitere Erleichterung des Verkehrs besteht darin, daß bei vertretbaren Sachen, die in größeren Mengen erzeugt werden, nur die vereinbarte Menge in der vereinbarten Art und Güte zu liefern ist, nicht aber eine ganz bestimmte Ware, falls nicht gerade diese verlangt wurde. Hier ist demnach nur die Gattung der Ware festgesetzt, nicht das bestimmte einzelne Stück. Deswegen werden derartige Waren auch als Gattungsware und der Kauf als Gattungskauf bezeichnet. Bei nicht vertretbaren Waren, wie Kunstwerken, Rennpferden u. dgl., kann natürlich kein Ersatz für den Gegenstand des Vertrages ohne besondere Zustimmung eingesetzt werden.

Beispiele: Im Ladengeschäft vollzieht sich der Kauf der Waren ohne jede schriftliche Vereinbarung in der Regel in wenigen Minuten. Rechtlich belanglos ist, wann, wie und wo der Verkäufer die Sachen erworben hat.

Ein Herr kauft von dem Angestellten einer Kraftwagenhandlung ein Fahrrad als Gelegenheitskauf. Es stellt sich heraus, daß der Angestellte das Rad gestohlen hatte. Der Angestellte (Monteur) war in dem Geschäft nicht als Verkäufer tätig. Der Käufer muß das Rad dem rechtmäßigen Eigentümer ohne Entschädigung herausgeben und kann seinerseits sich nur an den Monteur halten. Ist dieser mittlerweile entlassen und sein gegenwärtiger Aufenthalt unbekannt, so muß der Käufer den Verlust tragen, obgleich er in dem guten Glauben gehandelt hat, das Rad habe dem Monteur gehört. Daher sollte man nie derartige Dinge von Unbekannten oder von wenig zuverlässigen Menschen erwerben. — Nur gestohlenes Geld und Inhaberpapiere brauchen nicht herausgegeben zu werden, da hierdurch der Zahlungsverkehr zu unsicher gestaltet würde.

Ein Landwirt verkauft seine noch auf dem Halm stehende Weizenernte an eine Mühle. Durch Hagelwetter wird der größte Teil der Ernte vernichtet. Die Mühle kann trotzdem die Lieferung verlangen, da es sich um Gattungsware handelt; der Landwirt muß sie sich in diesem Falle anderweitig beschaffen.

Ein Ölgemälde wird verkauft, aber in der Nacht vor der Ablieferung gestohlen. Hier hat kein Ersatz zu erfolgen, da er unmöglich ist. Anders würde es sein, wenn es sich nur um einen Öldruck — also eine vertretbare Ware — gehandelt hätte.

Überblick.

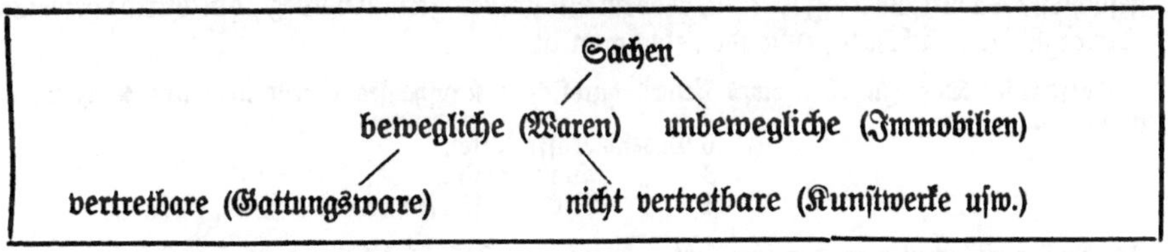

c) Formvorschriften. Vertrags- und Formfreiheit müssen Einschränkungen erfahren, soweit diese zum Schutze des wirtschaftlich Schwächeren und zur Sicherung eines geordneten Verkehrs erforderlich sind (vgl. S. 86). In manchen Fällen ist die Verkehrssicherheit wichtiger als die Verkehrsleichtigkeit. Dies ist allgemein der Fall, wenn das Schuldverhältnis von besonders weittragender Bedeutung ist, sei es bezüglich der Dauer der Verpflichtung, oder sei es bezüglich ihrer Höhe. Eigentumsänderungen bei Grundstücken (Immobilien) werden nur rechtswirksam, wenn sie vor Gericht oder einem Notar abgeschlossen und in das Grundbuch eingetragen sind. Ein Mietvertrag, der sich über mehr als ein Jahr erstreckt, muß schriftlich abgeschlossen werden. Eigenartig ist die Regelung bei Bürgschaften. Nur der Kaufmann kann sie im Rahmen seines Handelsbetriebes mündlich übernehmen, sonst ist stets schriftliche Form nötig. Vom Kaufmann erwartet der Gesetzgeber, daß er in allen seinen Handelsgeschäften eine besonders hohe Sorgfalt walten läßt; spricht doch das Handelsgesetz wiederholt von der „Sorgfalt eines ordentlichen Kaufmanns". Daher kann er sich auch mündlich rechtskräftig verbürgen.

d) Grenzen der Vertragsfreiheit. Nichtige und anfechtbare Verträge. Da ein Vertrag durch Willensübereinstimmung der Parteien entsteht, so muß dieser Wille bei den Parteien auch wirklich vorhanden sein. Ist das bei einer von beiden nicht der Fall und wußte dies die andere oder hätte sie es mindestens deutlich erkennen können, so kommt kein Vertrag zustande. Der Abschluß ist nichtig, oder mindestens steht der einen Partei das Recht zu, den Vertrag rückgängig zu machen, ihn anzufechten. Nichtig sind auch Verträge, die gesetzlich unzulässig sind, die gegen die guten Sitten verstoßen oder die nicht in der vom Gesetz vorgeschriebenen Form abgeschlossen sind.

Beispiele: Eine Hausfrau sagt zu einem Hausierer, der Klöppelspitzen anbietet: „Heute nicht, das nächste Mal kaufe ich etwas." Diese Redensart ist offenbar nicht ernst gemeint, der Hausfrau entsteht auch für den nächsten Besuch keine Verpflichtung zum Kauf.

Ein Autohändler verkauft einem 17jährigen Primaner, der für eine geschenkt erhaltene Mark ein Los gekauft und darauf in der Lotterie *RM* 5000 gewonnen hat, ohne Wissen seiner Eltern einen Kraftwagen, mit dem der Schüler nun spazierenfährt, statt in die Schule zu gehen. Obgleich das Geld dem Schüler gehörte, ist der Vertrag nichtig, weil er gegen die guten Sitten verstößt.

Ein Herr verkauft in vorgerückter Abendstunde unter Zeugen einem Bekannten sein Haus zu einem sehr niedrigen Preise. Die gerichtliche Eintragung soll am nächsten Tage erfolgen. Solange diese nicht unter Zustimmung beider Teile vor sich geht, ist der Kauf nicht abgeschlossen, weil die vom Gesetz vorgeschriebene Form fehlt.

Der Verkauf von Fruchteis auf der Straße an Kinder unter 14 Jahren ist verboten. Der Händler gibt trotzdem Eis an ein Kind ab, die Mutter bringt es aber zurück. Der Verkauf war nichtig, da er gegen das Gesetz verstößt, der Händler muß das Geld herausgeben.

Ein Geschäftsinhaber vereinbart mit einem kaufmännischen Angestellten eine Kündigungsfrist von 14 Tagen. Der Vertrag ist nichtig, da die gesetzliche Mindestfrist für Kündigungen einen Monat beträgt und diese Bestimmung zwingendes Recht ist.

Während der nichtige Vertrag überhaupt nicht zustande kommt, bleibt der anfechtbare Vertrag so lange rechtskräftig, bis er von einer Partei rückgängig gemacht wird. Geschieht dies nicht, so treten auch die gesetzmäßigen Wirkungen des Vertrages ein. Angefochten kann ein Vertrag werden, bei dem ein grober Irrtum vorliegt, der durch Drohung oder arglistige Täuschung zustande gekommen ist.

Beispiele: Der Inhaber eines kleinen ländlichen Kaufhauses bestellt in einer Kurzwarengroßhandlung:

6 Dutzend Kaffeelöffel,
3 „ Wassergläser,
3 „ Nickel-Kaffeeservice.

In Wirklichkeit wollte er von der letzten Ware nur 3 Stück haben. Diesen Irrtum hätte der Lieferer erkennen müssen, der Vertrag kann in diesem Punkte daher vom Besteller rückgängig gemacht werden. Wäre die Bestellung von einem großen Geschäft eingegangen, so hätte kein Grund zur Annahme eines Irrtums vorgelegen.

Ein Herr, der sich rühmt, ein vorzüglicher Pferdekenner zu sein, kauft von einem Bekannten ein Pferd, von dem sich nachträglich herausstellt, daß es taub ist. Diesen Fehler hat der Verkäufer arglistig verschwiegen, der Vertrag ist daher anfechtbar. Vielleicht behält aber der Käufer das Tier aus Eitelkeit, um nicht seinen Ruf als Pferdekenner zu verlieren.

Jemand hat gesehen, wie eine Dame in einem Warenhause beim Aussuchen von Lederhandschuhen ein Paar beiseite gebracht und in ihre Handtasche gesteckt hat. Er kommt am Abend zu dem Gatten der Frau, um sich eine Geldsumme von ihm zu leihen, indem er sagt: „Wenn Sie mir das Geld nicht leihen, werde ich Ihre Frau bei der Polizei anzeigen." Der Mann verspricht das Darlehn, veranlaßt aber seine Frau, am nächsten Morgen die Handschuhe zurückzubringen, und verweigert nunmehr die Hergabe des Geldes. Der Vertragsabschluß beruhte auf einer widerrechtlichen Drohung, ist daher anfechtbar. Der Darlehnsnehmer würde hier übrigens wegen Erpressung sich selbst strafbar machen, wenn der Fall bekannt würde.

Nicht einklagbare Verträge. Eine eigenartige Regelung ist getroffen für die Fälle, wo Recht und Sitte in einem gewissen Gegensatz zueinander stehen. Der Trieb zu Spiel und Wette steckt so tief in der Menschennatur, daß er niemals ganz ausgerottet werden kann, obgleich er schon oft großes Unheil angerichtet hat. Ein gesetzliches Verbot würde daher auch nicht den gewünschten Erfolg erzielen, weswegen nur die gröbsten Auswüchse (z. B. Glücksspiele mit hohen Einsätzen) verboten sind mit Ausnahme der staatlich genehmigten Lotterien und Ausspielverträge (Verlosungen). Indes will der Gesetzgeber nicht auch noch seine Macht dazu hergeben, Verpflichtungen, die durch Spiel oder Wette entstanden sind, mittels gesetzlichen Zwanges durchzusetzen. Er verweigert daher für derartig zustande gekommene Schuldverhältnisse seinen Beistand, die Geschäfte sind nicht einklagbar. Dieselbe Rechtslage findet sich bei den Gebühren der Heiratsvermittler; man kann diesen Beruf zwar rechtlich nicht völlig unterdrücken, will ihm aber auch keine Rechtshilfe leisten, da er unserer Anschauung von den Aufgaben und der hohen Bedeutung der Ehe widerspricht.

Verjährung. Ähnliche Zustände finden sich auch bei der Verjährung. Die durch den Abschluß eines Vertrages entstandenen Schuldverhältnisse können nicht bis in alle Ewigkeit dauern, sondern verfallen nach einer gewissen Zeit, wenn der Vertragsgegner sie nicht in Anspruch nimmt, sie verjähren. Im allgemeinen dauert die Verjährungsfrist 30 Jahre, jedoch sind die wichtigsten und häufigsten Verträge hiervon ausgenommen. So verjähren die Forderungen aus Verkäufen an Privatleute nach zwei Jahren, an Kaufleute und Gewerbetreibende nach vier Jahren, wenn die Verjährung nicht durch eine Mahnung unterbrochen wird. An sich bleibt die Forderung auch nach der Verjährung bestehen, jedoch kann sie, wenn vor Gericht der Verjährungseinwand geltend gemacht wird, nicht mehr zwangsweise eingetrieben werden. Was jedoch nach der Verjährung freiwillig geleistet ist, kann ebensowenig zurückgefordert werden.

Beispiele: Ein Herr hat beim Kartenspiel mehr Geld verloren, als er bei sich führt, und gibt dem Mitspieler über den Rest einen Schuldschein. Dieser kann nicht mit gerichtlicher Hilfe eingeklagt werden, weil er aus einer Spielschuld stammt.

Der Pächter des Beamtenkasinos eines großen Werkes hat an einen einflußreichen Beamten des Werkes eine größere Menge Wein geliefert, wagt aber nicht, die noch nicht erfolgte Zahlung anzufordern, da er fürchtet, dann in seinem Wirtschaftsbetriebe Schwierigkeiten durch den Beamten zu erhalten. Nach $2\frac{1}{2}$ Jahren wird der Beamte an ein anderes Werk versetzt, und der Kasinopächter geht in die Wohnung des Beamten, wo dessen Frau noch wohnt, um die Zahlung der Rechnung über RM 214 zu erbitten. Die Frau zahlt RM 100 und schreibt ihrem Manne, er möge den Rest überweisen. Dieser verweigert nicht allein die Zahlung, sondern fordert auch die Rückzahlung der RM 100, da seine Frau nicht zu dieser Zahlung berechtigt gewesen sei. Der Kasinopächter kann zwar nicht die Restforderung einklagen, braucht aber auch die erhaltenen RM 100 nicht zurückzuzahlen, da sie ihm ja eigentlich zustanden. Eine Klage ist also für beide Teile unmöglich.

II. Einteilung des Bürgerlichen Gesetzbuches. [§ 22

Aus den Aufgaben des Bürgerlichen Rechtes, die wir in kurzen Zügen kennen gelernt haben, ergibt sich auch die Gliederung des Bürgerlichen Gesetzbuches. Zunächst werden die allgemeinen Grundbegriffe klargestellt, dann folgen die Bestimmungen über die Entstehung der Rechtsverpflichtungen, die Schuldverhältnisse und deren Erfüllung, sowie das Sachenrecht. In diesen Teilen dient also das BGB. der Regelung des Vermögensrechtes und dem Verkehr mit Vermögenswerten. Das Personenrecht ist dagegen in dem Familienrecht und Erbrecht behandelt. Daraus ergibt sich die Fünfteilung des Gesetzes:

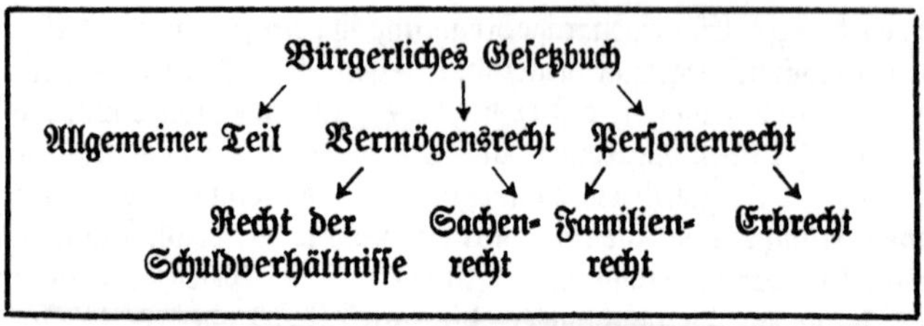

Die oben genannten fünf Bücher des BGB. werden wieder eingeteilt in Abschnitte, diese in Titel, in denen die einzelnen Paragraphen (§) wiederum in Absätze untergeteilt sind, die bei größerer Länge und bei Aufzählungen noch in Ziffern zerfallen. Durch diese äußere Gliederung ist es möglich, aus dem nicht weniger als 2385 §§ umfassenden Gesetz jede einzelne Bestimmung einwandfrei so zu bezeichnen, daß sie sofort auffindbar ist.

D. Orts- und Handelsbrauch.

Die wichtigsten deutschen Gesetze gelten für das ganze Reich. Hier bestehen aber in den einzelnen Landesteilen und Gegenden, ja sogar in benachbarten Orten vielerlei voneinander abweichende Gebräuche, die tief in das Leben eingewurzelt sind und auch vom Gesetz nicht übersehen werden dürfen. Daher finden wir häufig in den Gesetzen das Wort **ortsüblich** oder Ortsgebrauch, wenn man über Angaben von Maßen, Zeiten oder sonstigen Vertragsbestimmungen im Zweifel sein könnte. Noch größere Bedeutung kommt den Gewohnheiten zu, die sich in dem vielgestaltigen Handelsverkehr für bestimmte Geschäftszweige und Waren herausgebildet haben. Der **Handelsbrauch** (die Usance) gilt oft als wesentlicher Bestandteil des Vertrages, im Groß- und Überseehandel noch mehr als im Einzelhandel. Besonders wichtig ist der Handelsbrauch im Bank- und Börsenwesen, in dem die Börsen die Handelsgebräuche für den Börsenhandel genau festlegen und beim Abschluß des Vertrages die Parteien einfach sagen „nach Berliner Handelsbrauch".

Beispiele: Jemand hat sich einen Mann zum Holzspalten genommen, ohne mit ihm einen Preis für seine Arbeit vereinbart zu haben. Können beide sich nach der Erledigung der Arbeit über die Entschädigung nicht einigen, so ist der „ortsübliche Tagelohn" zu zahlen. — Unter der Mengenbezeichnung „eine Portion Kaffee" versteht man von Ort zu Ort etwas ganz verschiedenes (1—3 Tassen), im Bergischen Lande sogar Kaffee mit Brot, Butter, Gebäck, wozu in einem bestimmten Ort noch Reisbrei kommt. In Streitfällen entscheidet auch hier der Ortsgebrauch. — Die Baumwollballen der Erzeugungsländer (Vereinigten Staaten, Indien, Ägypten) sind verschieden schwer, innerhalb desselben Landes dagegen alle gleich schwer. Der Ortsgebrauch wird hier zum Handelsbrauch, ein Ballen amerikanischer Baumwolle wiegt immer 500 englische Pfund.

Jemand bestellt sich in einem Restaurant ein Mittagessen für RM 2 und weigert sich nachher, RM 2.20 zu zahlen. Da es indes allgemein handelsüblich ist, daß auf die Rechnung 10 % Trinkgeld kommen, hat der Kellner einen Rechtsanspruch hierauf. — An den Wertpapierbörsen werden Geschäfte über Hunderttausende mündlich, oft nur durch Zeichensprache abgeschlossen. Jeder Börsenbesucher muß derart eingegangenen Verpflichtungen nachkommen; diese Gebräuche sind hier handelsüblich. — Bei Kauf von Würfelzucker braucht die Kiste nicht zurückgegeben werden, da ihr Preis handelsüblich schon beim Einkauf ohne Sonderberechnung mit entrichtet ist.

E. Die praktische Anwendung des Rechts.

§ 23] **I. Freiwillige Gerichtsbarkeit.**

Nicht immer werden Rechtsgeschäfte so abgeschlossen, daß sich bei ihrer Durchführung keine Zweifel oder Streitfälle ergeben. Deren Klärung bzw. Schlichtung ist Aufgabe der Rechtspflege, der Gerichtsbarkeit. Mancher Streit wird schon dadurch vermieden, daß die rechtlich erheblichen Tatsachen amtlich in Registern festgelegt werden, die die Gerichte führen.

Solche Register sind vorhanden für den Übergang des Eigentums sowie die Belastung der Grundstücke als Grundbuch, für die kaufmännischen Unternehmungen als Handelsregister. Für die Vereine besteht, soweit der Verein als solcher ein eigenes Vermögen besitzt und verwaltet, Geschäfte abschließt, Verpflichtungen eingeht und dafür in Anspruch genommen wird, soweit er also als juristische Person angesehen sein will, das Vereinsregister. Für die Genossenschaften gibt es ein Genossenschaftsregister. Ferner haben wir Schiffsregister für die Binnen- und Seeschiffe, Bergregister für die Eigentums- und Mutungsrechte im Bergbau. Die Personenstandsregister, in denen Geburten, Sterbefälle und Eheschließungen eingetragen werden, führt bekanntlich eine besondere Behörde, das Standesamt.

Alle Eintragungen in diese Register gelten als öffentliche Urkunden. Sie haben damit erhöhte Beweiskraft gegenüber privaten schriftlichen Abmachungen, da das hier Eingetragene so lange als richtig gilt, bis das Gegenteil bewiesen ist. Bei privaten Urkunden muß dagegen die Richtigkeit im Zweifelsfalle nachgewiesen werden, und zwar von demjenigen, der sich auf die Privaturkunde stützt. Die Registerführung ist Aufgabe der freiwilligen Gerichtsbarkeit. Zu ihr gehört auch die Sorge für die unmündigen Kinder durch das Vormundschaftsgericht, dessen Aufgabe in der Hauptsache in der Überwachung der Tätigkeit des dem Kinde bestellten Vormundes besteht.

II. Der Zivilprozeß. [§ 24

Die eigentliche Hauptaufgabe der Gerichte liegt jedoch in der streitigen Gerichtsbarkeit, die in den Prozessen zum Austrag kommt. Für unsere Betrachtung kann dabei der Strafprozeß ausscheiden, da er für das bürgerliche Recht nicht in Frage kommt. Die sich aus diesem ergebenden Zweifels- und Streitfälle gehören vielmehr in das Gebiet des Zivilprozesses, den wir in seinen Grundzügen etwas näher kennenlernen müssen. Ergibt sich aus der nicht reibungslosen Abwicklung eines Rechtsgeschäftes die Notwendigkeit, obrigkeitliche Hilfe in Anspruch zu nehmen, so entstehen zunächst die Fragen: Bei welchem Gericht, an welchem Ort und in welcher Weise ist die Klage einzuleiten? Auf die ersten beiden Fragen der sachlichen und örtlichen Zuständigkeit und die dritte betreffs des Verfahrens in bürgerlichen Rechtsstreitigkeiten antworten das Gerichtsverfassungsgesetz und die Zivilprozeßordnung.

1. Der Richterstand.

Das Gerichtsverfassungsgesetz (GVG.), das für Deutschland 1877 eine einheitliche Rechtspflege schuf und 1924 (22. März) in neuer Fassung veröffentlicht ist, unterrichtet uns über den Aufbau und die Aufgaben der verschiedenen Gerichte. Vorbedingung für eine einwandfreie Rechtspflege ist ein wissenschaftlich gründlich vorgebildeter unabhängiger Richterstand, der frei von Beeinflussung durch Vorgesetzte nur nach Maßgabe des Gesetzes und des freien richterlichen Ermessens seines Amtes waltet. Diesen Berufsrichtern treten bei Zivilprozessen, zu deren Entscheidung gründliche berufliche Kenntnisse erforderlich sind, Laienrichter zur Seite, und zwar in den Kammern für Handelssachen, bei denen ein Berufsrichter gemeinsam mit zwei aus dem Kaufmannsstande entnommenen Handelsrichtern das Urteil fällt.

2. Die Gerichte.

Gegenstand der Streitigkeiten im Zivilprozeß ist stets eine vermögensrechtliche Forderung, die sich somit immer in Geld ausdrücken läßt. Das Streitobjekt ist maßgebend dafür, welches Gericht sachlich zuständig ist. Grundsätzlich gehören alle Streitfälle über Objekte bis zu *RM* 500 vor das Amtsgericht, in dem nur ein Richter die Verhandlungen leitet und bei dem diese mündlich in Rede und Gegenrede von den Parteien selbst, dem Kläger und dem Beklagten, geführt werden können. Auch Streitigkeiten, die eine schnelle Entscheidung dringend erforderlich machen, kommen vor das Amtsgericht, selbst wenn es sich um mehr als *RM* 500 handelt. Hierhin gehören z. B. Streitigkeiten zwischen Vermieter und Mieter wegen Räumung der Wohnung oder Zurückbehaltung von Sachen, zwischen Wirten und Reisenden wegen der Wirtszeche usw. Alle anderen Streitgegenstände über *RM* 500 kommen vor die Landgerichte, deren Zivilkammern mit drei Richtern besetzt sind, von denen einer den Namen Landsgerichtsdirektor trägt. Hier müssen die Parteien vorher den Grund der Klage und den Sachverhalt schriftlich durch einen Rechtsanwalt vortragen lassen und diesen Schriftwechsel ergänzen, bis nach Ansicht des vorbereitenden Richters und der Gegenpartei der Sachverhalt völlig geklärt ist. Erst dann wird ein Termin zur mündlichen Verhandlung anberaumt, in dem auch die Parteien selbst zu Worte kommen können. Außer den ordentlichen Gerichten gibt es noch eine ganze Reihe von Sondergerichten, die entweder für bestimmte Personenkreise (Beamte, Militär) oder für bestimmte Streitfälle (Patentwesen, Versicherungsfragen, Steuerwesen) in Frage kommen. Für den Kaufmann sind von besonderer Bedeutung die Arbeitsgerichte, von denen später noch zu sprechen sein wird.

3. Verlauf des Prozesses.

Nicht alles, was im Prozeß von einer Seite behauptet wird, wird der Gegenseite oder dem Richter ohne weiteres glaubhaft erscheinen; daher muß für diese Behauptungen auf Wunsch der Beweis angetreten werden. Als Beweismittel gelten vor Gericht: öffentliche oder private Urkunden (Briefe, Geschäftsbücher u. dgl.), Zeugen, Sachverständige, der Augenschein und als letztes Hilfsmittel der Eid einer der beiden Parteien. Nachdem der Richter den Sachverhalt völlig geklärt hat, wendet er auf diesen besonderen Fall die allgemeinen Regeln des Gesetzes an und fällt dementsprechend das Urteil, dem er eine Begründung hinzuzufügen hat. Der Verurteilte hat gewöhnlich auch die gesamten Kosten des Gerichtsverfahrens zu tragen.

Beispiel: An einem Hause ist die Dachrinne entzwei, so daß bei Regen das Wasser aus dieser heraus an das Nachbarhaus spritzt, hier an dem Fenstersims entlangläuft, in die Wohnung des obersten Stockwerkes eindringt und dort die Wände sowie ein daran hängendes wertvolles Bild stark beschädigt hat. Der Eigentümer des Nachbarhauses (Arndt) verklagt nun den Eigentümer des Hauses mit der schadhaften Rinne (Beyer) auf Schadenersatz für das verdorbene Bild im Werte von *RM* 100 und der verdorbenen Tapete im Werte von *RM* 20 sowie auf Beseitigung des Schadens an der Dachrinne. Beyer wendet hiergegen ein, die Rinne sei von den Knaben des Arndt vom Garten aus mit einem Luftgewehr zerschossen worden, Arndt habe sich also den Schaden selbst zuzuschreiben und müsse sogar ihm, dem Beyer, die Rinne wieder herstellen lassen.

Die Beweiserhebung ergibt folgendes: Das von Arndt dem Richter vorgelegte Bild (Beweis durch Augenschein) ist tatsächlich verdorben, offensichtlich durch das von hinten eingedrungene Wasser. Die Beschädigung der Tapete wird von einem Tapezierer festgestellt, der Schaden aber nur auf *RM* 10 geschätzt (Sachverständiger). Die von Beyer als Zeugen benannten Nachbarn, die angeblich gesehen haben, daß die Knaben des Arndt die Rinne zerschossen hätten, haben nur das Schießen gesehen, aber nicht beobachtet, daß diese Knaben die Rinne zerschossen hätten; außerdem haben die Kinder des Beyer selbst mitgeschossen. Wer von den Schützen die Rinne verletzt hat, ist also nicht feststellbar. Ein Kunstsachverständiger schätzt den Wert des beschädigten Bildes nur auf *RM* 60. So ist der Tatbestand ermittelt.

In dem Urteil wird Beyer verurteilt, den Schaden von *RM* 60 für das Bild und *RM* 10 für die Tapeten zu ersetzen und die Dachrinne wieder in Ordnung bringen zu lassen. Sollte er sich weigern, so kann Arndt die Rinne auf Kosten des Beyer wiederherstellen lassen.

Die Einreichung der Klage hat der im Schreiben nicht sehr gewandte Arndt bei der Gerichtsschreiberei mündlich zu Protokoll gegeben, eine Abschrift davon ist Beyer zugestellt und ihm gleichzeitig vom Gericht der Verhandlungstermin mitgeteilt worden. Das Urteil wird beiden Parteien ebenfalls schriftlich zugestellt.

Das gesamte Zivilprozeßverfahren ist in der Zivilprozeßordnung geregelt, die wie das Gerichtsverfassungsgesetz 1877 in Kraft trat und am 1. Juni 1924 in neuer Fassung einschließlich der erheblichen Veränderungen der letzten Jahre erschien. In ihr ist auch die örtliche Zuständigkeit der Gerichte geregelt, wonach grundsätzlich der Wohnort des Beklagten als allgemeiner Gerichtsstand gilt. Näheres hierüber wird bei der rechtlichen Behandlung des Kaufvertrages (S. 111) erörtert.

4. Die Rechtsmittel.

Das Urteil ist nicht sofort vollstreckbar. Vielmehr steht den Parteien innerhalb eines Monats das Recht der Berufung zu, bei Amtsgerichtsprozessen aber nur, wenn der Streitgegenstand *RM* 30 übersteigt. Berufungsinstanz für Amtsgerichtsprozesse ist das Landgericht, für Streitigkeiten vor dem Landgericht das Oberlandesgericht. Vor dem Berufungsgericht wird der ganze Fall noch einmal verhandelt und ein neues Urteil gefällt.

Gegen das Urteil des Oberlandesgerichts ist noch eine Revision möglich beim Reichsgericht in Leipzig, soweit der Streitgegenstand *RM* 1800 übersteigt. Das Urteil der Vorinstanz wird entweder als richtig anerkannt, die Revision demnach verworfen, oder es wird unter Angabe der Gründe aufgehoben. Im letzteren Falle wird es an die Berufungsinstanz zur nochmaligen Verhandlung zurückverwiesen.

Ist ein Urteil rechtskräftig geworden, so wird es für vollstreckbar erklärt und kann nun, wenn der Verurteilte nicht freiwillig seinen Verpflichtungen nachkommt, mittels Zwangsvollstreckung (Gerichtsvollzieher) durchgeführt werden.

Der ganze Verlauf des Prozeßwesens zeigt, daß der Gesetzgeber danach gestrebt hat, jedem die Möglichkeit zu geben, Recht zu finden, soweit dies überhaupt bei der Unvollkommenheit des menschlichen Urteils möglich ist. Unparteilichkeit und Unbestechlichkeit sind die vornehmsten Tugenden, die gerade dem deutschen Richterstande besonders nachgerühmt werden.

Schrifttum
über Rechtswesen im allgemeinen.

Neben den bereits erwähnten Gesetzestexten und Kommentaren (Guttentagsche Gesetzessammlung) kommen für Nichtjuristen in Frage:

Teubners Handbuch der Staats- und Wirtschaftskunde, 1. Abt., 3. Bd., Recht und Leben. Ein kleines Bändchen, das einen kurzen Überblick über unser gesamtes Rechtswesen gibt.

Die Bändchen aus der Sammlung Göschen über die verschiedenen Rechtsgebiete, in denen eine leichtfaßliche Darstellung der einzelnen Gesetze gegeben ist.

Ähnlich abgefaßt sind die Bände aus Gloeckners Handelsbücherei:

A. Erdel, Das Bürgerliche Recht.

A. Erdel, Das Handelsrecht.

Zur Einführung geeignet ist das Werkchen von:

Bessel-Sander, Rechtskunde für den Alltag. 3. Aufl. Leipzig 1926. Julius Klinkhardt.

F. Wirtschaftsleben und Staat.

Grund des Staatseinflusses. Träger des Rechtswesens, wie wir es jetzt kennengelernt haben, ist der Staat. Er hat den Rechtsgedanken durch Gesetzgebung und Rechtsprechung zu verwirklichen und muß dabei abwägen, wie weit die Belange des einzelnen hinter die der Allgemeinheit zurücktreten müssen. Grundsätzlich will er nach heutiger Rechtsanschauung die freie Gestaltungskraft des einzelnen im Wirtschaftsleben nicht beeinträchtigen. Indes besteht dabei die Gefahr, daß der von allzu großer **Gewinnsucht** getriebene Unternehmer nur seinen eigenen Vorteil im Auge hat und in seinem geschäftlichen Gebaren keinerlei Rücksicht auf seine Mitmenschen nimmt, obgleich ein solches Verhalten schließlich meist zu seinem eigenen Nachteil ausschlagen wird. Hier ist es Aufgabe des Staates, durch Gesetzgebung und Verwaltungsmaßnahmen einzugreifen und die grundsätzlich in Deutschland seit der Mitte des 19. Jahrhunderts vorhandene **Gewerbefreiheit** einzuschränken. Neben diesen Eingriffen des Staates in die Betriebsführung zwingt ihn der Selbsterhaltungstrieb, auch die Hand auf einen Teil des Ertrages der Unternehmung zu legen, der als Steuern und Abgaben mit zur Erhaltung des Staatsganzen beitragen muß. Demnach erstreckt sich der Einfluß des Staates auf die **Betriebsführung** und auf den **Ertrag der Unternehmung**.

§ 25] I. Der Einfluß auf die Betriebsführung.

1. Schutz der wirtschaftlich Schwachen.

Nach dem Sprichwort „Jeder ist sich selbst der Nächste" versuchen viele Menschen, teilweise unbewußt, andere Mitmenschen, die nicht über die gleiche körperliche, geistige oder wirtschaftliche Kraft verfügen, in Abhängigkeit von sich zu bringen und dieses Abhängigkeitsverhältnis zu benutzen, um den schwächeren Mitmenschen auszubeuten. Der **Schutz des wirtschaftlich Schwachen** muß daher einer der vornehmsten Leitsätze unserer Gesetzgebung auf wirtschaftlichem Gebiete sein. Tatsächlich finden wir kaum ein zweites Land auf der Erde, wo dieser Grundsatz so weitgehend durchgeführt ist, wie in Deutschland. Das ist sicherlich ein großer Vorzug, doch kann der Gedanke auch zum Nachteil ausarten, wenn der Schutz so weit getrieben wird, daß das Unternehmen keinen Ertrag mehr abwirft, aus diesem Grunde eingestellt wird und viele Arbeitnehmer brotlos werden.

Beispiel: In der Spielwarenindustrie, die vorwiegend als Heimarbeit betrieben wird, müssen kleine Kinder im vorschulpflichtigen Alter bereits mitarbeiten. Man hat versucht, hier die Arbeit der jungen Kinder zu verbieten. Doch es stellte sich heraus, daß dann die Familie nicht mehr den nötigsten Lebensunterhalt verdient, also die Kinder nicht zu arbeiten brauchten, aber dafür hungern müßten. Ein Heraufsetzen der Preise und damit der Löhne findet aber seine Grenze in der Tatsache, daß Japan wesentlich billiger arbeitet als Deutschland und daher das deutsche Spielzeug auf den wichtigsten ausländischen Märkten keinen Absatz mehr finden würde. Das würde also völlige Brotlosigkeit für die gesamten Spielwarenarbeiter bedeuten.

Die sich auf den Schutz der wirtschaftlich Schwachen erstreckende **„soziale" Gesetzgebung** muß also zwohl möglichst weitgehende Schutzbestimmungen treffen, ist aber gebunden durch die Rücksicht auf die wirtschaftlichen Notwendigkeiten und die Möglichkeit, die Durchführung ihrer Maßnahmen tatsächlich zu überwachen. Rücksichtslos durchgreifen soll sie dagegen, wenn es sich um den Schutz des Lebens und der Gesundheit handelt; denn Menschenleben sind mehr wert als wirtschaftlicher Erfolg.

Beispiel: Die Zündhölzer wurden früher mit einer Zündmasse aus weißem Phosphor und Schwefel versehen. Weißer Phosphor ist aber in jeder Form der Verarbeitung auf die Dauer tödlich für den Arbeiter. Daher ist durch zwischenstaatliche Vereinbarung auf der ganzen gebildeten Welt die Verarbeitung dieses Phosphors verboten, obgleich dadurch ein nicht unbedeutender Wirtschaftszweig völlig zugrunde gerichtet wurde.

Wir werden im Laufe der späteren Betrachtungen eine ganze Reihe von Gesetzen kennenlernen, die Bestimmungen zum Schutze der wirtschaftlich Schwachen enthalten und dadurch die Betriebsführung beeinflussen. Hier möge ein kurzer Hinweis zunächst genügen. Die meisten Bestimmungen der genannten Art, soweit sie sich auf wirtschaftliche Betriebe beziehen, finden wir in der **Gewerbeordnung** und den zu ihrer

Ergänzung ergangenen Gesetzen. Hierher gehören z. B. die Bestimmungen über Lehrlinge, die Berufsschulpflicht, die Arbeitszeit, über Lohn- und Gehaltszahlungen, über die Beiträge zur sozialen Versicherung und über Betriebsräte.

2. Schutz der öffentlichen Sicherheit.

Der Staat muß auch sein Augenmerk darauf lenken, daß die öffentliche Sicherheit nicht durch bestimmte Betriebe gefährdet wird, sei es durch Lärm, Rauch, Geruchsbelästigung oder Explosionsgefahr. Alle derartigen Betriebe, die Gefahren genannter oder anderer Art mit sich bringen können, bedürfen zu ihrer Errichtung oder ihrem Betriebe der staatlichen Genehmigung, einer Konzession. In größtem Umfange ist diese Regelung erforderlich bei den Verkehrsunternehmungen wie: Schiffahrt, Eisenbahn, Kraftwagen, aber auch bei den Bergwerken über und unter Tage. Ferner gehören hierher chemische Fabriken, die Gifte oder giftige Gase erzeugen, Wasserläufe verunreinigen und dgl.

Beispiele: Fabriken, die feuergefährliche oder explosive Waren herstellen, müssen von Ortschaften in bestimmter Entfernung angelegt werden und dürfen in bestimmten Fällen nicht mehrstöckig gebaut sein.

Steinbrüche müssen die Steilabfälle in hinreichender Weise durch Zäune und dgl. sichern.

Die Färbereien und chemischen Fabriken in Elberfeld-Barmen ließen ihre Abwässer früher in die Wupper laufen, die daher im Sommer bis zu ihrer Mündung übelriechenden Geruch ausströmte. Trotz sehr erheblicher Mehrkosten wurden sie gezwungen, die Abwässer anderweitig zu verwerten bzw. zu reinigen.

Um 1890 stellte eine Glaswarenfabrik Kindermilchflaschen her, die unzerbrechlich waren. Nach längerer Zeit explodierten diese Flaschen jedoch von selbst und führten zu Verletzungen der Säuglinge. Die Herstellung solcher Glaswaren wurde daraufhin verboten.

3. Schutz der Allgemeinheit.

Die Betriebe anderer Arten von Unternehmungen gefährden zwar nicht das Leben oder die Gesundheit, wohl aber das wirtschaftliche Wohlergehen ihrer Mitmenschen. Hier muß der Schutz der Allgemeinheit durch die Gesetzgebung so weit wie möglich sichergestellt werden. Wir denken dabei in erster Linie an die Unternehmungen, die sich mit dem Geld-, Bank- und Börsenwesen befassen, und deren Geschäftsgebaren durch den Staat so geregelt und überwacht werden muß, daß nicht weite Kreise der Bevölkerung um ihre Ersparnisse und ihr Vermögen betrogen werden. Daß allerdings auch hier wirtschaftliche Ereignisse oft stärker sind als die Staatsmacht, hat uns die Inflation in erschütternder Weise gezeigt. Durch andere Gesetze wird die Abnehmerschaft nach Möglichkeit gegen Übervorteilung durch die Verkäufer geschützt. Das ist z. B. der Fall in dem Sondergesetz über Abzahlungsgeschäfte, bei denen die zahlungsschwachen Kreise früher oft durch gewissenlose Geschäfte stark ausgebeutet wurden.

4. Schutz der Arbeitnehmer.

Die umfangreichsten Schutzgesetze sind zugunsten der Angestellten und Arbeiter innerhalb der Betriebe erlassen; denn hier tritt die Gefahr, die Abhängigkeit der Arbeitnehmer von dem Arbeitgeber auszunutzen, besonders häufig in Erscheinung. Ein großer Teil der Gewerbeordnung, eine Reihe von Bestimmungen des Handelsgesetzes bezwecken den Schutz der Arbeitnehmer in bezug auf ihre Gesundheit, die Arbeitszeit, die Entlohnung und die Entlassungsmöglichkeiten. Die ganze soziale Gesetzgebung auf dem Gebiete der Kranken-, Invaliden-, Angestellten- und Unfallversicherung gehört hierher. Dem Arbeitgeber werden gerade durch diese Gesetze schwerwiegende Beschränkungen in der freien Gestaltung des Betriebes und nicht unerhebliche

Geldopfer zugemutet. Für jüngere Kräfte fällt unter den genannten Gesichtspunkt der Zwang zum Besuche einer Berufs- oder Fortbildungsschule, durch den der Arbeitgeber verpflichtet wird, seinen jugendlichen Arbeitnehmern die Möglichkeit zur Weiterbildung zu geben.

5. Schutz gegen unlauteren Wettbewerb.

Häufig fällt es gerade dem vornehm denkenden und handelnden Geschäftsmann schwer, sich gegen die sogenannte „Schmutzkonkurrenz" zu schützen. Daher waren auch Gesetze zum Schutz gegen unlautere Wettbewerber erforderlich, die sich nicht nur auf die Kundenwerbung, sondern auch auf die Wahrung des Geschäftsgeheimnisses beziehen. In gleicher Richtung wirken die Gesetze zum Schutze des geistigen Eigentums, also das Patentgesetz, das Muster- und Markenschutz- und das Preßgesetz.

Beispiele: Eine Firma darf sich nur als ältestes und größtes Geschäft am Platze bezeichnen, wenn diese Voraussetzungen wirklich zutreffen. — Bei Solingen war ein großes Versandgeschäft, das sich „Werk" (mit einem Namen davor) nannte, obgleich kein Fabrikbetrieb damit verbunden war. Das erweckt im Käufer irrige Vorstellungen. Um den Namen beibehalten zu können, baute dann der Besitzer wirklich eine kleine Fabrik. — Unsere großen Dichter litten außerordentlich darunter, daß ihre Werke von irgendwelchen Druckereien ohne Wissen und Zustimmung der Verfasser nachgedruckt wurden und ihnen dadurch die Einnahmen aus der Herausgabe ihrer Werke genommen waren.

Endlich müssen wir noch den Schutz der Geschäftsfreunde erwähnen, vor allem den Schutz der Lieferer der Geschäftsleute, wie er in der Konkursordnung, der Verordnung über die Geschäftsaufsicht, in den Bestimmungen über die Firma (Handelsgesetz) und der Pflicht zur Eintragung in das Handelsregister sowie in manchen anderen Bestimmungen zum Ausdruck kommt.

Bei all diesen gesetzlichen Bestimmungen liegt die Schwierigkeit in der Aussöhnung der entgegengesetzten Bestrebungen, in dem Schutz der Schwachen einerseits und in dem berechtigten Gewinnstreben anderseits. Starke und Schwache, Arbeitgeber und Arbeitnehmer werden sich hier stets zur Wahrung ihrer Belange gegenüberstehen. Daher ist auch der politische Kampf kaum bei irgendeiner Art von Gesetzen so scharf, wie gerade bei den Gesetzen der oben gekennzeichneten Art; denn hier stoßen letzten Endes die verschiedenen Weltananschauungen hart aufeinander.

§ 26] II. Der Einfluß auf den Ertrag der Unternehmung.

1. Folgen des Weltkrieges.

Waren die Lasten zur Erhaltung der öffentlichen Einrichtungen und der zum Schutz nach innen und außen geschaffenen Körperschaften schon vor dem Weltkriege nicht gering, so konnten sie doch von der blühenden Wirtschaft ohne allzugroße Beschwerden getragen werden. Die ungeheuren Kosten des Weltkrieges und noch mehr die uns durch den Versailler Vertrag und die ihm folgenden Vereinbarungen (Londoner Abkommen, Dawes-Abkommen) auferlegten Lasten sind dagegen so gewaltig, daß sie eine schwere Gefahr für unser gesamtes wirtschaftliches Leben bedeuten und die Frage offen bleibt, ob und wie lange die deutsche Gesamtwirtschaft diese Last zu tragen vermag. Einstweilen muß jedoch mit allen Mitteln versucht werden, die gegebenen Versprechungen einzuhalten, und jede Wirtschaftseinheit muß zu ihrem Teile an diesem Streben mitwirken. Das geht natürlich nicht ohne staatlichen Zwang, der heute allgemein unter dem Namen „Steuerdruck" bekannt und vielfach gefürchtet ist. Diese Abgaben aus den Erträgen der Unternehmung können nun auf dem Betriebe als solchen oder auf den von ihm durchgeführten wirtschaftlichen Vorgängen ruhen. Danach unterscheidet man unmittelbare (direkte) und mittelbare (indirekte) Steuern und Abgaben.

2. Unmittelbare Steuern.

Unmittelbare Steuern liegen vor, wenn der Wirtschaftsträger von seinem jährlichen Reingewinn, vom Vermögen, dem Grundstück oder dem erzielten Umsatz Abgaben zu entrichten hat. Wir sprechen hier von Einkommen-, Körperschafts- (bei Gesellschaften), Vermögens-, Grund- und Gewerbesteuer. Der Geschäftsinhaber muß im voraus mit diesen Abgaben rechnen und sie bei der Preisberechnung berücksichtigen, so daß sie schließlich doch auf den Warenpreis geschlagen — überwälzt, wie der Steuertechniker sagt — werden und insofern für den Abnehmer als mittelbare Steuern wirken. Ist eine teilweise oder völlige Überwälzung indes mit Rücksicht auf den in- und ausländischen Wettbewerb nicht möglich, so kann die hohe Steuerlast den gesamten Geschäftsertrag aufzehren, ja sogar zu Verlusten und damit schließlich zum Erliegen der Unternehmung führen, wodurch der Staat dann seinerseits infolge des Steuerausfalles geschädigt wird. Eine Überspannung der Steuern gräbt sich somit das eigene Grab.

3. Mittelbare Steuern.

Mittelbare Steuern oder Abgaben sind in ihrer Auswirkung häufig schwerer zu erkennen als die unmittelbaren, da sie auf einer großen Reihe wirtschaftlicher Vorgänge begründet sind. Zu diesen gehören: der Umsatz (Umsatzsteuer), die Überschreitung der Landesgrenze (Zölle), die Herstellung oder Veräußerung bestimmter Waren (Zucker-, Tabak-, Bier-, Wein-, Branntweinsteuer), ferner die Verkehrsleistungen der Eisenbahn und Schiffahrt und die Vorgänge auf dem Kapitalmarkt bei der Gründung von Erwerbsgesellschaften, der Ausgabe ihrer Anteile und dem Handel mit diesen oder mit öffentlichen Anleihen. Die mittelbaren Abgaben werden fast ausnahmslos auf den letzten Erwerber überwälzt und belasten so auch die Kreise der Bevölkerung, die sonst ihres geringen Einkommens wegen zu unmittelbaren Steuern nicht herangezogen werden.

Beispiel: Wenn eine Aktiengesellschaft gegründet wird, ist zunächst der Gründungsvertrag stempelpflichtig. Die zu erwerbenden Grundstücke unterliegen der Grundstücks-Umsatzsteuer, die herauszugebenden Aktien dem Aktienstempel. Handelt es sich beispielsweise um eine Zigarettenfabrik, so muß der eingeführte Tabak verzollt, die hergestellte Zigarette durch Steuerbänder versteuert und der Umsatz durch die Umsatzsteuer belastet werden. Der erzielte Jahresumsatz, die Arbeiterzahl, das Vermögen bilden die Grundlage für die zu entrichtende Gewerbesteuer. Vom Reingewinn muß schließlich Körperschaftssteuer gezahlt werden, während die Bezieher dieses Reingewinnes, der Aufsichtsrat, Vorstand und die Aktionäre von ihrem Gewinnanteil Einkommensteuer zu entrichten haben. Werden Aktien verkauft, so ist hierbei die sogenannte Börsen-Umsatzsteuer zu zahlen und der von dem Vorbesitzer hierbei etwa erzielte Gewinn unterliegt der Einkommens- oder Vermögenszuwachssteuer.

Das Beispiel zeigt, wie schwer es oft ist, sich Rechenschaft darüber zu geben, wieviel wirklicher Nutzen von dem ursprünglichen Reingewinn nach Abzug aller genannter Steuerarten dem Steuerpflichtigen noch verbleibt.

Zweiter Teil.

Der Warenhandel.

1. Allgemeine Grundlagen.

§ 27]

I. Die Ware.

1. Der Begriff „Ware".

Wie bereits mehrfach hervorgehoben, ist die Aufgabe des Kaufmanns in der Hauptsache die Beschaffung und Verteilung der Bedarfsgüter vom Erzeuger bis zum tatsächlichen Verbraucher. Trotz der unübersehbaren Fülle der wirtschaftlichen Güter lassen sich zwei große Gruppen trennen: die beweglichen Güter, die im Rechtssinne und Handelsbrauch allein den Namen „Ware" führen, und die unbeweglichen Güter wie Grund und Boden, Gebäude u. dgl. (Immobilien). Obgleich auch diese zweite Gruppe von hohen Bedeutung für das wirtschaftliche Leben ist, fehlt ihr doch infolge ihrer Unbeweglichkeit die Möglichkeit, leicht von einer Hand in die andere überzugehen. Der Handel mit Immobilien ist infolgedessen sehr erschwert. Der eigentliche Handel wird sich daher vorwiegend mit den Waren befassen, teilweise auch mit ihren Vertretern, die ein Recht auf Waren oder Warenwert geben, den Wertpapieren (Anleihen, Aktien) und Geld. Zunächst steht für uns im Mittelpunkt der Betrachtung die Ware im engeren Sinne als wichtigstes wirtschaftliches Gut zur Bedürfnisbefriedigung, und zwar nicht die Gewinnung und Erzeugung im technischen Sinne, sondern die Ware als Gegenstand des Güteraustausches.

2. Ware und Bedarf.

Der Grad des menschlichen Bedürfnisses an den einzelnen Waren wird sehr verschieden sein, je nachdem ob sie für die Erhaltung seines Lebens unbedingt erforderlich sind (Nahrungsmittel), oder nur zu seiner Annehmlichkeit dienen. Weiter ist von Bedeutung, ob das Bedürfnis ein dauerndes oder nur ein vorübergehendes ist. Ferner ist von größter Wichtigkeit, ob es sich um das Bedürfnis eines einzelnen Menschen, bestimmter Volkskreise, oder um die Bedürfnisse der Allgemeinheit handelt. Nach diesen Gesichtspunkten richtet sich einerseits der Umfang, anderseits die Dringlichkeit des Bedarfes. Ihnen gegenüber steht die Menge der zur Bedarfsdeckung zur Verfügung stehenden Waren, die Möglichkeit, diese Menge sofort, schnell oder nur langsam zu vermehren oder zu ergänzen und zwar zu gleichen oder aber zu erschwerten Bedingungen.

Beispiele: Am allgemeinsten ist auf der ganzen Welt der Bedarf an Getreide, da es zur menschlichen Ernährung unbedingt erforderlich ist. Da in jedem Monat des Jahres auf irgendeinem Teil der Erde Getreide geerntet wird und bei den heutigen Verkehrsmitteln ein Versand nach allen Teilen der Welt möglich ist, findet ein ständiges Verbrauchen auf der einen Seite, ein ständiger Nachschub von Vorräten auf der anderen Seite statt, ohne daß die Beschaffungsbedingungen in normalen Zeiten sich wesentlich ändern.

Als Deutschland während des Weltkrieges von den Haupterzeugungsländern abgeschnitten war, nahmen die Vorräte schnell ab, der Bedarf blieb mindestens der gleiche, daher wurde das Bedürfnis nach Getreide ein immer dringenderes. Das Gleichmaß zwischen Vorrat und Bedarf war allmählich so umgestaltet, daß die schwersten wirtschaftlichen Störungen eintraten.

Die Sorge um Brennstoffe wächst schon jetzt in bestimmten Ländern, da die Kohlenvorräte nur noch eine begrenzte Zeit ausreichen werden und nicht wieder ersetzt werden können; daher stammt das Streben in der Technik, Kohle durch andere Heizmittel (Petroleum) zu ersetzen.

II. Wert und Preis. [§ 28

1. Eignungswert.

Der **Grad der Dringlichkeit** des Bedürfnisses nach einer Ware drückt sich in dem **Wert** aus, der dieser Ware beigemessen wird. Der Wert zeigt demnach an, in welchem Maße die Ware sich zur Bedürfnisbefriedigung eignet, er wird daher auch als **Eignungswert** bezeichnet. Nun wird aber jeder Mensch andere Bedürfnisse oder die gleichen Bedürfnisse in anderer Stärke haben, so daß zunächst die Bewertung der Ware bei jedem einzelnen eine verschiedene sein wird.

Beispiele: Eine nach besonderer Vorschrift angefertigte Brille hat nur für die Person des Bestellers Wert, für keinen anderen Menschen. Ein Höhenmesser für Flugzeuge kommt nur für einen kleinen Kreis von Abnehmern in Betracht, ist für andere Menschen nahezu wertlos. Die Mehrzahl der Nahrungsmittel dagegen hat für die meisten Menschen den gleichen Wert.

2. Marktwert.

Zwischen dem Erzeuger bzw. Lieferer einer Ware und dem Verbraucher wird sich insofern ein Gegensatz herausbilden, als der eine versucht, unter möglichst geringem Kostenaufwand die Ware zu erhalten, der andere aber danach strebt, einen möglichst hohen Ertrag dafür zu erzielen. Der Austausch wird sich nur vollziehen können, wenn beide auf einer mittleren Linie zu einer Einigung, einer Willensübereinstimmung gelangen. Auch diese ist zunächst für je zwei Menschen auf verschiedener Grundlage zu suchen. Ist aber eine Ware von vielen begehrt und wird sie von vielen angeboten, so wird sich ein Wert herausbilden, der bei allen Tauschenden ungefähr der gleiche sein wird. Dieser Wert wird als **Marktwert** bezeichnet und kommt nur bei Waren vor, die in größeren Mengen umgesetzt werden.

Beispiel: Bei dem Verkauf eines alten Ölgemäldes ist die Bewertung von vielen Zufälligkeiten abhängig, die Ware ist überhaupt nicht wieder zu ersetzen, der Wert ist daher ein **Seltenheitswert** und nur für wenige Menschen von Bedeutung. — Bei dem Einkauf von Wolle wird sich der Käufer zunächst an vielen Stellen erkundigen können, wie hoch Wolle zur Zeit bewertet wird. Bei gleicher Güte der Ware wird er sie dort kaufen, wo er sie am billigsten erhält. Die anderen Verkäufer sind dadurch gezwungen, wenn sie ihre Ware absetzen wollen, sich nach den Preisen der niedriger anbietenden Verkäufer zu richten. Hier zeigt sich die Wirkung des Wettbewerbs, der Konkurrenz.

3. Der Preis.

Um einen allgemein verwendbaren **Maßstab für die Bewertung der Waren** zu haben, drückt man diesen Wert in einem Maß aus, das in einem ganzen Lande gleich ist und überall im Tausch gegen die Ware angenommen wird. Dieses Wertmaß ist das Geld; der in Geld ausgedrückte Tauschwert der Ware wird als **Preis** bezeichnet. Das Wertmaß ist solange gut verwendbar, als sich nicht seine eigene Bewertung ändert, wie dies zur Zeit der Inflation in Deutschland der Fall war. Ob dabei das Geld den Wert als Stoffwert besitzt (Goldmünzen), ob durch staatliche Maßnahmen oder auf anderem Wege (Kredit) ihm dieser Wert verliehen wird, ist dabei zunächst gleichgültig. Wesentlich ist nur, daß die Bewertung des Geldes sich stets gleich bleibt und allgemein ist.

a) Preisgrenzen. Eine Ware ist solange wertlos, als kein Bedürfnis danach, also kein Abnehmer dafür vorhanden ist. Aufgabe des Kaufmanns ist es nun, Erzeuger und Verbraucher zusammenzuführen, die Ware von dem einen zum andern zu übermitteln.

Hierbei wird der Verkäufer danach trachten, von dem Käufer zunächst Ersatz zu erhalten für den Aufwand, den die Ware verursacht hat. Diese seine Selbstkosten setzen sich bei den einzelnen Waren aus verschiedenen Teilen zusammen, je nachdem ob die Güter von dem Verkäufer selbst hergestellt oder ohne Bearbeitung weiter veräußert werden. Darüber hinaus strebt der Verkäufer nach Erzielung eines Gewinnes. Nehmen wir die Selbstkosten einer bestimmten Warengattung zunächst als feste Größe an, so entsteht der Verkaufspreis durch den Aufschlag eines beweglichen Gewinnes. Die Preishöhe ist aber an Grenzen gebunden.

b) Untergrenze: Selbstkosten. Auf die Dauer wird der Verkäufer, sei er Erzeuger oder ausschließlich Händler, eine Ware nicht unter den Selbstkosten abzugeben in der Lage sein. Zwar kommt es vor, daß diese Grenze vorübergehend unterschritten wird (Verlustpreise, Angstpreise, Schleuderpreise). Sind aber die Selbstkosten im Verkauf auf die Dauer nicht zu erzielen, so muß dies zu einem Aufhören der Warenvermittlung und im weiteren Verlauf zu einer Einschränkung oder zur völligen Einstellung der Erzeugung führen.

Beispiel: Solange die deutsche Kali-Industrie als einzige auf der Welt Kali erzeugte, wurde der Preis so hoch gehalten, daß auch die am ungünstigsten arbeitenden Werke aus dem Ertrage ihre Selbstkosten decken konnten. Als jedoch durch die Abtretung Elsaß-Lothringens diese Alleinherrschaft (Monopol) durchbrochen wurde, mußten die Kalipreise soweit herabgesetzt werden, daß die schwächsten Werke aus dem Ertrage nicht mehr die Erzeugungskosten bestreiten konnten; infolgedessen mußten sie ihre Betriebe schließen trotz der hohen darin angelegten Werte.

c) Obergrenze: Gebrauchswert, Kaufkraft. Unbedingt zum Leben nötige Güter müssen allerdings zu jedem Preise erworben werden; der Käufer bewertet die Ware zunächst nach dem Gebrauchswert, den sie für ihn persönlich hat. Dieser Gebrauchswert kann in Zeiten der Not (Krieg, Hungersnot) sehr hoch sein und damit die Kaufkraft des Abnehmers völlig aufzehren. Wird diese durch die notwendigsten Ausgaben nicht erschöpft, so wird er sich hier und da entschließen, für weniger notwendige Güter, an deren Erwerb ihm besonders liegt, auf Grund rein persönlicher Wertschätzung einen besonders hohen Preis zu bewilligen. So entstehen Liebhaberpreise und können Phantasiepreise erzielt werden. Die Obergrenze des Preises wird zunächst durch den Gebrauchswert der Ware bestimmt. Jeder wirtschaftlich Denkende wird zunächst die dringendsten Bedürfnisse befriedigen (Nahrung, Kleidung, Wohnung), aus den ihm verbleibenden Mitteln die weniger dringenden decken. Erst dann wird er Luxuswaren anschaffen, falls ihm noch ein Rest der Mittel verbleibt. Steigende Wohlhabenheit breiter Schichten ermöglicht daher den Absatz von Waren, die bei schlechter Wirtschaftslage unverkäuflich sind.

Beispiel: Während der ersten Nachkriegszeit war die wirtschaftliche Lage in Deutschland so gespannt, daß die Mehrzahl der Bevölkerung nur den dringendsten Lebensbedarf zu decken vermochte. Sie verzichtete daher auf Theater, Konzerte, Vergnügungsreisen und dgl., und diese Gewerbezweige kamen zum völligen Erliegen. Die geringe Zahl der Kriegsgewinnler vermochte für den Ausfall der großen Masse keinen hinreichenden Ersatz zu bieten. Mit dem Wiederaufblühen des Wirtschaftslebens konnten auch die oben genannten Betriebe erneut ins Leben treten.

Der Preis der Ware wird sich somit innerhalb der gekennzeichneten Grenzen gestalten. Davon ist auch die Höhe des zu erzielenden Gewinnes abhängig.

4. Vorrat und Bedarf.

Neben Selbstkosten auf der einen, Gebrauchswert und Kaufkraft auf der anderen Seite ist das Verhältnis von Vorrat und Bedarf für die Preisgestaltung von großer Bedeutung. Beide Größen lassen sich indes fast nie genau ermitteln, da Vorräte verheimlicht, über vorhandene falsche Nachrichten ausgestreut werden können, oder aber auch eine künstliche Verminderung der Vorräte herbeigeführt werden kann.

Beispiele: Bei sehr günstigen Kaffee-Ernten in Brasilien wird eine bestimmte Menge Kaffee von der brasilianischen Regierung angekauft und erst nach längerer Zeit allmählich abgegeben (Kaffeevalorisation). — Der Bedarf an Kautschuk hatte um 1900 die Anlage sehr zahlreicher Gummiplantagen verursacht, deren Erträge nach 15 Jahren (Beginn der Ertragsfähigkeit) so reich waren, daß ein plötzlicher Sturz der Rohgummipreise eintrat. Daraufhin beschloß der Bund der Gummipflanzer, nur noch drei Viertel des an sich möglichen Ertrages aus den Bäumen zu zapfen. Auf diese Weise erreichte er durch Verminderung des Vorrats eine Preissteigerung, die den Wert des ausfallenden Viertels Rohgummi mehr als ersetzte.

III. Die Weckung der Bedürfnisse. [§ 29

Der Bedarf hängt stark von der **persönlichen Einstellung** der Menschen ab. Sie zu beeinflussen, Bedürfnisse zu verstärken oder neue Bedürfnisse zu wecken gehört zu den ersten Aufgaben der **Werbetätigkeit** des Kaufmanns (Reklame). Je mehr es gelingt, ein Bedürfnis als dringend zum Bewußtsein zu bringen, um so höher wird der Wert des zu seiner Befriedigung dienenden Gutes eingeschätzt, um so mehr wird der Verbraucher der Ware bereit sein, einen höheren Preis für sie zu zahlen. Anderseits kann durch technische Erfindungen oder Änderung der Mode ein bis dahin vorhandener Bedarf plötzlich erlöschen. Die **Kunst des Kaufmanns** liegt darin, rechtzeitig **Dringlichkeit und Umfang** eines Bedürfnisses zu **erkennen, neue Bedürfnisse** wachzurufen und bestehende in die von ihm gewünschte Bahn zu lenken. Er wird ferner versuchen, beim Nachlassen eines Bedürfnisses durch Herabdrücken der Selbstkosten dieses Bedürfnis durch niedrigere Preise neu zu beleben oder durch Verbesserung der Erzeugnisse wach zu halten. Die beste technische Erfindung ist wertlos, wenn sie keinen wirtschaftlichen Erfolg erzielt. Nur die reine Wissenschaft wird dann noch Interesse daran haben. Die Bedürfnisfrage ist daher sorgfältig zu prüfen, bevor in ein neues Unternehmen größere Mittel hineingesteckt werden.

Beispiele: Die starke Verbreitung der Zigarette in Deutschland ist in der Hauptsache ein Erfolg der großzügigen Werbetätigkeit der Zigarettenfabriken. Ähnlich verdankte das Mundwasser Odol seine Einführung und Verbreitung nur der nachhaltigen Werbetätigkeit.

Durch die Erfindung der Margarine ist das Öl als Bratmittel fast ganz verschwunden. — Die Erfindung des künstlichen Indigos rief in dem Heimatlande des natürlichen Indigos — Indien — Hungersnöte hervor. — Die Entdeckung, aus Quecksilber Gold zu gewinnen, wird so lange ohne wirtschaftliche Bedeutung sein, wie die Kosten der Herstellung den Preis von natürlichem Golde übersteigen; die Herstellung künstlichen Gummis ist aus dem gleichen Grunde bis heute noch nicht im großen durchgeführt, obgleich sie technisch durchaus möglich ist.

1. Der Wettbewerb.

Der Warenhandel gleicht einem großen Kampfspiel, in dem auf der einen Seite die Käufer, auf der anderen die Verkäufer stehen, und in dem auf beiden Seiten Mann gegen Mann ficht, die schwächeren zuerst überrannt werden und bei sehr ungleichen Kräften schließlich auf der einen oder anderen Seite nur noch der stärkste Mann übrigbleibt, der den Siegespreis erwirbt. Dieser gewaltige **Kampf im Wirtschaftsleben** heißt **Wettbewerb, Konkurrenz.** Jeden Tag können neue Kämpfer aufstehen, die mit neuartigen Waffen in den Kampf eintreten und dadurch diejenigen aus dem Gefecht ausscheiden, die nicht rechtzeitig sich um die neuzeitliche Ausrüstung gekümmert oder die Stärke des neuen Gegners falsch eingeschätzt haben. Die beiden großen **Gegensätze** in diesem Kampfe heißen **Angebot** und **Nachfrage**; Angebot der Ware und Nachfrage nach ihr bestimmen die Gestaltung der Preise. Welche Gesichtspunkte auf ihre Höhe einwirken, wurde schon erörtert bis auf die Frage der Mitbewerber (Konkurrenten), die mit allen erlaubten Mitteln — leider auch häufiger mit unerlaubten — versuchen werden, ihr Angebot als besonders günstig hinzustellen, die Aufmerksamkeit der Käuferkreise darauf zu lenken und durch gute und preiswerte Lieferung die Abnehmer dauernd an ihr Haus zu fesseln. Der Wettbewerb ist es in erster Linie, der eine Überspannung des Unterschiedes zwischen Ein- und Verkaufspreis verhindert, der schwache und ungeschickte Kräfte ausschaltet und ein Umwerben der Käuferschichten erforderlich macht.

2. Die Ausschaltung des freien Wettbewerbs.

Dieser Kampf aller gegen alle kann teilweise oder fast ganz verhindert werden, wenn die Verkäufer oder — was seltener geschieht — die Käufer sich zusammenschließen, um den Wettbewerb auszuschalten. Das rheinisch-westfälische Kohlensyndikat, der amerikanische Stahl-Trust, die Standard-Oil-Company auf der einen Seite, die landwirtschaftlichen Einkaufsgenossenschaften, die großen Konsumvereine, die Wareneinkaufsgenossenschaften der Kleinhändler auf der anderen Seite sind Beispiele für diese Bewegung, deren Auswüchse schließlich nur durch staatlichen Eingriff beseitigt werden können. Anderseits verhindert der Zusammenschluß der Erzeuger die Vergeudung von Volksvermögen durch die Übererzeugung von Warenmengen, die schließlich nicht gebraucht werden können. Er verhindert die Vergeudung von Kraft durch einen ungesunden Wettbewerb und ermöglicht eine bessere und leichtere Verteilung der Waren an die Stellen des tatsächlichen Verbrauchs.

a) Einkaufsvereinigungen. Zwar bewahrheitet sich kaum in einem Berufe das Dichterwort „Der Starke ist am mächtigsten allein" so wie beim Kaufmann. Trotzdem gibt es eine Reihe von Gründen, die es gewissen Geschäftszweigen und Arten von Geschäften vorteilhaft erscheinen lassen, ihren Einkauf nicht jeder für sich, sondern gemeinsam zu besorgen. Von Geschäftszweigen kommen hier in erster Reihe solche in Frage, die überall mehr oder minder gleiche Massenwaren führen, bei deren Einkauf der persönliche Geschmack, das Streben danach, etwas anderes zu bieten als die übrigen Geschäfte gleicher Art, zum größten Teil ausscheidet. Lebensmittel-, Papierwaren-, Kurzwarengeschäfte gehören hierher. Sie erreichen durch den gemeinsamen Einkauf günstigere Preise, Frachtverbilligungen u. dgl. Für Geschäfte mit Luxuswaren und Modewaren sind derartige Einkaufsvereine weniger geeignet und tatsächlich auch kaum vorhanden.

Große Warenhäuser mit ihren tausenderlei Waren können sich indes auch für die letztgenannten Waren zu Einkaufsverbänden zusammenschließen, da sie an jedem Ort nur einmal vertreten sind und daher die Gefahr des gegenseitigen Wettbewerbes ausscheidet. Ihre Macht geht oft so weit, daß die Lieferer zu ihren Angestellten werden, mindestens aber sich in weitem Maße ihren Wünschen zu fügen haben und oft gezwungen sind, zu wenig gewinnbringenden Preisen zu liefern. In dieser Tatsache liegt zum Teil der große Vorteil der Warenhäuser und ihre Überlegenheit über die kleineren Geschäfte.

b) Absatzvereinigungen. Ausgeschaltet wird der Wettbewerb weiter, wenn sich die Verkäufer zusammenschließen und vereinbaren, nur zu bestimmten Preisen, unter bestimmten Lieferungs- und Zahlungsbedingungen und in bestimmten Gebieten zu verkaufen. Dann werden ihre Preise, wenn es ihnen gelingt, alle einschlägigen Werke in ihre Vereinigung einzubeziehen, also keine „Außenseiter" zu behalten, oft zu Monopolpreisen, denen der Käufer machtlos gegenübersteht. Indes ist die Gefahr solcher Verbände nicht immer so groß, wie es aus politischen Gründen von bestimmter Seite dargestellt wird. Nötigenfalls muß der Staat durch die gesetzlichen Maßnahmen die Käufer und Verbraucher vor einer Ausbeutung durch derartige **Kartelle, Syndikate, Konzerne** und **Trusts** schützen, soweit er dazu in der Lage ist. Das amerikanische Antitrustgesetz hat bewiesen, daß mit gesetzgeberischen Maßnahmen allein nicht immer das erstrebte Ziel erreichbar ist.

Wenn die Verkäuferkartelle ihren Mitgliedern die Innehaltung bestimmter Lieferungs- und Zahlungsbedingungen vorschreiben, so liegt auch hier die Gefahr nahe, daß diese den Käufer benachteiligen. Diese Möglichkeit rückt umso näher, je stärker die Monopolstellung des Kartells ist. Der einzelne Käufer steht solchen Kartellvorschriften in der Regel machtlos gegenüber. Ein Zusammenschluß der Käufer stärkt ihre Stellung und kann dahin führen, daß nun durch Verhandlungen von Verband zu Verband ein gerechter Ausgleich herbeigeführt wird.

IV. Der Einkauf als Vorbereitung des Verkaufs. [§ 30

Scheinbar sind Ein- und Verkauf der Ware zwei ganz getrennte Vorgänge. Indes ist bei dem Einkauf von Waren stets daran zu denken, daß er nur die **Vorbereitung des Verkaufes** bedeutet und daß daher **planmäßig eingekauft** werden muß. Beide Gesichtspunkte erfordern die volle Aufmerksamkeit des Kaufmanns, besonders wenn es sich um die Gründung eines Unternehmens handelt und der Kaufmann sich entscheiden muß, wo er sein Geschäft ins Leben rufen und welche Art von Waren er führen will.

1. Art des Geschäfts.

Die Beobachtung zeigt, daß die Bewohner kleinerer Orte in der Regel Neuerungen schwerer zugänglich sind als die **Großstädter**. Dementsprechend wird man in **kleinen Orten** andere Waren zu führen haben als in großen. Man wird vielfach noch Absatz finden für Waren, die in der Großstadt als überholt gelten. Das trifft besonders bei **Modewaren** zu.

Beispiel: Die schwarzen Abendmäntel (Capes) der Damen waren im Westen Berlins im Jahre 1922 in Mengen zu sehen, wirkten aber nur durch die Kunst des geschickten Tragens. In der Provinz dagegen haben sie sich überhaupt nicht eingebürgert.

Innerhalb der Stadt werden wiederum in den einzelnen **Stadtteilen** sehr verschiedene Bedürfnisse auftreten, je nach der sozialen Schichtung der betreffenden Straßen und der Lage des Geschäftes. An Punkten starken Verkehrs, dem Mittelpunkt des öffentlichen Lebens gelegene Geschäfte müssen mehr auf **Laufkundschaft** rechnen. Abgelegenere Geschäfte werden vielfach von dem sogenannten alten soliden Käuferkreis (**Dauerkunden**) bevorzugt, da dieser sich sagt, daß die hohen Unkosten der Ladenmiete usw. auf den Warenpreis geschlagen werden. Daher werden die Geschäfte in Nebenstraßen auf die soliden Ansprüche mehr Rücksicht im Einkauf zu nehmen haben als auf die ständige Ergänzung der Neuheiten. Oft sind **gleiche oder ähnliche Geschäftszweige** im Orte schon vertreten. Manche Lieferer legen Wert darauf, in jedem Orte nur einmal vertreten zu sein, z. B. Schuhfabriken, Büromaschinen-Fabriken usw. In diesem Falle wird sich der Unternehmer um die **Vertretung** anderer Fabrikmarken bemühen oder Waren übernehmen, die von der Konkurrenz noch nicht geführt werden. Ist ein großes Lebensmittelgeschäft vorhanden, so wird eine andere Firma ihren Betrieb vielleicht mehr zu einem **Fachgeschäft** für Delikatessen, Südfrüchte und dgl. umbilden, in diesen Waren besonders reiche Auswahl führen und so für diesen kleineren Kreis von Waren sich einen Ruf zu erwerben versuchen.

Beispiel: Ein Kurz-, Woll- und Handarbeitsgeschäft hatte schwer um sein Dasein zu kämpfen. Der Inhaber führte in seinem Wohnort durch Vorbild und rege Werbetätigkeit die Liebe zum

Winter- und Bergsport ein und beschaffte sich alle hierzu erforderlichen Ausrüstungsgegenstände. Nach einigen Jahren hatte sein Geschäft einen weitverbreiteten Ruf für diese Waren und ging ausgezeichnet.

2. Art der Käufer.

Besondere Rücksicht muß beim Einkauf auf die Berufsschichtung genommen werden, z. B. betreffs Berufskleidung, das in bestimmten Berufen (Bergleute, Zimmerleute) selbst mitzubringende Handwerkszeug usw. Auch bestimmte Gewohnheiten und Gebräuche der Bewohner in Nahrung und Kleidung sind zu beachten.

Beispiele: In dem ehemaligen Fürstentum Bückeburg tragen die Frauen noch heute die alte Tracht, zu der ganz bestimmte Stoffarten erforderlich sind, die in der Regel in den Fabriken erst besonders angefertigt werden müssen. — In Württemberg wird besonders viel Obst- und Beerenwein gekeltert und getrunken, zu dessen Herstellung besondere Geräte erforderlich sind. — In Bayern wird das Bier nur vom Faß verschenkt, Bierdruckapparate haben also keine Aussicht auf Absatz.

Ferner spielen die persönlichen Eigenschaften der Bewohner eine Rolle. Der leichtbewegliche Rheinländer liebt die Abwechslung, er will nicht immer die gleiche Ware verwenden. Der Ostpreuße dagegen hängt zäh am Alten, ebenso der Bewohner der Heide. Ihm muß möglichst jahraus, jahrein genau die gleiche Ware geboten werden können.

3. Auswahl und Mode.

Plötzliche Schwankungen oder Wechsel der Mode in der Zusammensetzung des Lagers machen vielfach eine grundlegende Änderung erforderlich. Dies trifft nicht nur auf die Modewaren im engeren Sinne zu, sondern auch auf andere Waren, bei denen eine Änderung der Geschmacksrichtung sich bemerkbar macht. Hier muß der Kaufmann mit scharfem und vorausschauendem Blick zu erkennen suchen, was die nächste Zeit erforderlich macht. Denn gerade in solchen Fällen wird derjenige das Geschäft machen, der als erster die Ware auf den Markt bringen kann.

Beispiel: Die Erfindung der elektrischen Anlasser bei Kraftwagen veranlaßte die Mehrzahl der Wagenbesitzer, ihre Autos mit dieser Einrichtung ausstatten zu lassen. Nach Deckung dieses ersten Bedarfs ist der Absatz in Anlassern natürlich sehr viel geringer.

Bei den Schwankungen der Mode und des Geschmacks ist indes der Kaufmann keineswegs nur der ausführende Teil der Wünsche der Abnehmer. Vielmehr muß sein Streben dahin gehen, durch Beschaffung geschmackvoller und zweckmäßiger Ware einen Einfluß auf die Abnehmer zu gewinnen, diese vor Geschmacksverirrungen und der Beschaffung unzweckmäßiger Waren zu schützen. Die Erziehung der Käufer in dieser Richtung ist einer der wesentlichsten Kulturaufgaben des Kaufmanns. Nichts ist verkehrter, als dem Käufer irgendeine schwer absetzbare Ware „aufhängen" zu wollen. Der kleine hierbei vielleicht erzielte Gewinn steht in gar keinem Verhältnis zu der Schädigung des Rufes des Geschäftes, sobald der Käufer merkt, daß er nicht gut bedient worden ist. Allerdings darf der Verkäufer nicht auf dem Standpunkt stehen, daß seine persönlichen Ansichten über Mode und Geschmack für andere Leute allein maßgebend sind. Vielmehr muß er schon beim Einkauf darauf achten, daß er den diesbezüglichen Anschauungen seiner Käufer Rechnung trägt.

Beispiele: Der Inhaber einer Geschäftsbücherfabrik, der festgebundene Bücher bevorzugt, muß auch die Käuferschichten berücksichtigen, die Anhänger des „Loseblattsystems" sind. — Eine Fabrik von Kunstgegenständen kann nicht nur Waren aus echtem Material herstellen, sondern muß auch auf die breite Schicht der Käufer Rücksicht nehmen, die sich mit Nachbildungen, z. B. vernickeltem Messing statt Reinnickel, begnügen müssen. — Ein Einkäufer, der Anhänger ruhiger Farben in Krawatten ist, wird trotzdem auch bunte und grelle — doch keine unschönen — Farbenzusammenstellungen für gewisse Käuferschichten bestellen müssen.

Den Schrecken aller Geschäftsinhaber bilden die „Ladenhüter", Waren, die sich als unverkäuflich oder doch sehr schwer verkäuflich erweisen. Der Vorwurf dieses geschäftlichen Fehlschlages trifft hier in der Regel den Einkäufer, der scheinbar einen Fehlgriff bei der Bestellung getan hat. Indes werden sich solche Ladenhüter nie ganz vermeiden lassen. Änderungen der Mode und des Geschmacks, technische Neuerungen und dgl. sind neben wirklichen Fehlern beim Einkauf häufig die Veranlassung hierzu. Eine genaue Überwachung der Lagerbestände im Hinblick auf die Lagerdauer der Waren, das Aussondern der „zurückgesetzten" Waren, das Herabsetzen der Preise und ein Hinweis in Zeitungsanzeigen und dgl. werden es oft ermöglichen, diese Waren noch abzusetzen, ehe sie gänzlich unverkäuflich sind.

4. Kaufkraft.

Von Beruf, Einkommen und Familienstand hängt die Kaufkraft der Abnehmerschichten ab; der Kaufmann muß somit auch diese beurteilen können. Gegenden mit durchweg armer Bevölkerung werden nur das zum Leben Notwendigste beschaffen können, für Luxuswaren aber im allgemeinen keine Verwendung haben. Indes müssen gerade die Geschäfte für wenig kaufkräftige Abnehmer sich vor der Gefahr hüten, sogenannte billige Ramsch- oder Schleuderware zu führen, die im Volksmunde gewöhnlich mit dem treffenden Ausdruck „Schund" belegt wird. Selbst die billigste Ware dieser Art ist zu teuer, bedeutet geradezu einen Betrug der Käufer, da ihre Verwendbarkeit und Haltbarkeit gleich Null ist. Jeder anständige Geschäftsmann sollte es ablehnen, derartige Waren zu führen und bei Nachfrage die Käufer über den Grund hierfür aufklären.

Die Kaufkraft der Abnehmer ist nicht immer die gleiche, das Auf- und Abschwanken der allgemeinen Wirtschaftslage spielt vielmehr hierbei eine große Rolle. Dabei kann die Schwankung der Kaufkraft örtlich sehr verschieden sein, z. B. auf dem Lande infolge einer sehr guten Ernte ausgezeichnet, in der benachbarten Stadt infolge des Darniederliegens der dort hauptsächlich vertretenen Maschinenindustrie äußerst gering. Bei den sogenannten Saisongewerben, z. B. Bauhandwerk, wird die Kaufkraft je nach der Jahreszeit verschieden sein. Da diese Leute in der Regel von der Hand in den Mund leben, wird z. B. ein Lebensmittelgeschäft im Sommer teurere Waren führen können als im Winter (z. B. im Sommer mehr Butter, im Winter mehr Margarine).

Im Großhandel werden wieder andere Gesichtspunkte für die Kaufkraft und die Kauflust der Abnehmer in Frage kommen, z. B. die Lage einzelner Gewerbezweige, die Wettbewerbsfähigkeit gegenüber ausländischer Ware, politische Einflüsse, auch berufspolitische einzelner Verbände usw. Das Verfolgen der Sparkasseneinlagen und der Kauflust der Nichtfachleute an der Wertpapierbörse, die Berichte der Eisenbahn über den Reiseverkehr, ebenso die Berichte der Kurorte geben oft wertvolle Anhaltspunkte für die Beurteilung der Kaufkraft und der gesamten wirtschaftlichen Lage.

V. Kosten und Preis. [§ 31

Bestimmt einerseits die Kaufkraft die Absatzfähigkeit der Ware, so wird für den Kaufmann die Höhe des an der Ware zu erzielenden Gewinnes von größter Bedeutung sein. Um diesen Gewinn im voraus überschlagen zu können, muß er sich ein genaues Bild machen, welche Zuschläge außer dem Gewinn auf die Ware kommen, bevor sie verkaufsbereit ist. Alle diese Zuschläge fassen wir unter dem Namen Kosten zusammen. Ihre Höhe und Verteilung auf die einzelnen Waren sowie auf die verschiedenen Geschäftsvorgänge zu kennen, ist unerläßliche Vorbedingung für eine erfolgreiche Durchführung des Geschäfts.

1. Arten der Kosten.

a) Allgemeine Einteilung. Jede Unternehmung erfordert zu ihrem Betriebe einen gewissen Aufwand von Kosten, die sich auf sehr viele verschiedene Posten verteilen können. Kosten entstehen bereits für das Heranschaffen der gekauften Rohstoffe oder Waren, für ihre Lagerung, Verwaltung und Sicherung gegen Schädigungen, weiter für die Vorbereitung und Durchführung des Verkaufs, in der Fabrik auch für die Herstellung (Löhne der erforderlichen Arbeitskräfte), für Geschäftsbücher, Briefbogen und die tausenderlei kleinen Anschaffungen, die zur ordnungsmäßigen Aufrechterhaltung des Betriebes erforderlich sind.

Einen nicht unerheblichen Teil der Kosten bilden die Zinsen für geliehene Kapitalien, die zu zahlenden Geschäftssteuern (nicht aber die Einkommensteuer der Inhaber) und die Bankspesen. Zu den Kosten gehören weiter die Verminderung der Anlagewerte durch die Abnützung und die Verminderung der Außenstände durch Verluste.

Diese kurze Aufzählung, die noch um viele andere Punkte vermehrt werden könnte, zeigt bereits, wie wichtig es für den Unternehmer ist, sich ein völlig klares Bild davon zu machen, wieviel Kosten einerseits *sein Unternehmen als Ganzes* in einer bestimmten Zeit erfordert, anderseits aber auch, wieviel *Kosten auf jedes verkaufte Stück* entfallen; denn nur durch eine genaue Errechnung der Kosten ist der Kaufmann in der Lage, seine Ware so billig wie möglich, aber dennoch gewinnbringend zu verkaufen. Die restlose Erfassung aller im Unternehmen entstehenden Kosten und ihre richtige Verteilung auf die einzelnen Waren gehört daher zu den wichtigsten, aber auch schwierigsten Aufgaben der Buchhaltung und Betriebsstatistik. Von ganz besonderer Bedeutung ist eine genaue Kostenerrechnung für die Fabriken. Je mehr es gelingt, die auf das einzelne Stück entfallenden Kosten herabzusetzen, um so größer ist die Aussicht auf einen guten Ertrag der Unternehmung. Allerdings darf eine solche Verminderung der Kosten nicht auf einer ungesunden Herabdrückung der Löhne und Gehälter der Arbeitnehmer beruhen; denn sie sind gewissermaßen die Mitschöpfer und Käufer der aus dem Unternehmen an den Markt gelangenden Güter und haben als solche einen berechtigten Anspruch an dem Ertrag, der ihrer Leistung entspricht.

b) Sach- und Leistungskosten. Um die Kosten zweckentsprechend aufteilen zu können, müssen sie nach verschiedenen Gesichtspunkten zergliedert werden. Am nächsten liegt die Einteilung nach Sach- und Leistungskosten. Unter *Sachkosten* verstehen wir dabei alle die Ausgaben, die zur Beschaffung von im Betriebe erforderlichen Gegenständen aufzuwenden sind, in einer Tischlerei z. B. für Holz, Nägel, Leim, Polier- und Färbmittel, Beizen u. dgl., ferner die Kosten des Stromverbrauches für den Antrieb der Maschinen, die Tilgungsraten für die Maschinen selbst, für Ersatzteile usw. *Leistungskosten* sind in der Hauptsache Gehälter und Löhne, Provisionen für Reisevertreter, Einkaufsspesen an Kommissionäre und Makler, Frachten und Fuhrlöhne. Während die Sachkosten nicht immer sofort im Betriebe aufgehen, vielmehr dafür beschaffte Vorräte auch in den nächsten Geschäftsabschnitt mit übergehen können, werden Leistungskosten fast stets für bereits geleistete Arbeit aufgewendet. Ihr Gegenwert steckt dann bereits in der erzeugten Ware darin.

Neben den eben genannten Kosten sind nicht unerhebliche Aufwendungen zu machen, die dazu dienen sollen, das *Leben des Betriebes zu gewährleisten*, dessen reibungslose Bewegung auch in schwierigen Zeiten, bei schlechtem Geschäftsgange oder eintretenden Verlusten zu ermöglichen. Versicherungsprämien, Wohlfahrtseinrichtungen für die Arbeitnehmer, Rücklagen für Neuanschaffungen und Erweiterungen gehören hierher. Werden alle diese Kosten zusammengerechnet und der Anteil des einzelnen Stückes an ihnen ermittelt, so erhalten wir dessen *Selbstkostenpreis*.

c) Besondere und allgemeine Kosten. Nicht alle Kosten lassen sich ohne weiteres auf das einzelne Stück umrechnen; wir unterscheiden daher besondere (spezielle oder spezifische) und allgemeine Kosten. Ein Beispiel wird dies am besten veranschaulichen.

Beispiel: In einer Fabrik steht eine Anzahl von Maschinen, auf denen Schrauben hergestellt werden, und zwar auf jeder Maschine stündlich die gleiche Stückzahl. Für jede einzelne Maschine werden nunmehr ermittelt: der Kraftverbrauch (Strom-, Dampfkosten), der Verbrauch an Schmiermitteln, der Rohstoffverbrauch, der Lohn des bedienenden Arbeiters, die Tilgungskosten der Maschine, die sich nach deren Anschaffungspreis und ihrer Lebensdauer richten, die Kosten für die auf den Platz der Maschine entfallende Miete, der Verbrauch an Seife für das Seifenwasser, das zur Herstellung erforderlich ist und die Kosten für Ersatzteile (Drehstähle usw.). Diese Kosten lassen sich genau ermitteln und auf die Stunde sowie das Stück berechnen, es sind die besonderen Kosten.

Die Gehälter für den Werkmeister, den Ingenieur, den Pförtner und das kaufmännische Personal dagegen, für die Versicherung der Fabrik, für die zu zahlenden Gewerbesteuern und alle sonstigen rein kaufmännischen Unkosten können nicht in dieser Weise für die einzelne Maschine errechnet werden. Ist also nach Ermittlung der Stundenleistung der Maschine (Anzahl der angefertigten Schrauben) festgestellt, wieviel besondere Kosten jedes einzelne Stück zu tragen hat, so muß noch ein Zuschlag für die allgemeinen Kosten erfolgen, die nach einem bestimmten Schlüssel zu ermitteln sind. Man kann zu diesem Zweck die besonderen Kosten der Gesamterzeugung in einem gewissen Zeitraum ermitteln und für die gleiche Zeit die Summe aller allgemeinen Kosten. Aus dem Verhältnis der beiden Summen zueinander errechnet man dann, wieviel allgemeine Kosten auf jede Mark der besonderen Selbstkosten entfallen.

Eine weitere Einteilung der Kosten würde sich ergeben, wenn wir berücksichtigen, in welchem Augenblick des Betriebsvorganges sie entstehen. Danach wären zu trennen: Einkaufs-, Bezugs-, Lagerungs-, Werbe-, Absatz- und Versandkosten sowie Deckungskosten, die durch die Beschaffung der Zahlungsausgleichsmittel erwachsen.

d) Feste und veränderliche Kosten. Für die Frage der Wirtschaftlichkeit der Unternehmung wichtig ist schließlich die Einteilung in feste und bewegliche oder veränderliche Kosten. Auch hier mag ein Beispiel zeigen, welche Bedeutung dieser Einteilung innewohnt.

Beispiel: Für die Herstellung einer Zeitung ist zunächst die Heranschaffung des Zeitungstextes erforderlich. Die Kosten hierfür, z. B. Entschädigung an die Verfasser, das Aufnehmen von Rundfunkmitteilungen, die Arbeit der Schriftleiter usw. sind immer ungefähr die gleichen, mag die Zeitung in einer großen oder kleinen Auflage gedruckt werden. Das geschriebene Wort muß nunmehr gesetzt, Zeichnungen müssen auf Druckplatten übertragen und der Satz muß für die Druckerpresse vorbereitet werden. Diese Kosten sind noch mehr als die erste Gruppe unabhängig davon, wieviel Zeitungen nachher gedruckt werden, auch sie gehören zu den festen Kosten. Alle zum Setzen und Drucken erforderlichen Maschinen und Geräte müssen vorhanden sein, die Verzinsung und Tilgung des dafür aufgewandten Geldes muß auf alle Fälle erfolgen, selbst wenn die Arbeitsgeräte überhaupt nicht benutzt werden. Das Gleiche gilt für die Gebäude, in denen die Druckerei untergebracht ist. Dagegen richten sich die Kosten für das Druckpapier, die Druckerschwärze, den Kraftverbrauch und die Beförderung der Zeitungen durch Boten oder die Post nach der Höhe der Auflage, sie entsprechen als bewegliche Kosten der Höhe der Auflage, sind dieser entsprechend (proportional).

Es ist nun ohne weiteres ersichtlich, daß eine kleine Auflage der Zeitung verhältnismäßig viel teurer zu stehen kommt als eine große; denn die festen Kosten verteilen sich hier auf die höhere Stückzahl, ohne daß sie wesentlich wachsen. In dieser Tatsache liegt bei fast allen mit Maschinen betreibbaren Gewerben die Überlegenheit des großen Betriebes gegenüber dem kleinen.

2. Die Selbstkosten.

a) Vor- und Nachrechnung (Kalkulation). Die große Bedeutung der Kosten in der Unternehmung läßt verstehen, daß nur der Unternehmer auf die Dauer einen gleichmäßigen Ertrag zu erzielen vermag, der durch einen Voranschlag sich zunächst ein genaues Bild von den voraussichtlichen Kosten macht und diese selbst zuverlässig erfaßt und auf das einzelne Stück umlegt. Durch eine Nachrechnung überprüft er, wieweit die tatsächlichen Kosten sich mit den vorgesehenen decken, und, falls dies nicht der Fall ist, welche

Gründe die Abweichung herbeigeführt haben. Nur so wird es gelingen, die Kosten auf den jeweils niedrigstmöglichen Satz herabzudrücken, Verschwendungen oder Veruntreuungen im Betriebe nach Möglichkeit zu verhindern und damit ein günstiges Ergebnis herbeizuführen.

Bei der Vorrechnung (Vorkalkulation) müssen feste, auf der Erfahrung oder auf Schätzungen beruhende Zahlen zur Verfügung stehen, auf Grund deren der Unternehmer überschlägt, ob das Geschäft ihm auch den nötigen Erfolg bringen wird. Hierbei können auch Tatsachen in Rechnung gestellt werden, deren Eintritt erst in der Zukunft erwartet wird, ja, gerade darauf beruht meist der Haupterfolg des weitblickenden Unternehmers.

Beispiel: Eine Baumwollspinnerei steht vor der Frage, ob sie ihren Bedarf für die nächsten Monate schon heute eindecken oder die nächste Ernte abwarten soll. Sie ersieht aus den Ernteberichten, daß eine ungünstige Ernte in Aussicht steht, der zufolge die Preise voraussichtlich steigen werden. Sie berechnet weiter, wieviel Geld sie bei sofortigem Kauf aufwenden muß, wieviel Zinsen sie für die betreffenden Monate dafür zu zahlen hat, was die Lagerung der Ware während dieser Zeit kosten wird und vergleicht die tatsächlichen Kosten bei sofortigem Kauf mit den voraussichtlichen Kosten bei Kauf nach der neuen Ernte. Nach Ermittlung des Ergebnisses wird sie sich zu entscheiden haben, ob sie das eine oder das andere tun will.

Waren-Ein- und Verkauf, der solche künftigen Ereignisse und Möglichkeiten mit in Rechnung stellt und sich von ihrem wahrscheinlichen Ausfall in erster Linie leiten läßt, wird als Spekulationshandel bezeichnet; er ist im Großhandel und Auslandsgeschäft von ausschlaggebender Bedeutung.

Jeder Vorrechnung wird eine Nachrechnung (Nachkalkulation) zu folgen haben, in der die tatsächlichen Erfolge mit den veranschlagten verglichen und die nötigen Schlüsse daraus gezogen werden, sei es nun die Bestätigung, daß der gewünschte Erfolg erzielt ist, sei es die Tatsache, daß er ausgeblieben ist. Im letzten Falle ist den Fehlerquellen nachzugehen, um in Zukunft ähnliche Fehlschläge zu vermeiden. Natürlich können auch unvorhergesehene Ereignisse, z. B. Krieg, plötzliche Änderung von Steuern oder Zöllen, Erhöhung der Frachtsätze und dgl. günstig oder ungünstig auf das Ergebnis einwirken.

Besonders wichtig ist bei allen Berechnungen die richtige Einstellung der Unkosten, die daher sorgfältig aufgezeichnet und in der richtigen Weise auf die einzelnen Geschäftsvorgänge verteilt werden müssen. Leicht ist diese Berechnung bei unmittelbaren Kosten, z. B. Zoll auf eine bestimmte Ware, schwer dagegen bei den allgemeinen Unkosten wie Miete, Licht, Gewerbesteuer, Gehälter für die Angestellten usw. Hier werden die Kosten im allgemeinen in ein Verhältnis zum Umsatz gesetzt.

Beispiel: Der Warenumsatz eines Geschäftes beträgt im Jahre RM 100000, die gezahlten Gehälter belaufen sich auf RM 3500, die allgemeinen Unkosten auf RM 6400, die Steuern auf RM 1600. Dann betragen die gesamten Unkosten RM 11500 oder 11,5 v. H. der Verkaufspreise. Will der Unternehmer einen Reingewinn von 10 v. H. an dem Verkauf erzielen, so muß er auf die durch den Einkauf verursachten Selbstkosten zunächst einen entsprechenden Vomhundertsatz für allgemeine Unkosten (11,5) aufschlagen und außerdem den gewünschten Satz für den Reingewinn.

Eine falsche Kostenrechnung wird stets nachteilig für den Geschäftserfolg sein. Werden die Kosten zu niedrig berechnet, so wird zwar infolge der niedrigen Preise ein lebhafter Absatz erzielt, der jedoch vielleicht verlustbringend statt gewinnbringend ist. Werden die Unkosten zu hoch berechnet, so wird die Ware, da zu teuer, nur schwer Abnehmer finden und dadurch den Gesamtgewinn verringern.

b) Hilfsmittel der Selbstkostenrechnung. Zur Aufstellung einer einwandfreien Kostenberechnung ist eine genaue Aufzeichnung aller Geschäftsvorfälle rechnerischer Art erforderlich. Diese Aufgabe erfüllt, wie schon früher gezeigt, die Buchführung (Vgl. S. 57). Dort wurde bereits gesagt, daß die Aufteilung der Kosten nur in der doppelten

Buchführung möglich ist. Bei dieser hat man die Wahl zwischen der älteren, als deutsche (oder italienische) bezeichneten, und der Tabellen- oder amerikanischen Buchführung. Beide Verfahren haben ihre Vor- und Nachteile. Bei der deutschen Buchführung muß ein Sammeln und Übertragen der Grundbuchungen in das Hauptbuch erfolgen, was meist erst am Monatsende geschieht und viele Fehlerquellen in sich birgt. Die Tabellenbuchführung vereinigt Grund- und Hauptbuch nebeneinander in einem Buch, erspart dadurch viel Schreibarbeit und die Gefahr von Übertragungsfehlern. Sie läßt aber in ihren reinen Form nur eine gewisse Anzahl von Konten zu, da die Bücher (amerikanisches Journal) sonst zu breit werden. Eine Verbindung der deutschen und der Tabellenbuchführung ist daher vielfach versucht und durchgeführt, enthält naturgemäß aber die Fehlerquellen beider Verfahren.

Die Vorteile beider Verfahren ohne ihre Nachteile vereinigt dagegen die Durchschreib-Buchhaltung, bei der Karteien für die Personen- und Sachkonten entweder mit festen Büchern (Hinz-Buchhaltung) oder mit losen Blättern (Taylorix- und Ruf-Buchhaltung) verbunden werden. Die Zahl der Karten kann dabei beliebig groß sein und durch Bildung von Konten-Gruppen, Ober- und Unter-Konten in übersichtlicher Weise angeordnet werden.

Die wichtigste Aufgabe ist hierbei die Aufstellung eines auf die besonderen Bedürfnisse der betreffenden Unternehmung zugeschnittenen Kontenplanes, auf Grund dessen die Kontenblätter eingerichtet werden. Alle beim Karteiwesen (S. 59) genannten Einrichtungen, wie mehrfarbige Karten, Reiter, Ordnungsnummern usw. werden dabei ausgenutzt. Sie führen zu einer sehr erheblichen Arbeitsersparnis, geben die Möglichkeit engster Verbindung von Kostenrechnung und Buchhaltung infolge der weitgehenden Kostengliederung und weiter die Möglichkeit der stets fertigen Rohbilanz. Aus all diesen Gründen findet die Durchschreibbuchführung neuerdings auch immer mehr Eingang.

Kostenberechnung und Buchführung werden meist von verschiedenen Personen erledigt, bilden aber, wie eben gezeigt, ein untrennbares Ganzes.

Beispiel: Im Sauerland geriet 1907 eine mittlere Maschinenfabrik, die stets sehr

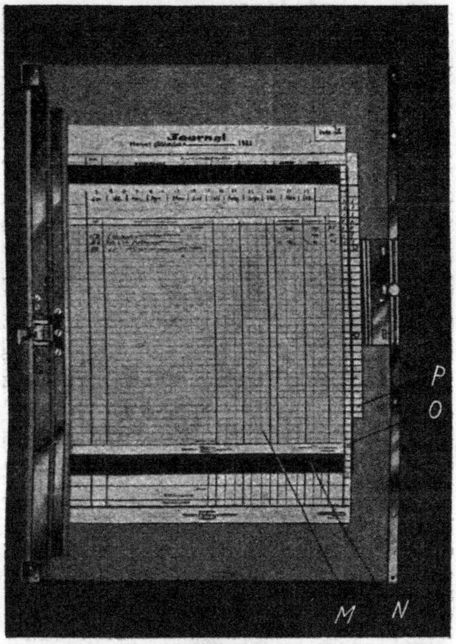

Abb. 38:
Mit einer Niederschrift kann beim Taylorix-Verfahren die ganze Buchhaltung mit vollem Text dreifach erstellt werden:
Abb. 38 zeigt den Buchungsapparat, in welchem von oben nach unten Einzelkonto (M), Kohlepapier (N), Journal (O), Kohlepapier, Gruppen- oder Bilanzkonto (P) eingespannt sind.
Die Kontenblätter werden mit Original-Tintenschrift direkt bebucht, die Journalblätter sammeln in Durchschrift alle Buchungen in zeitlicher Folge, die Gruppenkontenblätter nehmen alle zu einer Kontengruppe gehörigen Umsätze als zweite Durchschrift auf. Die Übereinstimmung der Summen der Gruppenkontenblätter mit den Summen der Journalblätter bildet die Kontrolle für die richtige Verbuchung.
Die Salden aus den addierten Gruppenkontenblättern ergeben für jeden beliebigen Zeitpunkt die stets fertige Rohbilanz.
(Taylorix Organisation, G. m. b. H. Stuttgart.)

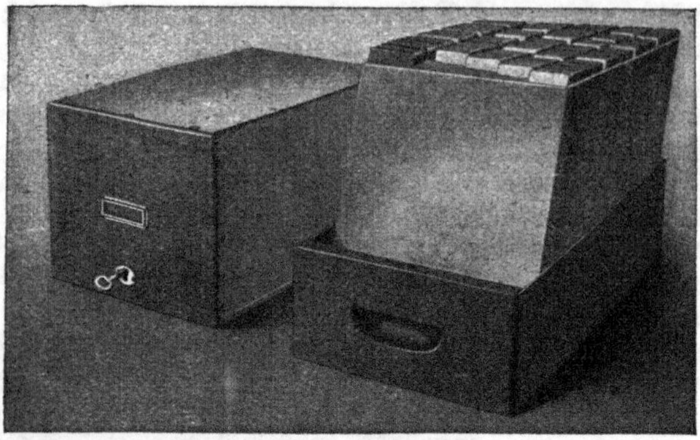

Abb. 39: Die gesamte Buchhaltung, in einem Kasten untergebracht.

gut beschäftigt war, in Konkurs. Die Nachprüfung ergab, daß zwar jedes Jahr ein Abschluß gemacht, aber seit acht Jahren die Lagerbestände nie nachgeprüft worden waren. Die Fabrik hatte daher stets zu billig verkauft und trotz des anscheinend glänzenden Geschäftes ständig Geld zugesetzt.

Die Buchführung gibt auch insofern ein Bild von dem Verlauf des Geschäftes, als sie aufzeigt, wie durch den Wareneinkauf und -verkauf Schuld- und Gläubigerverhältnisse entstehen und wie im umgekehrten Verlauf die Zahlung den Ausgleich dieser Rechtsverhältnisse bewirkt. Rechtzeitige Begleichung der Schulden und rechtzeitiger Eingang der Außenstände, nötigenfalls deren Einziehung nach vorhergegangener Mahnung oder zwangsweise Eintreibung sind somit nur mit Hilfe einer übersichtlichen, vollständigen, zuverlässigen und bis auf den letzten Tag in Ordnung gebrachten Buchführung möglich.

Während die Buchführung über den jeweiligen Stand aller rechnerischen Verhältnisse im Unternehmen Aufschluß gibt, ist es die Aufgabe der Statistik, diese Rechnungsergebnisse für längere Zeiten übersichtlich zusammenzustellen, miteinander zu vergleichen und die für das Geschäft erforderlichen Schlüsse daraus zu ziehen. Einige Beispiele mögen hier an die Stelle längerer Erklärungen treten.

Beispiele: Ein Warenhaus steht vor der Frage, ob es sich lohnt, das Geschäft im Winter statt um 6 erst um 7 abends zu schließen. Die Buchführung liefert hierfür folgende Unterlagen: Licht- und Kohlenverbrauch in jedem Monat der Vorjahre, täglicher und monatlicher Umsatz im Warenverkauf. Für das erste Jahr der Offenhaltung des Geschäftes wird der Umsatz an Waren nach 6 Uhr in den Kassen getrennt gebucht. Die Buchführung ergibt weitere Unterlagen für den durchschnittlich an den Waren erzielten Reingewinn. Die Statistik vergleicht nun: Warenumsatz nach 6 Uhr, Prozentsatz des Reingewinnes am Warenumsatz, Kosten für Licht und Heizung bzw. Mehrverbrauch im letzten Jahre. Sie ermittelt durch Vergleich dieser Zahlen, ob das längere Offenhalten des Geschäftes wirklich einen Reingewinn abgeworfen hat. Weitere Überlegungen, wie etwaige Abwanderung der Kundschaft nach anderen Geschäften, die dann auch am Tage besucht werden usw., sind nicht mehr Aufgabe der Statistik, sondern der Geschäftsleitung.

Ein großes Geschäftshaus hat eine eigene Lichtanlage. Die Buchhaltung weist die Kosten dieser Anlage und die Menge des erzeugten Stromes nach. Die statistische Abteilung vergleicht diese Kosten mit den Preisen der auswärtigen Stromquellen, und ermittelt so, ob der Anschluß billiger kommt als die eigene Anlage.

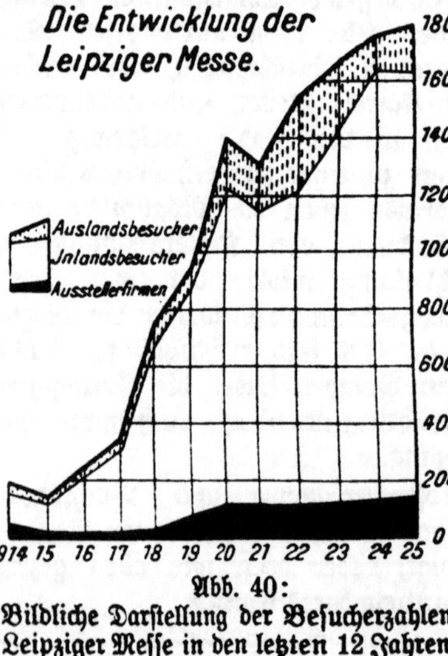

Abb. 40: Bildliche Darstellung der Besucherzahlen der Leipziger Messe in den letzten 12 Jahren, der Art der Besucher sowie Zahl der Aussteller.

Die Buchführung und die Kalkulation weisen die Selbstkostenpreise des beim Erzeuger gekauften Weizens nach. Die Statistik vergleicht diese

Preise für längere Zeit mit den Getreidepreisen an der Berliner Getreidebörse und stellt so den Unterschied zwischen den Kosten beider Preise fest.

Die Eigenart der Statistik bringt es mit sich, daß lange Reihen oft großer Zahlen untereinandergestellt und miteinander verglichen werden müssen. Da aber Zahlenreihen recht unübersichtlich sind, werden sie oft bildlich dargestellt. Auf diese Darstellungsweisen kann hier nur kurz hingewiesen werden. Sie geben entweder den augenblicklichen Stand einer Tatsache an oder zeigen die laufenden Veränderungen.

Beispiel: Der Einkaufspreis einer Ware beträgt *RM* 658, die darauf ruhenden Unkosten belaufen sich auf *RM* 164.50; die Verhältnisrechnung ergibt 80 v. H. Einkaufspreis, 20 v. H. Unkosten. So sind die Zahlenwerte leicht zu überblicken.

Eine gut geleitete Statistik kann einem Unternehmen außerordentlich wertvolle Dienste leisten und fehlt heute in keinem neuzeitlich geleiteten Geschäft mehr.

Hat der gewissenhafte Unternehmer alle Vorfragen über Art der Ware, Lage des Geschäfts, Art der voraussichtlichen Abnehmer und Grundlagen der Kosten sowie Gewinnmöglichkeit gelöst, so wird er mit einer gewissen Ruhe an die Durchführung seiner Pläne gehen und mit dem Wareneinkauf beginnen können.

2. Der Wareneinkauf.

A. Die Durchführung des Einkaufes.

I. Ermittlung des Bedarfs. [§ 32

Im Warenhandelsgeschäft beginnt die Tätigkeit des Kaufmanns in der Regel mit dem Einkauf der Waren, die später wieder abgesetzt werden sollen. Maßgebend für die Art und Höhe dieser Einkäufe ist die Größe und Schnelligkeit des Umsatzes in der betreffenden Ware. Um diesen feststellen zu können, ist in jedem größeren Geschäft eine genaue Kontrolle und Statistik des Umsatzes erforderlich. In welcher Weise in einem neuzeitlich organisierten Geschäft sich fast die gesamte Einkaufstätigkeit auf zwangläufiger Grundlage aufbaut, soll in der nachstehenden Darstellung gezeigt werden.

1. Lagerkarten.

Für jede wichtigere Ware wird eine Lagerkarte geführt, auf der Tag und Menge der jeweiligen Ein- und Ausgänge unter Hinweis auf die entsprechende Buchung sowie der verbleibende Bestand in drei verschiedenen Spalten geführt werden. Durch Zusammenzählen der ersten und zweiten Spalte kann jederzeit der Gesamteingang und -ausgang im Laufe des Jahres errechnet werden, zunächst wenigstens der Menge nach. Werden zu jedem Ein- und Ausgangsposten die Beträge der Rechnungen hinzugefügt, so gibt die Karte gleichzeitig Auskunft über die Höhe des Umsatzes dem Werte nach. Am Ende des Geschäftsjahres, meist auch monatlich, wird die Karte abgeschlossen und so der Jahres- bezw. Monatsumsatz der betreffenden Ware nach Menge und Wert im Ein- und Ausgang ermittelt. Sind zu dem Betrage der Eingangsrechnung außerdem in einer besonderen Spalte die auf dieser Ware ruhenden Einkaufsspesen gerechnet worden, so daß die Karte die Gestehungskosten der Waren aufweist, so ermöglicht sie ferner, den Rohgewinn an dieser Ware festzustellen und damit ein Bild von deren Bedeutung für den geschäftlichen Erfolg zu geben. (Vgl. das nachstehende Muster.)

Am Kopf der Lagerkarte werden weiter die Höhe des letzten Jahresumsatzes und der sogenannte eiserne Bestand angegeben, das heißt die Menge von Waren, die min-

Lagerkarte.

Umsatz 1925: 216 Dtzd.
Eiserner Bestand: 30 Dtzd.

Messer und Gabel (Eßbestecke) mit Ebenholzgriffen. Preisliste Nr. 724.

1926

	Eingang													Ausgang							Bestand	Bemerkungen:
	Tag	Dtzd.	Preis je Dtzd.		Betrag		Buchg.	Einkaufsspesen		Selbstkosten je Dtzd.		Selbstkosten Betrag		Tag	Dtzd.	Verkaufspreis je Dtzd.		Betrag		Buchg.	Dtzd.	
	1./1.	46	30	00	1380	—	J. 1	28	—	30	50	1403	—	30./3.	15	40	—	600	—	M.17	31	
	7./4.	100	28	—	2800	—	M.44	48	50	28	49	2848	50	9./5.	30	40	—	1200	—	„ 63	101	
														16./8.	60	38	—	2280	—	K. 14	41	
	11./9.	100	27	50	2750	—	„ 104	49	20	27	99	2799	20	15./9.	70	40	—	2800	—	M.38	71	
														12./12.	40	39	—	1560	—	K. 90	31	
																						Wert d. Bestandes
		246	28	17	6930	—		120	70	28	66	7050	70		215			8440	—		31 × 28.66	RM 888.46

destens stets vorhanden sein muß. Für den Leiter der betreffenden Abteilung des Geschäftes ist es an Hand der Karte somit leicht, mittels eines **Bestellscheines** bei der Einkaufsabteilung des Geschäftes genau Art, Menge und letzten Preis der Waren anzugeben, die zur Ergänzung seines Lagers neu beschafft werden müssen. Diese Meldung muß, wie alle Vorgänge von irgendwelcher Wichtigkeit in einem größeren Geschäft, schriftlich erfolgen, damit der gesamte Vorgang auch später für jeden Nichtbeteiligten bedeutlich erkennbar ist und nichts vergessen werden kann.

2. Begrenzung des Einkaufs.

In größeren Geschäften muß für jede Abteilung ein bestimmter **Haushaltsplan für den Einkauf** festgesetzt werden, der sich nach dem Umsatz in den einzelnen Waren zu richten hat. Dabei ist zu beachten, daß Massenartikel (Lebensmittel, Haushaltswaren des täglichen Bedarfs) eine schnellere **Umlaufszeit** haben als Modewaren, bei diesen die billigen Waren wieder eine kürzere Umsatzzeit als die teuren.

Beispiel: Prof. Schär hat errechnet, daß die durchschnittliche Lagerdauer in einem Goldwarengeschäft 700 Tage betrug, in einem Schuhgeschäft 440 Tage, in einem anderen dagegen nur 180 Tage, in einem Lebensmittelgeschäft sogar nur 65 Tage. Ein großes Berliner Warenhaus erzielte eine durchschnittliche Lagerdauer von nur 60 Tagen, während man in einem Modewarengeschäft im allgemeinen höchstens mit einem dreimaligen Umsatz im Jahre rechnen kann.

Die Festsetzung einer **Höchstsumme** für den Einkauf einzelner Warengruppen darf indes nur ein ungefährer Anhalt sein. Schwankungen der Kaufkraft können eine Erhöhung oder eine Ermäßigung bedingen, ebenso können besondere Veranlassungen einen stärkeren Einkauf notwendig machen.

Beispiel: In einem Kurort mit starkem Fremdenverkehr wird der Geburtstag eines dort geborenen Komponisten durch eine großzügig angelegte Musikwoche gefeiert. Die Buchhandlung des Ortes muß Textbücher und Klavierauszüge der Werke dieses Komponisten in viel größerem Umfange als in anderen Jahren rechtzeitig beschaffen.

3. Bezugsquellen.

a) Auswahl. Hierbei müssen alle persönlich und mit Hilfe der Statistik des Geschäftes gemachten Erfahrungen verwertet werden. Viele Geschäfte machen den Angestellten der Einkaufsabteilung strengstes **Verschweigen der Bezugsquellen** nicht nur den Käufern gegenüber, sondern auch gegen die übrigen Angestellten des Hauses zur Pflicht. Eigentlich dürfte eine derartige besondere Anordnung nicht mehr erforderlich sein, da sie in einem gut geleiteten Unternehmen zu den Selbstverständlichkeiten gehört. Eine gewisse Gefahr liegt in der persönlichen Vorliebe des Einkäufers für die eine oder andere Firma, da durch **einseitige Eindeckung** die Vielseitigkeit der Auswahl nachteilig beeinflußt wird und so der ganze Absatz des Geschäftes Schaden leiden kann.

Leider ist heute das **Schmiergelderunwesen** weit verbreitet, d. h. die Annahme von Geschenken oder sonstiger Vorteile von seiten der Einkäufer, um eine einseitige Bevorzugung einer bestimmten Firma zu erreichen. Genaue Überwachung führt hier häufig nicht zum Ziel; die Auswahl durchaus zuverlässiger Personen und eine hinreichende Bezahlung für ihre verantwortungsvolle Tätigkeit werden in der Regel die besten Vorbeugungsmittel sein. Anderseits kann ohne böse Absicht eine starke Beeinflussung durch die **Überredungskunst** von Reisevertretern entstehen; daher dürfen nur Personen den Einkauf übernehmen, die genügend Charakterfestigkeit und Willenskraft besitzen, um sich diesem Einfluß zu entziehen.

Ein **zu reichlicher Einkauf** (das Sichüberkaufen) führt zu einem im Verhältnis zum Umsatz viel **zu großen Lagerbestande**, der die Kosten der Lagerverwaltung, die Verzinsung des darin angelegten Kapitals, ein Veralten der Lagerbestände oder ihren Vererb zur Folge hat. Dadurch ist das Geschäft gezwungen, infolge der größeren Unkosten die Preise zu erhöhen und so seine Wettbewerbsfähigkeit anderen Unternehmen gegenüber herabzusetzen. Waren, die sich als schwer verkäuflich erwiesen haben, müssen ebenso ausgeschaltet werden wie Lieferungen von Firmen, deren Erzeugnisse sich nicht einwandfrei bewährten, oder die durch unpünktliche Lieferung Unannehmlichkeiten verursacht haben. Anderseits darf der Kaufmann besonders bei der Einführung neuer Waren nicht allzu kleinlich sein. An ihnen kann er häufig besonders gut verdienen. Hier zeigt sich seine wahre Kunst in dem Abwägen zwischen Wagemut und kühler Berechnung aller Möglichkeiten.

b) Bezugsquellenkartei. Die Durchführung des Einkaufs ist Aufgabe der Einkaufsabteilung, die entweder dem Inhaber selbst unmittelbar untersteht, oder von einem besonders zuverlässigen und erfahrenen sowie durchaus vertrauenswürdigen Angestellten geleitet wird. Hier laufen die Bestellzettel aus allen Abteilungen des Geschäfts ein. Aufgabe der Einkaufsabteilung ist es nun, die Waren so zweckmäßig, schnell und preiswert wie möglich zu beschaffen. Zu diesem Zwecke unterhält sie zunächst eine eingehende Bezugsquellenkartei, der alle dem Geschäft bekannt werdenden Firmen, die für die von ihr zu beziehenden Waren in Frage kommen, eingereiht werden. Eine Karte der Bezugsquellenkartei gibt Aufschluß über Name und Wohnsitz des Lieferers, die genaue Bezeichnung der in Frage stehenden Ware sowie die zuletzt bekannt gewordenen Preise. Demnach muß die Karte mindestens zweimal vorhanden sein, da man einmal die Karten nach Lieferern, das zweitemal nach Warengruppen und Einzelwaren ordnen wird. Die Karte der Lieferer enthält alle bei dieser Firma erhältlichen Waren, die Karte der Waren alle Firmen, die für Lieferung der am Kopfe der Karte genannten Ware in Frage kommen.

§ 33] II. Einholung von Angeboten.

Nur selten wird unmittelbar auf Grund der Bezugsquellenkartei bei der einen oder anderen Firma bestellt werden. Die Regel ist vielmehr, daß nach eingegangener Bedarfsanmeldung eine Reihe von Firmen aufgefordert werden, ein Angebot in der betreffenden Ware zu machen. Die Zahl der Firmen, die um Angebote ersucht werden, wird um so zahlreicher sein, je höher der Wert der zu erteilenden Bestellung ist. Die durch die Einholung zahlreicher Angebote erwachsenden Mehrkosten für Arbeit und Postspesen werden reichlich aufgewogen durch die Gewißheit, erst nach gründlicher Erkundigung am billigsten und zweckmäßigsten unter einer größeren Zahl von Anbietenden gewählt zu haben. Um möglichst vergleichbare Angebote zu erhalten, benutzen die Firmen häufig vorgedruckte Briefe, in denen Menge, Art, genaue Beschreibung der Ware, wenn möglich unter Bezugnahme auf früher erhaltene Preislisten oder schriftliche Angebote, Zeit der Lieferung, Lieferungs- und Zahlungsbedingungen, Angaben über die Verpackung und alles sonst etwa noch Wesentliche enthalten ist.

1. Hilfsmittel beim Einkauf.

Da viele Angebote nur durch Zeichnungen, Abbildungen oder Muster genau verständlich sind, werden diese, soweit es möglich ist, der Karte angefügt. Andernfalls verweist eine Ordnungsnummer auf die vorhandenen Preislisten oder Muster. Preisliste und Muster erhalten äußerlich deutlich sichtbar die gleiche Ordnungsnummer und brauchen nun nur in der Reihenfolge ihres Einganges mit den laufenden Ordnungsnummern versehen in der Preislisten- bezw. Angebotsmustersammlung aufbewahrt zu werden. Die Bezugsquellenkartei ergänzt ihr Material täglich durch die neu eingehenden Preislisten, schriftlichen Angebote, die ihr unaufgefordert zugehen, Zeitungsausschnitte aus Fachzeitschriften usw. Handelt es sich um die Beschaffung einer Ware, die bisher noch nicht geführt wurde, oder will man aus anderen Gründen den Kreis der Lieferer noch erweitern, so gibt das Reichsadreßbuch, das jährlich neu herausgegeben wird, Aufschluß in seinen nach Geschäftszweigen geordneten Teilen über alle Geschäfte dieser Art in Deutschland. Außerdem werden von einer ganzen Reihe von Geschäftszweigen eigene Adreßbücher herausgegeben, in denen bei den einzelnen Firmen in der Regel gleichzeitig angegeben ist, welche Waren besonders von ihnen erzeugt bzw. geführt werden. Unter Ausnutzung aller dieser Hilfsmittel und durch die tägliche Einreihung aller neu eingehenden Preislisten, Anzeigen und Angebote ist die Einkaufsabteilung jederzeit in der Lage anzugeben, wo irgendeine Ware erhältlich ist, welche Firmen für die Lieferung in Frage kommen und wie die Preise der Ware in letzter Zeit sich gestaltet haben.

Beispiel: Die Kleiderstoffabteilung eines Modewarengeschäftes meldet, daß sie Bedarf an einer bestimmten Sorte von Wollmusselin hat. Der Umsatz in diesem Stoff hat im letzten Jahr laut Lagerkartei der Abteilung 80 Stück betragen. Die Einkaufsabteilung findet in der Bezugsquellenkartei unter dem Stichwort „Wollmusselin", daß für diese Sorte des Stoffes (es müssen natürlich noch nähere Angaben der einzelnen Sorten auf dem Bestellschein gemacht sein) 11 verschiedene Firmen in Frage kommen. Die hinter einer diesen Firmen angegebene Ordnungszahl, z. B. „Pr. L. 25/836" weist darauf hin, daß unter den 1925 eingegangenen Preislisten die Nummer 836 von der betreffenden Firma Muster und Preise für diese Wollmusseline enthält.

2. Auswahl des Lieferers.

Die infolge der Anfragen eingegangenen Angebote der verschiedenen Firmen werden sorgfältig miteinander verglichen, bei Preisunterschieden besonders auch mit Rücksicht darauf, wie weit etwa infolge der verschiedenen Entfernungen Frachtunterschiede, ferner Lieferungs- und Zahlungsbedingungen die Preise beeinflussen. Der ausgefüllte Vordruck mit der übersichtlichen Zusammenstellung der Einzelangebote wird nunmehr dem Abteilungsleiter der Einkaufsabteilung oder dem Leiter der betreffenden Verkaufsabteilung zur Entscheidung unterbreitet, der jetzt leicht sein Urteil fällen kann. Nicht immer wird er bei der Firma bestellen, die das niedrigste Angebot gemacht hat. Die Leistungsfähigkeit der einzelnen Häuser, die Gewähr für tadellose Ausführung und rechtzeitige Lieferung, das Interesse an der Aufrechterhaltung alter Beziehungen, vielleicht auch die Tatsache, daß einer der Lieferer zu den Abnehmern der eigenen Firma gehört, werden bei der Entscheidung von wesentlicher Bedeutung sein.

Beispiel: Eine Möbelfabrik braucht eichene Bohlen von 2 cm Stärke. Der Sitz der Firma ist Magdeburg. Unter den Angeboten ist das einer Firma im Spessart wesentlich billiger als das einer Sägemühle bei Goslar. Die Berechnung der Frachten ergibt, daß durch die weite Fracht vom Spessart dieses Angebot „Frei ab Lager" sich nur noch um ein Geringes günstiger stellt als das zweite. Die Sägemühle bei Goslar hat außerdem kürzlich bei der Magdeburger Möbelfabrik Kontormöbel gekauft, und der Inhaber beabsichtigt, auch die Einrichtung seines neu erbauten Landhauses bei ihr zu kaufen. In diesem Falle wird man die Bretter bei der Sägemühle bei Goslar bestellen, zunächst aber auf das wesentlich günstigere Angebot der Firma im Spessart hinweisen und versuchen, eine Ermäßigung des Preises zu erzielen.

3. Zeit des Einkaufs.

Zu welcher Zeit am zweckmäßigsten eingekauft werden soll, wird für den Großhandel und den Einzelhandel verschieden zu beurteilen sein. Der Einzelhandel wird sein Hauptaugenmerk darauf richten, sein Lager jederzeit zu füllen, damit es die genügende Auswahl bietet. Der Großhandel nutzt die Konjunktur mehr aus. Er wird die Weltmarktsberichte verfolgen und daraus seine Schlüsse ziehen, ob die

Preise voraussichtlich in nächster Zeit steigen oder fallen werden. Er wird bei besonders günstigen Gelegenheiten, z. B. Zahlungsschwierigkeiten einer Fabrik seiner Waren, auch größere Vorräte auf Lager nehmen, wenn er glaubt, daß eine derartige Gelegenheit sich nicht so schnell wieder bietet. Die Vorausschätzung der Preisbewegungen auf längere Zeit im voraus wird somit bei ihm ein wichtigerer Grund zum Einkaufen sein als die gleichmäßigen Lagerbestände. Für ihn kommt in erster Linie auch der Abschluß auf längere Zeit in Frage, um sich eine gleichmäßige Versorgung zu sichern zu Preisen, mit denen er auf Monate im voraus rechnen kann. Fehlschläge werden hier nicht immer zu umgehen sein, doch gehören sie zu den unvermeidlichen Begleiterscheinungen des Spekulationshandels. Weniger sollte der Kaufmann sich beim Einkauf durch günstige Zahlungsbedingungen leiten lassen; denn die Gewährung eines langen Zieles wird und muß im allgemeinen durch eine Erhöhung der Preise oder durch eine Verminderung der Güte der Ware ausgeglichen werden. Kapitalkräftige Unternehmungen werden daher immer preiswerter einkaufen und infolgedessen billiger verkaufen können, als kapitalschwache, die stets auf Kreditkäufe angewiesen sind.

§ 34] III. Die Bestellung.

1. Voraussetzungen des planmäßigen Einkaufs.

So einzukaufen, daß die preiswertesten Bezugsquellen ausgenutzt werden, genügend Auswahl vorhanden ist, ohne daß die Waren teilweise als unverkäuflich zurückbleiben, sich eine beständige Kundschaft zu sichern und deren Wünsche soweit wie irgend möglich zu befriedigen, ist eine Kunst, zu der nicht nur eine natürliche Begabung gehört wie bei jeder Kunst, sondern die auch auf das sorgfältigste studiert und ausgeübt sein will. Demnach stellt ein guter Einkauf sowohl hohe persönliche als auch sachliche Anforderungen.

Eine Hauptbedingung ist beim Einkauf, daß der Einkaufende über eine gründliche Fachkenntnis verfügt, die gewöhnlich als Waren- oder Branchekenntnis bezeichnet wird. Diese Kenntnisse lassen sich nicht schulmäßig aneignen, sie müssen in langjähriger praktischer Tätigkeit erworben werden. Gesicht, Geruch und Gefühl sind oft gleichstark daran beteiligt. Der Kaufmann strebt stets dahin, die Waren ohne technische Hilfsmittel nach Rohstoff, Herstellungsart und Wert zu beurteilen, da diese Tätigkeit jederzeit und schnell erfolgen muß.

Beispiele: Ein Weinhändler unterscheidet unendlich viele Sorten nach Herkunft und Jahrgang oft nur nach dem Geruch, mindestens aber durch den Geschmack. — Ein Wollmakler unterscheidet die verschiedensten Wollsorten mit verbundenen Augen allein durch den Griff.

Je nach der Art des Geschäftszweiges und der Ware wird diese Warenkenntnis mehr auf dem technischen oder auf dem Gebiete des Geschmacks, des Farben- und Schönheitssinnes liegen müssen. Vielfach ist erforderlich, daß auch die Verwendungsarten und -möglichkeiten der Ware genau bekannt sind, da erst sie den wirklichen Wert des Gegenstandes erkennen lassen. Ebenso ist Kenntnis der zweckmäßigsten Behandlungsweise bestimmter Waren für den Einkäufer von hohem Wert; denn viele Verkäufer verstehen es, durch geschickte Vorführung einer Ware Eigenschaften vorzutäuschen, die sie in Wirklichkeit nicht oder doch nicht auf die Dauer besitzt, oder die anderen Waren bei geeigneter Behandlungsweise ebenso eigentümlich sind.

2. Die Hilfsmittel der Bestellung.

a) Der Bestellschein. Für die Erteilung von Aufträgen kommen in der Hauptsache drei Formen in Frage: 1. Die Bestellung erfolgt schriftlich nach vorher eingeholten Angeboten durch die Einkaufsabteilung. 2. Ein besonderer Einkäufer der Firma sucht die Lieferer auf und bestellt an Ort und Stelle. 3. Ein Reisevertreter der anbietenden Firma besucht die Abnehmer und nimmt bei ihnen den Auftrag entgegen. In allen drei Fällen muß zur Vermeidung späterer Zweifel oder Unstimmigkeiten die schriftliche Form des Vertragsschlusses als die einzig zuverlässige empfohlen werden. Das gilt besonders auch von Bestellungen, die durch Fernschreiber oder Fernsprecher erteilt worden sind. Hier sollte schriftliche Bestätigung unmittelbar nachfolgen. Die Bestellung muß so abgefaßt sein, daß irgendwelche Zweifel über Art und Menge, Preis, Lieferungs- und Zahlungsbedingungen, Lieferzeit und Art der Zusendung nicht mehr möglich sind. Große, wirtschaftlich starke Firmen (große Fabriken, Warenhäuser, Verbände usw.) pflegen den Lieferern die Bedingungen vorzuschreiben und benutzen zu diesem Zwecke vorgedruckte Bestellscheine, in denen die Bedingungen enthalten sind, die der Verkäufer durch unmittelbare Bestätigung des Auftrages anerkennen muß. Im allgemeinen wird der Verkäufer dem Käufer die Lieferungsbedingungen vorschreiben, was häufig durch Übersendung eines Vordruckes geschieht, den der Käufer zu unterschreiben hat. Eine Bestätigung des Auftrages kann auf alle Fälle erwartet werden, wenn die Lieferung nicht sofort nach Erhalt der Bestellung (Zug um Zug) erfolgt.

b) Die Bestellkartei. Die schriftliche Bestellung erfüllt gleichzeitig andere Aufgaben, wenn mehrere Durchschläge davon hergestellt werden. Einer von ihnen geht in die Schriftablage. Der zweite wird zunächst in der Einkaufsabteilung zur Anfertigung bzw. Eintragung in eine Bestell-Kartei verwendet, die ähnlich wie die Bezugsquellenkartei einen schnellen Überblick über alle erteilten Aufträge bietet und alles Wissenswerte aus dem Auftrage enthält. Auch hier wird man zweckmäßig eine nach Warengruppen und eine nach den Namen der Lieferer geordnete Kartei einrichten. Sodann gelangt die Durchschrift in die betreffende Abteilung des Geschäftes, von der die Bestellung veranlaßt ist, damit diese einerseits weiß, was bestellt ist und dies gegebenenfalls in ihrer Warenlagerkartei zwecks Verhinderung von Doppelbestellungen vormerkt, und anderseits beim Eingang der Waren die nötigen Unterlagen für die Prüfung der Wareneingänge hat. Ist in der Bestellung ein bestimmter Lieferungstermin angegeben, so werden die Bestellungen am besten auf einen Haken gehängt, von denen 31 nebeneinander angebracht sind, für jeden Tag im Monat einer. Bei pünktlichem Eingang aller Waren werden täglich die für diesen Tag vorgemerkten Warenbestellzettel infolge Einganges der Waren von dem betreffenden Haken verschwinden. Andernfalls werden die seit mehreren Tagen noch nicht frei gewordenen Haken den betreffenden Angestellten daran erinnern, daß diese Lieferungen überfällig sind und nötigenfalls weitere Schritte veranlaßt werden müssen.

3. Bestellung durch Einkäufer.

Erfolgt die Warenbeschaffung in größerem Umfange durch Einkäufer der Firma, die den Lieferer aufsuchen, so werden sie sich vorher genaue Aufstellungen über Art und Umfang der zu bewirkenden Einkäufe anfertigen lassen und außerdem von dem Inhaber oder dem Leiter der Einkaufsabteilungen genaue Verhaltungsmaßregeln — am besten eine schriftliche Anweisung — erhalten. Die Erteilung des Auftrages selbst erfolgt auch in diesem Falle schriftlich, wobei zweckmäßig drei gleichlautende Durchschriften mittels Kohlenpapier angefertigt werden. Von ihnen erhält eine der Lieferer, die zweite das Stammhaus des Einkäufers und die dritte der Einkäufer selbst. Ähnlich ist die Behandlungsweise des Einkaufes bei der Anwesenheit von Reisevertretern.

IV. Der Wareneingang.

§ 35] **1. Rechnungserteilung.**

Bei Eisenbahn- und Schiffssendungen wird gleichzeitig mit dem Versand der Ware die Rechnung abgeschickt, so daß sie in der Regel eher eintrifft als die Ware selbst. Auch bei Postsendungen empfiehlt es sich aus Gründen der Sicherheit, die Rechnung getrennt zu versenden. Hier wird wie bei den Bahnsendungen der Lieferung selbst nur ein Packzettel beigefügt, der mit der Rechnung gleichzeitig als Durchschlag auf der Schreibmaschine hergestellt wird, aber so viel schmaler ist, daß er nur die Mengen, jedoch nicht die Preise enthält, da es oft nicht wünschenswert erscheint, das verpackende Personal mit den Preisen vertraut zu machen. Die eingehende Rechnung kann somit meist schon vor Eingang der Ware mit der zu diesem Zwecke aufbewahrten Durchschrift der Bestellung bezüglich der Mengen und der vereinbarten Preise verglichen werden.

2. Prüfung der eingehenden Waren.

Eingehende Waren sind zunächst daraufhin zu prüfen, ob die Verpackung unversehrt ist, das Rohgewicht stimmt, die Ware durch äußere Einflüsse nicht beschädigt ist usw. Mängel dieser Art müssen sofort dem Frachtführer gegenüber geltend gemacht werden, der dafür haftbar ist. Trifft die Ware ein, so erfolgt unverzüglich ein Vergleich der Mengen mit der Rechnung nach Anzahl, Gewicht, Länge usw. der Waren. Sodann wird die Ware selbst auf ihre Eigenschaften geprüft, wozu selbstverständlich gründliche Fachkenntnisse erforderlich sind. Etwa sich herausstellende Unterschiede in Menge oder Beschaffenheit werden sofort auf der Rechnung selbst oder auf einem ihr anzuheftenden Mängelrügenzettel vermerkt und die Rechnung in die Einkaufsabteilung zurückgeliefert. Der Wareneingang selbst wird in der betreffenden Abteilung in die Lagerkarte eingetragen und auf die Rechnung ein entsprechender Vermerk gesetzt, der am besten zur Unterscheidung von dem Buchungsvermerk der Buchhaltung mit farbiger Tinte erfolgt. In der Einkaufsabteilung werden nunmehr die Gesamtpreise nachgeprüft, die etwa zu machenden Abzüge vom Rechnungsbetrage abgesetzt und die Rechnung der Buchhaltung zur weiteren Veranlassung übergeben, von wo aus sie schließlich nach erfolgter Begleichung in die Schriftablage gelangt.

3. Lieferungs- und Zahlungstermine.

Will man verhindern, daß die Waren verspätet geliefert werden, so ist nach Überschreitung des Liefertermins eine sofortige Mahnung unerläßlich. Eine Firma, die jedesmal bei unpünktlicher Lieferung anmahnt, wird in Zukunft pünktlicher beliefert werden als ein Unternehmen, daß nicht so genau auf Einhaltung achtet. Dazu gehört eine ständige Prüfung, ob die Liefertermine genau eingehalten werden. Voraussetzung ist dabei natürlich, daß die Firma auch ihrerseits die Zahlungstermine gewissenhaft einhält. Sie sichert sich dadurch nicht nur eine regelmäßige Belieferung, sondern wird auch unter Hinweis auf diese Tatsache bei den Einkaufspreisen mancherlei Vorteile erlangen können. Dagegen ist es ein sehr zweifelhafter Erfolg, wenn grundsätzlich alle erhaltenen Waren bemängelt werden, um auf diese Weise Preisermäßigungen herauszuholen. Derartige Schikaneure sind bei den Lieferern bald bekannt und werden nie mit einer wirklich günstigen Versorgung rechnen können. Gerade die erstklassigen Warenerzeuger schließen solche Firmen häufig von der Belieferung ganz und gar aus. Trotzdem besteht auch hier die Gefahr, daß es hin und wieder zu Streitigkeiten kommt, deren Schlichtung durch das Gericht erfolgen muß. Eine genaue Kenntnis der rechtlichen Grundlagen des Kaufgeschäftes ist daher für jeden Unternehmer unerläßlich.

B. Der Kaufvertrag.

Das Kaufen von Waren ist nicht eine besondere Handlung der Kaufleute allein, vielmehr ist fast jeder Kulturmensch gezwungen, Einkäufe zu machen. Daher ist die rechtliche Regelung des Kaufvertrages auch nicht im Handelsgesetzbuch erfolgt, sondern grundsätzlich im bürgerlichen Gesetzbuch. Nur soweit beide Parteien, Käufer und Verkäufer, Kaufleute sind, wird der Kauf als Handelskauf bezeichnet, doch sind auch für diesen nur einige Besonderheiten im Handelsgesetzbuch geregelt. Im übrigen gilt auch für den Handelskauf die im BGB. getroffene Regelung.

I. Der Antrag. [§ 36

Wie bereits früher gesagt (S. 76), besteht jeder Vertrag aus dem Abschluß und der Erfüllung, der Abschluß wiederum aus Antrag und Annahme, die Erfüllung in der Regel aus Leistung und Gegenleistung. Auch beim Kaufvertrag sind diese vier Teile des Vertrages vorhanden, wenn sie auch nicht immer deutlich in Erscheinung treten.

Beispiel: An dem Zeitungsständer des Bahnhofs legt jemand 20 Pfennig auf den Tisch und nimmt sich eine dort ausgestellte „Berliner Illustrierte" mit. Antrag: Ausstellung der Zeitung mit Preisangabe. Annahme: Herantreten des Käufers und Entnahme der Zeitung. Leistung: Stillschweigende Zustimmung des Verkäufers zu dieser Handlung. Gegenleistung: Zahlung der 20 Pfennig.

1. Rechtsfolgen des Antrags.

Während die Anfrage über Lieferung einer Ware niemals irgendwelche rechtliche Verpflichtung mit sich bringt, ist der Antrag, sei er mündlich, schriftlich oder auch stillschweigend gemacht, stets für den Anbietenden bindend, wenn er nicht ausdrücklich dabei bemerkt, daß er sich nicht binden will. Für den Kaufmann ist diese Bestimmung über das Angebot besonders wichtig, weil er täglich und stündlich Angebote (Offerten) zu machen hat und sich dabei überlegen muß, ob er sich auch wirklich an dieses Angebot binden will. Nicht jedes Anbieten von Waren ist ein Angebot im rechtlichen Sinne; denn bei Zeitungsanzeigen, Veröffentlichung an Anschlagsäulen, Empfehlungen durch Lichtreklame usw. fehlt ein wesentliches Merkmal für den Antrag im Rechtssinne, nämlich daß er einer bestimmten Person gegenüber abgegeben wird. Derartige Empfehlungen sind nur eine Anregung zum Kauf, nicht ein Antrag selbst. Zweifelhaft war lange Zeit in dieser Beziehung das Ausstellen von Waren mit Angabe von Preisen in Schaufenstern. An sich liegt hier nach der heutigen Stellung der Gerichte ein schriftliches Angebot vor, von dem jeder Vorübergehende Gebrauch machen kann. Indes braucht der Verkäufer die Ware nicht herauszugeben, wenn mit der Herausnahme ein im Verhältnis zum Wert ungewöhnliches Maß von Arbeit verbunden ist (BGB. § 145).

Beispiel: In einem von Künstlerhand aufgebauten Schaufenster, das ein Wintersportfest darstellt, trägt ein Kind ein Paar Schlittschuhe in der Hand, die mit Preisangabe versehen sind. Ein Käufer verlangt diese Schlittschuhe; der Geschäftsinhaber kann die Herausgabe verweigern, auch wenn er die Ware nicht in gleicher Ausführung und Preislage anderweitig zur Verfügung hat.

2. Freibleibende Angebote.

Will der Verkäufer die Bindung an das Angebot ausschließen, so muß er dies durch einen entsprechenden Zusatz tun, z. B. „freibleibend, unverbindlich, Lieferungsmöglichkeit vorbehalten, zuversichtlich, voraussichtlich" usw. Dagegen wird die Bindung nicht ausgeschlossen durch den Zusatz „solange der Vorrat reicht"; denn hier wird ausdrücklich gesagt, daß die Bindung solange bestehen bleiben soll, wie von den im Augenblick des Angebotes vorhandenen Vorrat noch etwas vorhanden ist. Bindend ist ferner ein Angebot mit dem Zusatz „Preise freibleibend", da dieser Vermerk die Lieferung der Ware an sich nicht in Frage stellt. Sache des Käufers wird es auf alle Fälle sein darauf zu achten, ob das Angebot fest ist oder nicht.

3. Dauer der Bindung.

Die Bindung des Verkäufers an das Angebot ist zeitlich eine sehr kurze. Es muß dabei unterschieden werden zwischen der Abgabe des Angebotes ohne Frist- und mit Fristangabe, bei dem unbefristeten Angebot wiederum zwischen dem mündlichen und dem schriftlichen. Wird eine Ware mündlich angeboten, so gilt die Bindung nur bei unmittelbarer Annahme ohne Erweiterungen und Einschränkungen seitens des Käufers. Im Ladengeschäft ist jedes von einem als Verkäufer tätigen Angestellten gemachte Angebot verbindlich, gleichgültig, ob dieser volljährig ist oder nicht. In der Tatsache, daß er als Verkäufer oder Verkäuferin (auch Lehrling) von dem Inhaber angestellt ist, liegt von dessen Seite die Ermächtigung, verbindliche Angebote zu machen. (BGB. §§ 147, 150.)

In einer Kraftwagenhandlung hing eine deutlich sichtbare Bekanntmachung: „Angabe von Preisen sind nur verbindlich, wenn sie von dem Abteilungsleiter persönlich gemacht werden." In diesem Falle sind also alle von dem übrigen Personal gemachten Angebote unverbindlich.

Ein Herr sieht sich in einem Haushaltsgeschäft Werkzeugkästen an. Ein Kasten gefällt ihm; er bemerkt, er wolle noch etwas anderes kaufen und komme in diese Abteilung noch einmal zurück. Bei seiner Rückkehr ist der Werkzeugkasten verkauft. Er kann keine Rechte geltend machen, weil er sich nicht hat die Zusicherung geben lassen, daß der Kasten bis zu seiner Rückkehr nicht anderweitig verkauft werden solle.

Angebote durch Fernsprecher sind den mündlichen gleichzustellen, schriftliche Anträge dagegen gelten solange, als unter regelmäßigen Umständen der Eingang der Antwort angenommen werden darf. Hier wird sich die Dauer der Bindung also nach der Entfernung und den Verkehrsmöglichkeiten richten. Aus einem abgelegenen Landstädtchen ohne Bahnverbindung wird die Antwort nicht so schnell eingehen können wie aus einer zwar entfernteren, aber auf unmittelbarem Schnellzugswege zu erreichenden Stadt. Im allgemeinen muß die Annahme postwendend, das heißt am Tage des Empfanges des Angebotes erfolgen.

Ist für die Annahme eine Frist gestellt, so muß sie innerhalb dieser Frist in den Händen des Anbietenden sein; es genügt also nicht, daß sie bis zu dieser Zeit von der anderen Seite abgegeben worden ist. (BGB. § 148.)

Beispiel: Ein Getreidehändler bietet einer Mühle Weizen an, auf Drahtzusage bis morgen 12 Uhr. Die Mühle meldet ein Ferngespräch an und zwar schon 11 Uhr morgens; die Verbindung erfolgt aber erst 5 Minuten nach 12 Uhr. Der Händler kann die Annahme als verspätet eingegangen ablehnen. Erfolgt die Verbindung rechtzeitig, aber in der Getreidehandlung meldet sich niemand, so muß die Lieferung doch erfolgen, da in diesem Falle die Schuld allein auf seiten des Händlers liegt.

4. Behandlung unbestellter Waren.

Äußert derjenige, dem gegenüber das Angebot abgegeben wird, sich überhaupt nicht dazu, so gilt dieses Stillschweigen als Ablehnung. Das gilt besonders auch bei der Übersendung von Waren ohne vorherige Bestellung. Hier ist der Empfänger nicht einmal verpflichtet, die Ware zurückzusenden. Anderseits darf er sie natürlich auch nicht in Gebrauch nehmen. Nur wenn die Verkehrssitte eine Äußerung erforderlich macht, ist diese abzugeben.

Beispiele: Ein Loshändler übersendet jemandem ein Los nebst einer Zahlkarte und einem frankierten Briefumschlag und schreibt dazu, der Empfänger möge entweder den Betrag für das Los einsenden oder dieses in dem beiliegenden Umschlag zurücksenden. Der Empfänger braucht keins von beiden zu tun, darf aber nicht die Marke von dem Frei-Umschlag entfernen und diese für andere Zwecke verwenden.

Eine Behörde hat von einer Buchhandlung ein statistisches Werk bezogen. Zu diesem Werk erscheint ein Nachtrag, der besonders bezahlt werden muß. Der Buchhändler sendet der Behörde diesen Nachtrag unaufgefordert nebst Rechnung zu. Hier erfordert die Verkehrssitte, daß die Behörde den Nachtrag zurücksendet oder bezahlt, mindestens aber der Buchhandlung eine diesbezügliche Mitteilung macht. Hat sie das Nachtragswerk aufgeschnitten, um von dem Inhalt nähere Kenntnis zu nehmen, so ist sie damit auf alle Fälle zur Annahme verpflichtet.

II. Abschluß des Kaufvertrages. [§ 37
(Die Bestellung).

Die **Annahme des Angebotes** erfolgt im allgemeinen durch die Bestellung. Damit ist der **Kaufvertrag** abgeschlossen. Der Verkäufer muß dem Käufer die Ware übergeben und ihm das Eigentumsrecht daran verschaffen, der Käufer hat die Ware abzunehmen und zu bezahlen. Übergabe der Ware und Verschaffung des Eigentumsrechtes sind nicht dasselbe; das erstere bedeutet Übergang des **Besitzes**, das zweite Übergang des **Eigentums** (vgl. Teil I, Seite 79, BGB. § 433). In dem Beispiel des Fahrradkaufes (S. 79) hatte der Monteur dem Käufer zwar das Rad übergeben, ihm aber nicht das Eigentumsrecht daran verschafft, da er dieses selbst nicht besaß.

III. Inhalt des Kaufvertrags. [§ 38

Da Vertragsabschluß Willensübereinstimmung in allen Teilen des Vertrages bedeutet, müssen die Vereinbarungen so gehalten sein, daß irgendwelche Zweifel über ihren Inhalt nicht mehr entstehen können.

Beispiel: Eine Dame kauft ein Paar Halbschuhe. Es werden ihr solche angeboten zum Preise von *RM* 16,50. Nachdem der gute Sitz der Schuhe festgestellt ist, sagt sie: „Ich will die Schuhe nehmen, wenn Sie mir Gummiabsätze ohne Preisaufschlag darunter machen lassen." Die Verkäuferin will dieserhalb den Inhaber fragen. Inzwischen kommt eine andere Dame, der die Halbschuhe gefallen, sie probiert sie auch an und kauft sie. Die erste Dame kann die Lieferung nicht fordern, da sie das Angebot nur unter einer Erweiterung angenommen hat. Hätte sie gesagt: „Bringen Sie Gummiabsätze an, hoffentlich können Sie dies ohne Preisaufschlag", so wäre dies nur ein Wunsch von ihrer Seite gewesen, und der Vertrag wäre abgeschlossen.

Die Bestellung **muß** Art und Menge der Ware enthalten, wird sich jedoch zweckmäßig auch auf den Preis und eine Reihe weiterer Punkte erstrecken, die im folgenden besprochen werden sollen.

1. Menge der Ware.

Die Menge ist in den für die betreffende Ware **üblichen** Maßen auszudrücken, z. B. für Eier in Stück, für Getreide in kg oder Doppelzentnern (dz), im Großhandel in Tonnen, für Latten in laufenden Metern, für Branntwein in Hektolitern oder Litern usw. Vielfach ist dabei zu unterscheiden, ob es sich um Groß- oder Einzelhandel, um Verkauf an Wiederverkäufer oder an Verbraucher handelt. Die **handelsüblichen Bezeichnungen** sind hierbei von besonderer Bedeutung, z. B. bedeutet „eine Kiste Zigarren" für den Händler 100 Stück, für den Verbraucher heute im allgemeinen 50, 1 Stück Tuch für den Händler ein vom Webstuhl kommendes Stück von rund 60 m. Ein Ballen indischer Baumwolle hat ein ganz anderes Gewicht als ein Ballen ägyptischer (etwa 400 Pfund gegen 700); trotzdem wird diese Baumwolle nach Ballenzahl bestellt. Auch der **Ortsgebrauch** ist in der Mengenbezeichnung oft ganz verschieden.

2. Art der Ware.

a) Bezeichnung der Ware. Schwierigkeiten bereitet bei dem Vertragsabschluß nicht selten die Notwendigkeit, die gehandelte Warenart genau zu bezeichnen. Geschieht das nicht, so ist den Meinungsverschiedenheiten bei der Erfüllung Tür und Tor geöffnet. Sehr einfach liegt die Sache, wenn die Ware „auf Besicht, wie besehen, wie sie steht und liegt" verkauft wird. Damit begibt sich der Käufer jeder Einwendung wegen der Güte der Waren. Ebenso einfach liegt das Geschäft mit Markenartikeln. Bei anderen Waren kann die Art und Güte der Ware entweder durch Beschreibung oder durch Muster (Probe) gekennzeichnet werden. So werden z. B. Maschinen von den Fabrikanten oft mit einer alle Einzelheiten anführenden Beschreibung nebst Zeichnung oder Abbildung verkauft. Aber auch Großhandelswaren werden nach Beschreibung gehandelt; man bietet an und kauft z. B. „La Plata-Mais, gute gesunde, trockene Handelsware, Ernte 1926, Dezemberabladung". Diese allgemeine Beschreibung findet ihre weitere Auslegung durch den Handelsbrauch.

b) Kauf nach Probe. Die Muster können entweder so gehalten sein, daß die zu liefernde Ware ihnen in allen Teilen entsprechen muß (konforme Muster). So gibt z. B. der Hamburger Kaffeegroßhändler an seine Kunden Muster ab, die aus den angebotenen Säcken selbst entnommen sind. Dagegen kann das Muster auch dazu bestimmt sein, die Ware ungefähr zu kennzeichnen; man spricht dann von der Type. Der brasilianische Kaffeepflanzer stellt schon vor oder bei Beginn der Ernte solche Typen zur Kennzeichnung des Ausfalls der neuen Mengen zusammen und übermittelt sie seinem Hamburger Vertreter zum Angebot. Dabei wird die Type oft noch durch Beschreibung ergänzt. — Der börsenmäßige Handel mit den Großwaren der Weltwirtschaft machte noch eine weitergehende Vereinfachung erforderlich. Die Waren werden nach ihrer Güte in feste Klassen eingeteilt und für jede derselben wird ein feststehendes Muster aufgestellt (Standmuster oder Standards). Die Zusammenstellung dieser Muster liegt der Börse ob. Die gelieferten Waren werden klassifiziert; Abweichungen werden durch Vergütungen geregelt. Am vollkommensten ist diese Klasseneinteilung im Handel mit amerikanischer Baumwolle durchgeführt. Die in Washington aufgestellten neun Klassen oder Standards sind maßgebend für den Welthandel. Selbstverständlich ist der Verkehr außerhalb der Börsen an diese Formen und Vorschriften des Großhandels nicht gebunden.

c) Kauf auf Probe. Von dem Kauf nach Probe ist der Kauf auf Probe zu unterscheiden, bei dem die Ware dem Käufer zunächst einige Zeit probeweise überlassen wird. Nach Ablauf der Probezeit kann er sich entschließen, ob er sie behalten will oder nicht. Läßt er nichts wieder von sich hören, so gilt in diesem Falle Stillschweigen als Zustimmung, der Verkauf ist dann abgeschlossen. Dieser Kauf auf Probe ist häufig bei Pferden und gebrauchten Gegenständen. (BGB. §§ 494/96.)

Beispiel: Jemand will ein gebrauchtes Jagdgewehr kaufen. Er will sich jedoch vorher von der Treffsicherheit und Zuverlässigkeit der Waffe überzeugen. In der Großstadt, in der er wohnt, kann er das nicht. Infolgedessen behält er sich das Recht vor, das Gewehr 8 Tage auszuprobieren. Er ist nun berechtigt, mit dem Gewehr zu schießen und es, wenn es ihm nicht zusagt, innerhalb der 8 Tage wieder zurückzugeben.

Fehlen in einer Bestellung genaue Angaben über die zu liefernde Sorte, so kann der Verkäufer Waren von mittlerer Art und Güte liefern, dagegen nicht die teuerste Sorte, an der er das meiste verdient. (BGB. § 243.)

3. Der Preis.

a) Preisarten. Der Einkauf einer Ware kann erfolgen, ohne daß ein Preis hierfür vereinbart ist. In diesem Falle ist der Verkäufer berechtigt, einen angemessenen Preis in Ansatz zu bringen, wie dieser dem stets zu beachtenden Grundsatz von Treue und Glauben entspricht. Hat die Ware einen Markt- oder Börsenpreis, z. B. Getreide, so ist dieser Preis zugrunde zu legen. Wenn irgend möglich, wird der Kaufmann natürlich sich der Gefahr des ungewissen Preises nicht aussetzen. Bei dem Preise unterscheidet man den Einheitspreis oder Einzelpreis für die Mengeneinheit und den Gesamtpreis für die gekaufte Menge. Im Handelskauf bezieht sich der Preis, wenn nichts vereinbart ist, auf die reine Ware, also nach Abzug der Verpackung. Im allgemeinen wird bei der Preisbemessung angegeben, ob sie sich auf das Reingewicht (Netto) oder das Rohgewicht (Brutto) bezieht. In einzelnen Fällen ist es auch handelsüblich, Rohgewicht statt Reingewicht zu berechnen (z. B. bei Würfelzucker in Kisten). Die Verpackung (Tara) selbst wird im Großhandel entweder genau gewogen, oder mit einem Durchschnittssatz in Ansatz gebracht, z. B. Säcke für Kaffee mit $1^1/_2$ kg, Verpackung bei Baumwolle mit 6 v. H. des Gesamtgewichts usw. (BGB. § 453, HGB. § 380).

b) Gewichts- und Preisabzüge. Handelsüblich oder vereinbart wird ferner bei bestimmten Waren ein Gewichtsabzug, wie Gutgewicht für Verluste der Ware beim Auspacken, Auswiegen (Kaffee in Ballen) oder durch Eintrocknen (Seife) sowie Auslaufen kleiner Mengen von Flüssigkeit aus den Fässern (Leckage), z. B. bei Öl. Rechnerisch derselbe Erfolg wird bei Wertabzügen erreicht, die aus gleichen oder ähnlichen Gründen gewährt werden und im voraus zu vereinbaren oder handelsüblich sind. Eine besondere Stellung nehmen dabei die Wertabzüge ein, die für vorzeitige Zahlung (Skonto) oder als Rabatt auf Markenware bewilligt werden. Diese Markenwaren enthalten häufig die Preisangabe aufgedruckt (z. B. Schokoladentafeln, Zigaretten), und der Fabrikant legt Wert darauf, daß sie überall im Reiche in der gleichen Verpackung, der gleichen Güte und zum gleichen Preise erhältlich sind. Dem Wiederverkäufer wird dann der Verkaufs- (Kleinhandels)-preis in Rechnung gestellt und ihm hierauf ein Rabatt von z. B. 25 v. H. gewährt.

4. Lieferungsbedingungen.

Beim Abschluß des Verkaufs wird weiter festzulegen sein, wann und wo die gekaufte Ware zu liefern ist. Danach unterscheiden wir Zeit und Ort der Erfüllung. Grundsätzlich gilt hier wie in den übrigen Punkten in erster Linie, was zwischen den Parteien vereinbart ist. Nur soweit keine freie Vereinbarung vorliegt, tritt die gesetzliche Regelung in Kraft; in diesem Falle ist im allgemeinen sofort nach Abschluß des Kaufvertrages zu liefern. Bei Festsetzung einer Lieferfrist kann der Verkäufer innerhalb dieser Frist, also auch vor ihrem Ablauf liefern, wenn nichts anderes vereinbart ist. Andernfalls muß eine bestimmte Lieferzeit vereinbart werden. (BGB. § 271.)

Beispiel: Eine Bank baut sich eine neue Stahlkammer, in der eine schwere Tür den Abschluß nach außen bewirkt. Diese Tür kann nicht vor der Fertigstellung des Baues verwendet werden, muß aber dann auch möglichst pünktlich zur Stelle sein. Hier wird man einen bestimmten Lieferungstag vereinbaren.

a) Terminkäufe. Im Einzelhandel wird man im allgemeinen die Ware erst bestellen, wenn sie gebraucht wird. Hier wird also in der Regel die Lieferung möglichst bald nach der Bestellung zu erfolgen haben, ein bestimmter Termin wird oft gar nicht vereinbart. Im Großhandel dagegen spielen vielerlei Gründe mit, die eine Bestellung lange Zeit vor der zu erfolgenden Lieferung wünschenswert machen (vgl. unter 3, Seite 107). Hier wird entweder eine Frist gesetzt, innerhalb deren zu liefern ist, oder ein bestimmter Termin.

Die Festlegung des Termins erfolgt vielfach durch handelsübliche Bezeichnungen, z. B. Lieferung von Gerste zur Erntezeit, von Matjesheringen zur Saison, d. h. zu der Zeit, in welcher sie in der Nordsee gefangen werden. Zuweilen hat der Käufer nur dann ein Interesse an der Ware, wenn sie ihm innerhalb einer bestimmten Frist oder an einem bestimmten Tage geliefert wird; die Verpflichtung zu einer späteren Abnahme will er auf jeden Fall ausschließen. Er hat dies dann in der Bestellung ausdrücklich anzugeben (Fixgeschäft). — Beispiel: Bestellung von Fischen für ein großes Festessen. Eine dem Großhandel und besonders der Fabrik eigentümliche Art der Lieferungsbedingung ist der sogenannte „Schluß", bei dem eine größere Menge auf längere Zeit im voraus gekauft wird, z. B. für ein ganzes Jahr, die aber nicht auf einmal, sondern in mehreren Einzelposten zu liefern ist. (HGB. § 375/6.)

Beispiel: Eine Maschinenfabrik, die täglich 1 Waggon (= 20 t) Kohle braucht, kauft diese auf 3 Monate im voraus, bestimmt aber, daß ihr wöchentlich zweimal je 3 Waggons zu liefern sind, da sie für die Lagerung größerer Mengen keinen Platz hat.

Eine weitere Eigentümlichkeit des Handelskaufes ist der „Spezifikationskauf", bei dem Waren gekauft, über ihre endgültige Form, Farbe und dgl. jedoch erst später Anweisungen erteilt werden.

Beispiele: Eine Baumwollweberei kauft in einer Spinnerei eine gewisse Menge Garn, gibt über die zu liefernden Nummern der Feinheit aber erst später Nachricht. — Eine Lederhandschuhfabrik kauft Ziegenleder, gibt über die Farbe aber erst Nachricht, wenn die neuen Modefarben bekannt sind. Da das Gerben des Leders mehrere Monate dauert, wird die Farbeneinteilung ebenfalls einige Monate später erfolgen können.

b) Der Erfüllungsort. Über den Ort, an dem die Leistung auszuführen ist — den Erfüllungsort — wird zweckmäßigerweise eine vorherige Vereinbarung getroffen; denn Erfüllungsort ist nach der gesetzlichen Regelung der Wohnsitz des Schuldners, wobei daran erinnert werden muß (vgl. Teil I S. 77), daß Schuldner im Sinne des Gesetzes jeder ist, der eine Leistung schuldet, also nicht nur Leute, die Geld schulden. Danach hat der Verkäufer die Ware bis zur Beförderungsanstalt seines Wohnsitzes zu liefern. Am Erfüllungsort geht die Gefahr der zufälligen Verschlechterung oder des zufälligen Unterganges auf den Käufer über, am Erfüllungsort ist in Streitfällen zu klagen. (BGB. § 269.)

In der Regel werden in dieser Beziehung vertragliche Vereinbarungen getroffen, wobei zu beachten ist, daß jede der beiden Parteien versuchen wird, ihren Wohnsitz als Erfüllungsort festzusetzen. Da aber meist der Verkäufer der wirtschaftlich Stärkere ist, wird dieser seinen Wohnsitz als Erfüllungsort festlegen. Er tut dies entweder schon beim Angebot, oder in der Bestätigung des Auftrages. Widerspricht der Käufer im letzteren Falle nicht, so hat er die Bedingung stillschweigend anerkannt. Dagegen hat ein entsprechender Vermerk auf der Rechnung keine rechtliche Bedeutung, wenn nicht vorher eine Vereinbarung getroffen ist.

Unabhängig vom Erfüllungsort kann die Frage geregelt werden, wer die Kosten der Beförderung zu tragen hat. Hier unterscheidet man gewöhnlich die Ausdrücke „frei hier" (= Wohnsitz des Absenders), „ab Lager", „ab Fabrik", „frei Bahnhof hier", „frei Waggon", wobei der Empfänger die Versandkosten zu tragen hat, während bei der Vereinbarung „frei dort" diese dem Absender zur Last fallen. Eine Teilung der Versandkosten tritt bei der Abmachung einer „Frachtparität" ein, z. B. ein in Aken a. d. Elbe gelegenes Werk vereinbart „frei Bahnhof Magdeburg" für nach Hannover zu liefernde Waren. Bei manchen Waren geht die Vereinbarung noch mehr ins einzelne, z. B. bei Hausbrandkohle „frei Haus" (= bis vor das Haus des Empfängers) „frei Keller".

Beispiel: Eine Braunschweiger Wurstwarenfabrik versendet nach Breslau Waren, die infolge unerwartet eintretender großer Hitze zum Teil verderben. Ist Erfüllungsort Braunschweig, so trägt der Empfänger den Schaden, ist es Breslau, so hat der Absender den Schaden zu ersetzen.

c) **Verpackung.** Die Verpackungskosten sind grundsätzlich vom Käufer zu tragen, mit dem vielfach vereinbart wird, daß er die Verpackung zurückgeben kann und dann den vollen Wert oder einen Teil desselben zurückvergütet bekommt. Bei bestimmten Verpackungen kann auch vereinbart werden, daß sie auf alle Fälle Eigentum des Verkäufers bleiben und zurückgegeben werden müssen.

Beispiel: Brauereien liefern Flaschenbier. Die Flaschen tragen im Glas den Vermerk, daß sie unverkäuflich und Eigentum der Brauerei sind. — Eine Schreibmaschinenfabrik hat eine patentierte Versandkiste für ihre Maschinen. Der Käufer muß sich vorher schriftlich verpflichten, die Kiste nach Empfang sofort zurückzugeben.

Die mit dem Verpacken verbundenen Kosten sind jedoch im Preise der Ware einbegriffen, dürfen demnach beim Fehlen besonderer Vereinbarungen nicht besonders berechnet werden. (BGB. § 478.)

5. Die Zahlungsbedingungen.

Wie die Lieferung grundsätzlich unmittelbar nach der Bestellung zu erfolgen hat, so ist auch die Zahlung mangels Vereinbarung sofort nach Lieferung der Ware zu leisten (Zug um Zug). Obgleich der Wohnsitz des Käufers in diesem Falle Erfüllungsort ist, muß er doch dafür sorgen, daß das Geld an den Wohnsitz des Gläubigers gelangt und die Kosten der Übermittlung tragen; denn Warenschulden sind Bringschulden, das Geld muß in die Geschäftsräume des Verkäufers gebracht werden. Dem Barkauf, der heute im Einzelhandel der allgemein übliche ist, steht im Großhandel als Regel der Zielkauf gegenüber, bei dem eine gewisse Frist für die Zahlung bewilligt wird. Solche Vereinbarungen sind z. B. „Zahlbar innerhalb 14 Tagen nach Empfang der Rechnung", „Zahlbar bis zum Ende des der Lieferung folgenden Monats", „Ziel drei Monate", „Zahlbar gegen Dreimonatsakzept" usw. (BGB. §§ 270/71.)

a) **Abzüge für vorzeitige Zahlung.** Bei Zielkäufen ist der Verkäufer genötigt, die Zinsen für das eingeräumte Ziel in den Preis einzurechnen. Sie kommen wieder in Abzug, wenn der Käufer statt der Ausnutzung des Ziels Barzahlung wählt. Um ihn zur sofortigen Zahlung anzuregen, wird in der Regel eine doppelte Zahlungsbedingung vereinbart und der Zinsabzug (Skonto) für den Zahlungsschuldner günstig gestaltet (Zahlbar nach 30 Tagen, bei Barzahlung 2 v. H. Abzug usw.). Der Verkäufer kann einen solchen Vorzug bewilligen, weil seine Verlustgefahr verringert wird, und weil er mit dem früher gezahlten Betrage neue Geschäfte tätigen kann. — Demgegenüber hat er ein Recht, für verzögerte Zahlungen eine angemessene Verzinsung zu beanspruchen („bei verzögerter Zahlung Verzugszinsen zum Sollzinssatze der Banken").

b) **Vorauszahlung.** In einigen Geschäftszweigen, bei denen die bestellte Ware erst hergestellt werden muß, wird in der Regel ein Teil des Warenpreises als Anzahlung gefordert. Dieser Vorauszahlung kommt bis zu gewissem Grade der Versand gegen Nachnahme gleich, da hier der Käufer den Preis entrichten muß, ehe er sich von der ordnungsmäßigen Erfüllung des Vertrages seitens des Verkäufers überzeugen kann. Bei Bezug von unbekannten Firmen ist daher bei Nachnahmesendungen dringend zur Vorsicht zu raten.

Beispiele: Ein Photograph verlangt eine Anzahlung, bevor er die Aufnahme macht. — Eine Maschinenfabrik verlangt bei Bestellung einer Lokomobile je $1/3$ des Preises bei der Bestellung, bei der Ablieferung und nach 3 Monaten.

Ein ausländisches Versandgeschäft empfiehlt gegen Nachnahme von fünf Mark eine hochfeine Uhr mit Kette. Der Empfänger hat beim Erhalt der geschlossenen Sendung die Nachnahme nebst Versandspesen und die Zollkosten zu tragen. Die Uhr ist eine ganz billige hölzerne Wanduhr, die Kette nicht etwa eine Uhrkette, sondern die Kette, an der das Gewicht hängt.

6. Zusicherung bestimmter Eigenschaften.

Bei einer Reihe von Waren läßt der Käufer sich vom Verkäufer bestimmte Eigenschaften der Waren zusichern. In diesem Falle kann er, falls die Ware bei der Übergabe die zugesicherte Eigenschaft nicht besitzt, den Verkäufer für den Schaden haftbar machen, der durch das Fehlen der Eigenschaften entsteht, auch wenn dieser Schaden höher ist als der Wert der ganzen Ware. (BGB. § 463.)

Beispiele: Eine Dame kauft eine Strickjacke und läßt sich ausdrücklich versichern, daß diese Jacke waschecht sei. Sie kommt damit in einen Gewitterregen, und das unter der Jacke getragene rosafarbene seidene Kleid wird durch die grüne Jacke vollkommen verdorben, da diese trotz Zusicherung der Waschechtheit abgefärbt hat. Der Verkäufer hat nicht allein die Strickjacke, sondern auch das verdorbene Seidenkleid zu ersetzen.

In den sogenannten Garantie-Verträgen, die namentlich bei Maschinen häufig sind, verbürgt sich der Verkäufer für eine einwandfreie Nutzungsdauer oder für bestimmte Leistungsfähigkeit.

7. Die Übergabe der Ware.

Bei ordnungsmäßiger Erfüllung des Vertrages hat der Verkäufer die Ware dem Käufer zu übergeben oder zu übersenden. Von dem Augenblick an, wo dieser die Ware erhält, wird er in der Regel auch Eigentümer, wenn beide Parteien sich darüber einig sind, daß das Eigentumsrecht übergehen soll. Der Käufer kann statt dessen den Verkäufer anweisen, die Ware an eine dritte Person an einem anderen Orte zu übersenden. In diesem Falle hat der Verkäufer seine Verpflichtungen in dem Zeitpunkt erfüllt, wo er die Ware dem Spediteur oder der Beförderungsanstalt übergeben hat. (BGB. §§ 929, 447.)

Das Eigentumsrecht wird auf keinen Fall übertragen, wenn die gekauften Sachen gestohlen oder verloren gegangen waren, auch wenn der Käufer des guten Glaubens ist, daß sie vom Verkäufer rechtmäßig erworben seien. Nur Geld und Inhaberpapiere sind von dieser Maßnahme ausgeschlossen. (Vgl. S. 79.) Es heißt daher bei Ankauf von Sachen von einem Unbekannten vorsichtig sein, oder besser von ihm überhaupt nichts kaufen, wenn er nicht durchaus vertrauenswürdig erscheint. (BGB. §§ 935, 461.)

Eine besondere Handhabung erfordert der Kauf gepfändeter Sachen in einer öffentlichen Versteigerung. Hier geht zwar das Eigentumsrecht auf alle Fälle über, also auch bei gestohlenen Sachen, aber der Verkäufer haftet für keinerlei Mangel, der den versteigerten Sachen anhaftet.

Beispiel: In einer Zwangsversteigerung wird ein Fahrrad verkauft, von dem sich später herausstellt, das es gestohlen war. Der Ersteigerer des Rades ist trotzdem Eigentümer. Das Rad wurde in der Versteigerung als neu bezeichnet. Auf der ersten Fahrt stürzt der Käufer damit, da der Rahmen einen Bruch hatte. Er hat keinen Anspruch auf irgendwelchen Schadenersatz.

§ 39] IV. Folgen nichtvertragsmäßiger Erfüllung.

1. Verzug bei der Erfüllung.

Nichterfüllung oder nicht ordnungsmäßige Erfüllung des Vertrages liegt vor, wenn der Verkäufer die Ware nicht zur rechten Zeit oder nicht in der vereinbarten Menge oder Beschaffenheit liefert, wenn der Käufer sie nicht abnimmt oder nicht rechtzeitig bezahlt. Dabei ist zu unterscheiden zwischen einfacher Verzögerung und Verzug. Unter Verzug versteht das Gesetz nur eine Verzögerung, an der die betreffende Partei selbst die Schuld trägt.

Beispiel: Eine Fischgroßhandlung in Brandenburg hat zu Sylvester an ein großes Hotel in Schierke Karpfen zu liefern. Die Fische werden rechtzeitig abgesandt, kommen aber infolge starker Schneeverwehungen im Oberharz nicht rechtzeitig an. Den Absender trifft keine Schuld, es liegt eine Verzögerung vor. Hätte er aber die Fische einen Tag zu spät verschickt, so träfe ihn die Schuld an dem nunmehr festzustellenden Verzuge.

a) Lieferungsverzug. Ist im Kaufvertrag kein bestimmter Tag für die Lieferung vereinbart, so setzt der Käufer den Verkäufer durch eine Mahnung in Verzug; andernfalls tritt dieser von selbst ein an dem Tage, für den die Lieferung vereinbart war. In beiden Fällen kann der Käufer dem Verkäufer eine angemessene Nachfrist bewilligen und ihm gleichzeitig androhen, daß er bei Nichteinhaltung dieser Nachfrist entweder vom Vertrage zurücktreten oder die Annahme der Ware ablehnen und außerdem Schadenersatz wegen Nichterfüllung verlangen werde. Hat eine spätere Lieferung jedoch keinen Wert für ihn, so besteht der Anspruch auf Rücktritt vom Vertrage und Schadenersatz auch ohne Bewilligung einer Nachfrist. Vorraussetzung ist bei Schadenersatzforderungen, daß Verzug, nicht nur Verzögerung, vorliegt. (BGB. §§ 284/85, 326.)

Beispiele: Ein Warenhaus vereinbart mit einer Weberei die Lieferung von weiß-blauem Fahnentuch, das gelegentlich eines am 21. 8. stattfindenden Bayernfestes verwendet werden soll, Lieferungstag 14. 8. (Fixhandelskauf). Die Ware ist an diesem Tage nicht eingetroffen. Am andern Tage deckt sich das Warenhaus bei einer anderen Firma am Platze zu höherem Preise ein. Die erste Firma hat den Preisunterschied zu ersetzen.

Eine Brennerei kauft 2 Wagen La Plata-Mais für Juli. Die Ware wird nicht geliefert. Am 1. August mahnt die Brennerei und stellt eine Nachfrist von 6 Tagen. a) Sie droht Rücktritt vom Vertrage an, wenn der Preis zurückgegangen sein sollte. Bei Nichteinhaltung der Nachfrist kauft sie an anderer Stelle. b) Sie droht Ablehnung der Lieferung und Geltendmachung von Schadenersatz an, falls der Tagespreis höher steht als der vereinbarte Preis. Nach fruchtlosem Ablauf der Nachfrist nimmt sie Deckungskauf vor und fordert den Rechnungsunterschied als Schadenersatz ein.

b) Vertragsstrafen. Im Großhandel und in der Industrie wird in der Regel für den Fall nicht rechtzeitiger Lieferung eine Vertragsstrafe (Konventionalstrafe) vereinbart. Diese ist in dem Augenblick fällig, wo der Verkäufer in Verzug gerät. Bezüglich der Höhe dieser Strafe ist zu unterscheiden, ob es sich um einen Handelskauf handelt oder nicht. Im Handelskauf kann die Strafe in beliebiger Höhe vereinbart werden; der Kaufmann muß wissen, ob ihm das Geschäft das Eingehen dieser Gefahr wert ist. Im andern Falle kann das Gericht die Strafe herabsetzen, wenn sie ungebührlich hoch erscheint. Der Anspruch auf Erfüllung bleibt trotzdem bestehen. (HGB. § 348, BGB. §§ 339, 343.)

Beispiel: In einem großen rheinischen Elektrizitätswerk ist der Sockel, auf dem die große Dampfmaschine steht, geborsten und kann jeden Augenblick einstürzen. Eins der größten Stahlwerke verpflichtet sich nach Ferngespräch, innerhalb von 6 Stunden eine Eisenbandage für den Sockel herzustellen und anzubringen, die den Zusammensturz verhindert. Da bei Einsturz des Sockels und der Maschine in der kommenden Nacht über eine Million Menschen ohne Licht und Kraft sein würden, verpflichtet sich das Stahlwerk, für jede Stunde, um die die Vollendung der Arbeit verzögert wird, eine Vertragsstrafe von RM 10000 zu zahlen. Da beide Teile Kaufleute waren, wäre diese Strafe in voller Höhe zu zahlen gewesen, wenn nicht die Arbeit rechtzeitig beendet worden wäre. Tatsächlich war sie in 5 Stunden fertiggestellt.

c) Annahmeverzug. Nimmt der Käufer die ihm übersandte Ware nicht an, so gerät er in Verzug (Annahmeverzug). Damit geht die Gefahr des Verderbs usw. auf den Käufer über. Der Verkäufer kann die Ware auf Kosten des Käufers bei einem Spediteur oder Lagerhalter hinterlegen und muß dem Käufer hiervon Mitteilung machen. Ist die Ware leicht dem Verderb ausgesetzt, so kann sie der Verkäufer auf Kosten des Käufers öffentlich versteigern lassen (Selbsthilfeverkauf) und den Käufer für den Preisunterschied haftbar machen. In dringenden Fällen kann dieser Verkauf ohne vorherige Mitteilung an den Käufer erfolgen. Wohl zu beachten ist hierbei, daß der Käufer sich wirklich in Verzug befinden, also zur Abnahme der Ware verpflichtet sein mußte. (BGB. §§ 293, 374, 383/84.)

Beispiel: Eine Konservenfabrik erhält eine Wagenladung frischer grüner Erbsen. Sie ist augenblicklich sehr stark beschäftigt und nimmt die Sendung nicht ab. Sie hat zunächst das Standgeld auf der Bahn zu tragen, ebenso die Gefahr, die mit dem Verderb der Erbsen verbunden ist. Da sich an dem kleinen Orte für die Erbsen kein Käufer finden würde, kann der Verkäufer die Sendung in den nächsten größeren Ort senden und dort zur Versteigerung bringen lassen. Auch die dadurch entstehenden Beförderungs- und Versteigerungskosten sowie den Preisausfall hat die Konservenfabrik zu tragen. Wurden dagegen die Erbsen nicht, wie vereinbart, als Eilgut abgesandt und kamen infolgedessen statt am Sonnabend erst am Sonntag an, so liegt kein Annahmeverzug vor, da der Verkäufer nicht seinen vertraglichen Verpflichtungen nachgekommen ist. Er hat somit den ganzen entstehenden Schaden selbst zu tragen.

Häufig ist der Selbsthilfeverkauf bei leicht verderblichen Waren wie Fischen; hier findet die öffentliche Versteigerung in der Regel gleich auf der Güterabfertigungsstelle statt.

2. Mängel der Ware.

a) Arten der Mängelrüge. Der Verkäufer hat die Ware in der vereinbarten Menge und Beschaffenheit zu liefern. Stellen sich bei Empfang der Waren in diesen Beziehungen Mängel heraus, so muß zunächst festgestellt werden, ob der Mangel schon beim Verkäufer, oder aber erst während der Beförderung oder beim Käufer selbst entstanden ist. Um dies festzustellen hat der Käufer, der zur Annahme mangelhafter Ware nicht verpflichtet ist, die Ware nach Empfang zu untersuchen.

Gewichtsunterschiede werden sich ebenso wie andere Abweichungen von der vereinbarten Menge meist sofort feststellen lassen, wobei zu bemerken ist, daß eine teilweise Lieferung nicht angängig ist, soweit nicht besondere Vereinbarungen in dieser Richtung getroffen sind. Dagegen ist die Feststellung von Mängeln in der Beschaffenheit oft schwierig und häufig nur mit Hilfe besonderer Verfahren durchführbar. War dem Käufer der Mangel bereits beim Kauf bekannt, so kann er deswegen nach Erhalt der Ware keine Rüge anbringen, auch wenn er sich über diesen Mangel beim Kauf der Ware nicht geäußert hat.

Beispiele: Mit der Bahn ankommende Sendungen enthalten im Frachtbrief die genaue Angabe des Gesamtgewichts (einschl. Verpackung). Abweichungen hiervon können sofort nach Ankunft durch Nachwiegen festgestellt werden. — Kleiderstoffe sind unmittelbar nach Erhalt nachzumessen.

Eine Werkzeugfabrik braucht einen besonders zähen Stahl. Diese Eigenschaft kann nur auf besonderen Zerreißmaschinen festgestellt werden. Besitzt die Fabrik solche nicht, so wird sie eine Probe zunächst an die benachbarte Technische Hochschule schicken und deren Urteil abwarten, ehe sie die Ware endgültig annimmt.

Jemand kauft ein Öldruckbild, auf dem das Glas einen Sprung hat. Dieser Fehler mußte ihm bei der Besichtigung des Bildes auffallen, auch wenn er keine Bemerkung darüber gemacht hatte. Er hat keinen Anspruch aus mangelhafter Lieferung.

b) Zeitpunkt der Mängelrüge. Wie lang die Untersuchungsfrist im einzelnen Falle zu bemessen ist, kann nicht für alle Warenlieferungen gleichmäßig vorgeschrieben werden. Grundsätzlich ist zu unterscheiden, ob der Käufer Kaufmann ist oder nicht. Der Nichtkaufmann hat zur Geltendmachung des Mangels, falls er ihn nicht absichtlich (arglistig) verschweigt, eine Frist bis zu sechs Monaten. Dagegen ist der Kaufmann verpflichtet, den Mangel unverzüglich anzuzeigen, die Ware also sofort nach Ankunft zu untersuchen. Versäumt er dies, so gilt die Ware als genehmigt. Diese Vorschrift ist nötig, damit der Verkäufer nicht für Mängel in Anspruch genommen wird, die er nicht verschuldet hat. Ferner könnte der Käufer erst abwarten, ob vielleicht die Preise der gekauften Ware sinken und nur in diesem Falle die Mängelrüge anbringen, um dem Verkäufer einen möglichst großen Schaden zuzufügen.

Um Meinungsverschiedenheiten auszuschalten, vereinbaren die Parteien oft eine bestimmte Rügefrist, z. B. acht Tage nach Empfang der Ware, an die der Käufer aber nur gebunden ist, wenn er diese Bedingung angenommen hat. Der Vermerk auf der Rechnung „Mängelrügen werden nur innerhalb acht Tagen berücksichtigt" allein gilt noch nicht als eine solche Vereinbarung. Versteckte Mängel, die innerhalb der vereinbarten Frist im ordnungsmäßigen Geschäftsverlauf nicht entdeckt werden können, dürfen trotzdem auch später angebracht werden. (BGB. §§ 266, 477, HGB. §§ 377, 379.)

Beispiele: Ob die Untersuchung stets sofort möglich ist, hängt von der Natur der Ware ab. Z. B. wird eine Zeitungsdruckerei, die das Druckpapier in großen Rollen bezieht, den Mangel erst entdecken können, wenn sie das Papier verarbeitet, worüber in der Regel Monate vergehen können. Gewichtsunterschiede dagegen würde sie sofort festzustellen haben. Im angenommenen Falle handelt es sich darum, daß innerhalb einer Rolle viele Meter Papier schadhaft sind.

Wein in Fässern muß nach der Ankunft erst mindestens 8 Tage unangerührt liegen, ehe das Faß geöffnet werden darf. Ein Rechnungsvermerk „Mängelrügen werden nur innerhalb acht Tagen angenommen" würde hier, auch wenn er vom Käufer für andere Waren anerkannt wäre, jede Mängelrüge geradezu unmöglich machen.

c) Form der Mängelrüge. Die Mängelrüge muß so gehalten werden, daß der Verkäufer zu der Beanstandung Stellung nehmen kann. Allgemeine Wendungen („Die Ware ist der reine Schund") sind nicht ausreichend. Die Mängel sind genau zu bezeichnen. Dagegen braucht der Käufer nicht zu sagen, welche Folgerungen er aus der mangelhaften Belieferung herleiten will. Er hat zunächst nur klar zum Ausdruck zu bringen, daß er die Lieferung nicht als Erfüllung des Vertrages gelten lassen will. In der Regel geschieht dies durch den Ausdruck: „Ich stelle Ihnen die Ware zur Verfügung."

d) Folgen der mangelhaften Lieferung. Die Mängelrüge findet ihre Erledigung durch Verhandlung zwischen den Parteien. Diese soll von der Absicht geleitet sein, einen gerechten Ausgleich zu finden, nicht aber einen Sondervorteil zu erzielen.

Handelt es sich um eine Ware, die durch eine andere nicht ersetzt werden kann (z. B. um eine gebrauchte Maschine), so kommt nur eine Herabsetzung des Preises („Minderung") oder eine Aufhebung des Vertrages („Wandlung") in Betracht. Handelt es sich aber um Gattungswaren, so kann statt der Wandlung oder Minderung auch die Lieferung einwandfreier Ware („Ersatzlieferung") verlangt werden.

Es ergeben sich also im Falle der Lieferung einer mangelhaften Ware folgende Forderungsrechte des Käufers

1. beim Kauf einer bestimmten Ware: Wandlung oder Minderung,
2. beim Kauf einer Gattungsware: Wandlung oder Minderung oder Ersatzlieferung.

Beispiele: An einer Sendung Kakao fehlen 10 kg; es wird Nachlieferung verlangt, da die übrigen 90 kg durch das Mindergewicht nicht an Wert verlieren. Indes kann der Käufer nach seiner Wahl auch Minderung beantragen, das heißt einfach die fehlenden 10 kg vom Rechnungsbetrage kürzen. Er wird dies tun, wenn inzwischen der Kakaopreis gefallen ist.

Ein Stoffmuster für Ergänzung einer Saalauskleidung mit Spannstoffen ist übersandt worden. Die erhaltene Ware zeigt ein ähnliches, aber nicht das gleiche Muster. Die Sendung ist unverwertbar für den beabsichtigten Zweck, es wird Wandlung (Rückgabe) beantragt.

An einem gelieferten Motorrade ist der Sattel schadhaft. Nachlieferung oder Minderung ist möglich, da das Rad selbst auch mit einem anderen Sattel verwertbar ist. Wäre dagegen der Rahmen nicht vertragsmäßig, so würde nur Wandlung betreffs des ganzen Motorrades in Frage kommen.

Sind dem Käufer aber gewisse Eigenschaften der Ware zugesichert worden, so kann er statt dessen auch die mangelhafte Ware zurückweisen, den Vertrag als nicht erfüllt ansehen, sich anderweitig eindecken und den entstandenen Schaden geltend machen. Von diesem Rechte wird er Gebrauch machen, wenn er nicht in der Lage ist, auf Ersatzlieferung zu warten, oder wenn er zu dem Verkäufer nicht das Vertrauen hat, daß dieser mangelfrei liefern wird. (BGB. §§ 459, 460, 462, 476, 480.)

In gleicher Weise besteht ein Anspruch auf Schadenersatz wegen Nichterfüllung, wenn der Verkäufer den Mangel arglistig verschwiegen hat oder wenn er eine nicht vorhandene Eigenschaft arglistig vorgetäuscht hat.

Beispiel: Eine Farbenfabrik liefert für ein chemisches Unternehmen einen „garantiert säurefesten" Lack, der zum Innen-Anstrich der Gefäße verwendet werden soll. Beim Gebrauch zeigt sich, daß der Lack nicht säurefest ist und daher die Gefäße zerstört werden. Zu ihrer Auswechslung muß der ganze Betrieb eine Woche stillgelegt werden. Den gesamten hieraus entstehenden Schaden hat die Lackfabrik zu tragen.

Der Empfänger einer mangelhaften Ware hat nicht das Recht, diese ohne weiteres zurückzusenden. Der Deutlichkeit halber wird dies oft in den Bedingungen noch besonders zum Ausdruck gebracht; („Rücksendungen werden nur angenommen nach Erklärung unseres Einverständnisses"); denn dem Verkäufer muß die Möglichkeit offen gehalten werden, über eine etwa abgelehnte Ware möglichst günstig weiter zu verfügen. Der Käufer ist daher verpflichtet, die Ware einstweilen auf gutes Lager zu nehmen, bzw. zu geben. Ist eine Aufbewahrung wegen drohenden Verderbens der Ware (Fische, Südfrüchte) nicht angängig, so kann der Käufer unter den gleichen Bedingungen wie beim Selbsthilfeverkauf den Notverkauf vornehmen lassen.

Schrifttum.

über den Abschnitt „Einkauf".

Wer sich noch weiter über Einzelheiten unterrichten will, dem seien folgende Werke empfohlen:

J. F. Schär, Handelsbetriebslehre. (Vgl. S. 29.)

Schär behandelt auf Seite 148—154 seines grundlegenden Werkes die Einkaufskunst von der betriebswirtschaftlichen Seite aus.

Fritz Wittekopf, Systematischer Einkauf in Handel, Industrie und Großgewerbe. 2. Auflage. Leipzig 1919, G. A. Gloeckner.

Hier wird die praktische Organisation der Einkaufsabteilung einer Fabrik geschildert mit zahlreichen Mustern aus der Praxis.

Heering-Steuer, Der Einkauf im Detailgeschäft. Leipzig 1915, B. G. Teubner.

Dieses kleine Werk schildert besonders den Einkauf in kleineren Geschäften und ist in erster Linie für Verkäuferinnenklassen berechnet.

Leopold Lion, Die Textilbranchen. Nordhausen 1922, Heinrich Killinger.

Das umfangreiche Werk behandelt nahezu erschöpfend alles für den Textilhandel Wichtige. Die Organisation des Einkaufs ist auf den Seiten 168—176 dargestellt.

Daneben behandeln alle Lehrbücher der Handelskunde den Einkauf der Waren in mehr oder minder ausgedehntem Maße, jedoch fehlt in ihnen meist die betriebstechnische Seite.

3. Die Lagerung der Ware bis zum Verkauf.

A. Die Lagerung der Ware im Betriebe.

§ 40] I. Arten der Lager.

Zwischen dem Einkauf und dem Verkauf der Ware liegt in den meisten Fällen ein kürzerer oder längerer Zeitraum, während dessen die Ware sorgfältig und sachgemäß gelagert werden muß. Diesem Zweck dienen die verschiedenen Arten der Warenlager, die entweder im verkaufenden Betriebe selbst oder in fremden Räumen vorhanden sind.

Die Eigenart des Lagers wird bestimmt einmal durch die Art der Ware selbst (Lebensmittel, Webwaren, Eisenwaren), sodann in noch stärkerem Maße durch die Art des Unternehmens; denn eine Fabrik wird die Waren in ganz anderer Weise zu lagern haben als eine Groß- oder gar eine Einzelhandlung.

1. Der Einzelhandel.

Im Einzelhandel ist vielfach überhaupt kein besonders Lager erforderlich, vielmehr liegt die gesamte Ware im Laden selbst. Bei Lebensmittelgeschäften werden allerdings außerdem noch Warenvorräte auf dem Reservelager neben dem Laden, im Keller, vielleicht auch auf dem Boden lagern. Auch sonstige Einzelhandlungen mit umfangreicherer Ware werden neben dem Laden noch ein Reservelager unterhalten, das vor allem die Massenwaren aufnimmt, während die feineren Erzeugnisse immer dem Käufer sichtbar gelagert sein müssen.

Beispiele: Ein Glas- und Porzellangeschäft wird seine Kristallschalen im Laden aufbewahren, da jedes Stück anders ist, ebenso die künstlerischen Porzellantassen und -figuren. Das Küchengeschirr braucht nur in Mustern im Laden vorhanden zu sein, die Ware selbst liegt im Reservelager. — Ein Modewarengeschäft lagert die fertigen Kleider und die eigentlichen Modestoffe im Laden. Wäschestoffe, Bettwäsche u. dgl. können bis auf das jeweils im Anschnitt befindliche Stück im Reservelager ruhen.

2. Der Großhandel.

Im Großhandel nehmen die Lagerräume meist den größten Teil der Geschäftsräume ein und sind von den eigentlichen Kontorräumen und den für den Verkehr mit der Kundschaft bestimmten völlig getrennt. Nötigenfalls werden neben den eigenen Räumen noch fremde Lagerräume in Anspruch genommen, die entweder gemietet werden oder unter der Verwaltung besonderer Unternehmer stehen, die wir früher (S. 8) als „Lagerhalter" kennengelernt haben. Diese Lager sind in der Regel auch räumlich, oft sogar örtlich von den Räumen des Unternehmens selbst getrennt.

3. Die Fabrik.

Die Fabrik hat Lager für ihre Rohstoffe, die im Betriebe gebraucht werden, für die halbfertigen Waren und für die von ihr erzeugten Waren. Dabei werden die Lager für die Rohstoffe der Fabrikation in der Regel die ausgedehntesten sein, da die fertige Ware bei vielen Erzeugnissen unmittelbar nach der Fertigstellung zum Versand kommt. In vielen Fällen erfolgt hier die Lagerung auch im Freien, z. B. bei unbearbeitetem Holz, Kohle, Eisen.

II. Einrichtung der Lager. [§ 41

1. Die Lagerräume.

Die Lagerräume werden so gebaut, daß jede dort gelagerte Ware ohne die Verwendung von Leitern erreicht werden kann. Die Stockwerke sind daher niedrig, in den unteren Räumen vielfach mit Eisenbahnanschlußgleis ausgestattet, die Türen ohne Schwellen, so daß Elektrokarren von einem Raum zum anderen fahren können. Für Schwergüter (große Eisenteile, Maschinen) sind sie oft mit Laufkatzen an der Decke versehen, die von einem Lager in das andere fahren können. Die verschiedenen Stockwerke sind untereinander durch Warenfahrstühle, bei leichten Waren durch schneckenförmig gewundene Schurrvorrichtungen verbunden. Die Zahl der Zugänge ist dabei eine möglichst geringe, damit die ein- und ausgehenden Personen und Güter leicht überwacht werden können.

2. Die Lagervorrichtungen.

Die Lagervorrichtungen bestehen meist aus Regalen, die in übersichtlicher Weise in der Längs- und Querrichtung angeordnet sind, in der Hauptrichtung breite Gänge, in der übrigen Richtung aber nur so viel Raum freilassen, daß alle Waren leicht herausgenommen und befördert werden können. An jedem Regal ist ein Schild angebracht,

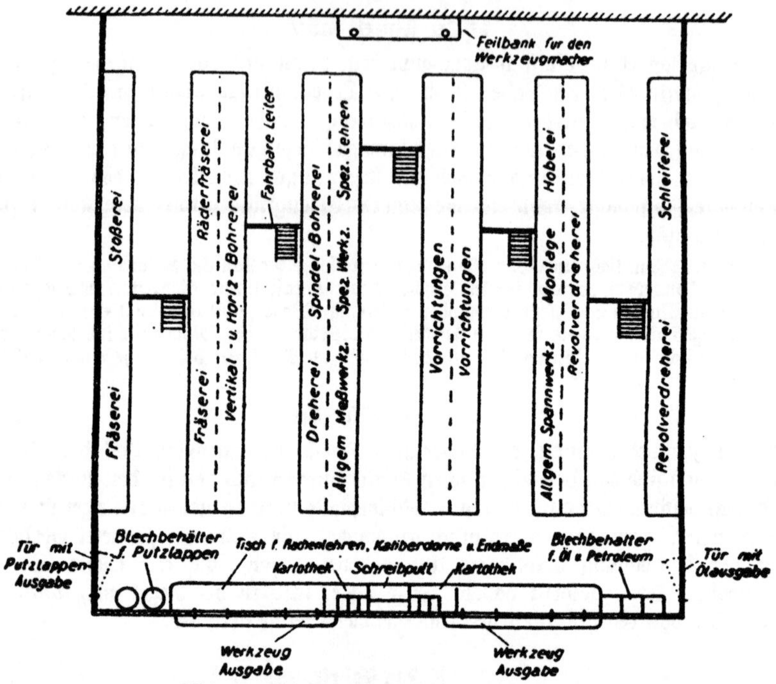

Abb. 41: Plan eines Zentrallagers.

Abb. 42: Lagerraum.

das durch einen Buchstaben oder eine Zahl Aufschluß über die Art der hier lagernden Güter gibt. Allerdings werden diese Bezeichnungen nur dem Eingeweihten verständlich sein, aber andere Personen haben auf dem Lager auch nichts zu suchen. Ferner trägt jedes einzelne Fach äußerlich deutlich lesbar ein Kärtchen oder Täfelchen, das über den Inhalt Aufschluß gibt. Waren, die durch Staub oder Licht leiden, ruhen in verschlossenen Kästen, Flüssigkeiten werden in entsprechenden Standgefäßen aufbewahrt, die bei größerem Umfang mit geeigneten Kippvorrichtungen ausgestattet sind. Für gewisse Waren sind Lagereinrichtungen besonderer Art erforderlich, die oft technisch vollkommen durchgebildet sind, um Güte und Wert der Ware zu schützen, Aufbewahrung und Beförderung möglichst zu vereinfachen. So gibt es besondere Aufbewahrungsgefäße für Erdöl, Spiritus, Fische, Gefrierfleisch, Getreide (Silos) usw. Wo die Ware abgewogen werden muß, ist eine genügende Anzahl von Wagen angebracht, die häufig ohne Gewichte bedient werden können (Federwagen, Wagen mit Laufgewichten), um ein schnelles Abwiegen zu ermöglichen.

Beispiele: In einer Eisenwarengroßhandlung trägt das Lager der Baubeschläge die Bezeichnung „Bb", das Regal mit Türschlössern die Nummer 17, die Kastenschlösser den Buchstaben K, die verschiedenen Größen die entsprechende Nummer. Es ist dann leicht zu merken, was in dem Fach Bb 17 K 26 lagert. — In einer photographischen Fabrik lagern die Apparate, jeder in einem Kästchen verpackt, offen, die Chemikalien und Papiere (Gas- und Tageslichtpapiere) dagegen in gut geschlossenen Kästen.

III. Lagerverwaltung. [§ 42

1. Lagerverzeichnis.

Um in der Einkaufsabteilung sowohl wie in der Verkaufsabteilung einen schnellen Überblick über das Lager zu haben, empfiehlt sich die Anlage eines Lagerverzeichnisses. Aus diesen ist mit Hilfe eines Planes nebst Eintragung der Räume, Regale usw. sowie einer Liste, die einmal nach Buchstaben und Nummern, ein zweites Mal nach Warengruppen geordnet ist, jederzeit sofort zu ersehen, wo die betreffende Ware lagert, bzw. was an der bezeichneten Stelle zu finden ist. Diese einmalige Arbeit macht sich im Laufe der Jahre durch die Zeitersparnis schnell bezahlt, besonders bei einem Wechsel der Angestellten.

2. Lagerkartei.

Das wichtigste Hilfsmittel der Lagerverwaltung sind die Lagerkarten, von denen eine Gruppe als Nachweiskarten in einer Kartei der Lagerverwaltung aufbewahrt wird, während die zweite Gruppe als Lagerfachkarten unmittelbar bei jeder Ware selbst hängt. Die Nachweiskarten können durch die Eigenfarbe oder farbigen Aufdruck kenntlich machen, auf welchem Lager die Waren ruhen, falls mehrere Lager vorhanden sind. Sie können auch die Warengruppen schon äußerlich zum Ausdruck bringen, um ein falsches Abstellen der Karten zu verhindern. Wird die Karte weiter mit einer Preisspalte ausgestattet, so kann sie gleichzeitig als Unterlage für die Bewertung des Lagers, der Ab- und Zugänge und der etwa eingetretenen Verluste durch Schwund, Verdunsten, Verderb oder Beraubung dienen. Die Lagerfachkarte trägt nur die Mengenspalte für Ab- und Zugang und Bestand sowie in der oberen Ecke den „eisernen Bestand", der mindestens vorhanden sein muß. Ist die Bewegung auf dem Lager sehr lebhaft, so wird an jedem Regal eine Sammelkarte geführt, die so viele Spalten hat wie das Regal Fächer. Hier werden die einzelnen Veränderungen eingetragen und täglich nach dem Zusammenzählen in einem Posten in die Lagerfachkarte eingetragen.

Um eine möglichst genaue Übereinstimmung der Ist- und Sollbestände des Lagers zu gewährleisten, ist es unbedingt erforderlich, daß genau wie in der Kasse kein Ab- und Zugang ohne einen Beleg erfolgt. Dabei muß jeder Entnahmeschein oder Verlangzettel bzw. beim Versand nach außerhalb die Versandanweisung von einer verantwortlichen Person gezeichnet sein, was durch ein kurzes Merkmal geschehen kann, und die Ausgabe ist entsprechend von dem Lagerangestellten gegenzuzeichnen. Werden diese Zettel durchgeschrieben und bleibt die Durchschrift in einem gebundenen Buche, so ist jederzeit eine Nachprüfungsmöglichkeit gegeben; gleichzeitig ersetzt dieses Buch das Verkaufsbuch älterer Art. Auf den Lagerkarten selbst braucht dann nur hinter oder vor dem Mengenvermerk die Nummer des Entnahmescheines und der Tag vermerkt zu werden, um eine leichte Prüfung jederzeit zu ermöglichen. — Entsprechend werden auch die Eingänge be-

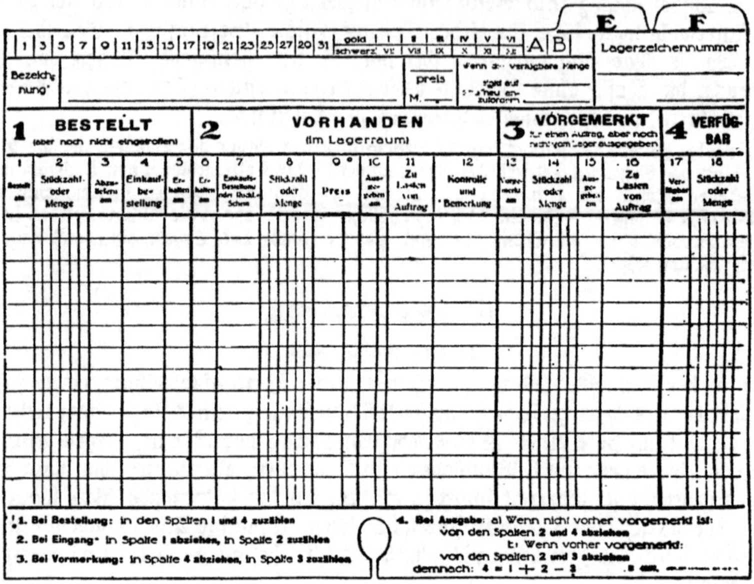

Abb. 43: Lagerkarte. (Gebr. Weinmann, Berlin.)

handelt, wobei zu unterscheiden ist, ob der Zugang aus dem eigenen Betriebe (Fabrik) oder von außerhalb erfolgt. Besonders zu behandeln sind hierbei wieder Teillieferungen oder zurückgegebene Waren (Retouren). Die Durchschriften der Eingangszettel ergeben dabei gleichzeitig das Einkaufsbuch.

3. Lagerüberwachung.

Wird ein Lager in der eben geschilderten Weise verwaltet, so ist es auch möglich, sich jederzeit davon zu überzeugen, ob einerseits die beiden Kartengruppen (Nachweiskarte und Lagerfachkarte), anderseits diese Karten mit dem wirklichen Lagerbestand übereinstimmen. Es wird im allgemeinen nicht nötig sein, sämtliche Bestände nachzuprüfen; vielmehr genügen Stichproben auf verschiedenen Gebieten zur Ermittlung der Tatsache, ob alle Angestellten ihre Arbeit sorgfältig verrichten. Stellt sich dabei heraus, daß Ist- und Sollbestand nicht übereinstimmen, so wird bei geringen Abweichungen, wie sie sich im allgemeinen nicht vermeiden lassen (Verzählen, Einwiegen, Schwund usw.), der Unterschied mit roter Tinte als Berichtigungsposten in die Karten eingesetzt. Bei größeren Unterschieden, vor allem wenn eine Veruntreuung befürchtet werden muß, ist sofort eine Untersuchung einzuleiten. Nur eine äußerst scharfe und ständige Überwachung des Lagers kann das Unternehmen vor Verlusten dieser Art schützen.

Eine Überwachung ganz anderer Art mittels der Karten ist die tägliche Feststellung der am Abend bleibenden Bestände, damit eine rechtzeitige Ergänzung der Vorräte in die Wege geleitet wird. Manche Unternehmen führen zu diesem Zweck eine doppelte Zahl für den eisernen Bestand, nämlich eine, bei deren Unterschreitung die Bestellung zu veranlassen ist und eine zweite, unter die der tatsächliche Bestand nie sinken soll, also z. B. „Eiserner Bestand: 600/500 Stück". Sobald nun infolge einer Auslieferung der Bestand auf 600 Stück sinkt, ist sofort eine Bedarfsanmeldung an die Einkaufsabteilung zu richten.

4. Bedeutung der Lagerüberwachung.

Bargeld und Warenlager werden in vielen Geschäften noch heute recht verschieden behandelt. Während man es für eine Selbstverständlichkeit hält, daß in jedem größeren Geschäft jeden Abend der Kassenbestand mit den Eintragungen in den Kassenbüchern verglichen wird, fehlt auf vielen Lagern häufig jegliche Überwachungsmöglichkeit. Einmal im Jahre wird der Lagerbestand zum Zwecke der Inventur aufgenommen. Im übrigen verläßt man sich auf die Ehrlichkeit der verantwortlichen Lagerangestellten, ohne eine geordnete Lagerbuchhaltung zu führen. Sicher sind hier die Schwierigkeiten bei den manchmal in die Tausende gehenden verschiedenen Waren größer als bei dem einheitlichen Kassenbestand. Aber für den zeitgemäßen Organisator dürfen derartige Schwierigkeiten nicht unüberwindlich erscheinen, und die darauf verwandte Arbeit macht sich immer sehr gut bezahlt. Wissen Angestellte und Arbeiter, daß jeden Tag Stichproben auf die Richtigkeit der Bestände gemacht werden können, so werden sie sich bemühen, soweit wie möglich die Ist- und Sollbestände in Übereinstimmung zu halten. Der Unterschied beruht keineswegs immer auf Unehrlichkeit, vielmehr erheblich häufiger auf unsorgfältiger Behandlung der Ware, nachlässigem Wiegen und Zählen usw. Bei den oft sehr ausgedehnten Lagerräumen großer Unternehmen lassen sich die Lagerangestellten in ihrer Tätigkeit nicht so leicht überwachen wie die im Kontor Tätigen. Um so wichtiger ist es, daß ihre Tätigkeit auf die oben angedeutete Weise einer ständigen Nachprüfung unterliegt.

5. Die Lagerstatistik.

Die Lagerstatistik, die sich durch die doppelt geführten Lagerkarten leicht in jedem beliebigen Zeitpunkt durchführen läßt, bringt dem Unternehmen eine Reihe weiterer Vorteile. Der Vergleich der Umsätze mit den Durchschnittsbeständen zeigt, ob das Lager in den einzelnen Waren zu groß oder zu klein ist. Daß ein zu großes Lager erheblich verteuernd auf die Warenpreise wirken muß und dadurch auch die Käufer geschädigt werden, wurde bereits an einer früheren Stelle erwähnt (S. 105). Werden monatlich Lagerumsätze und -bestände den verantwortlichen Leitern vorgelegt und die Werte zu den Mengen hinzugefügt, so ergeben sich hieraus wertvolle Fingerzeige für die künftige Handhabung der Ein- und Verkäufe; daneben bieten diese Aufzeichnungen die Möglichkeit, monatlich eine vollständige Bilanz aufzustellen. Durch Vergleich der monatlichen Erfolgszahlen veranlaßt, wird man untersuchen, an welchen Stellen des Geschäfts noch Verbesserungen durchgeführt werden können oder müssen.

Die täglichen Bestandszahlen in den Karten sollen die Möglichkeit geben, in der Lagerkartei durch Aufsetzen von Reitern ständig die Waren zu kennzeichnen, die nachbestellt werden müssen, wenn keine Absatzstockung eintreten soll. Dadurch können die Lager auf einem verhältnismäßig sehr niedrigen Stand gehalten werden, und das Unternehmen ist trotzdem jederzeit lieferfähig. Man spart dabei nicht nur unnütze Zinsen und Verluste durch Lagerschwund, sondern ist außerdem in der Lage, jederzeit frische Ware zu liefern, oder aber auch die Preisschwankungen auf dem Weltmarkt günstig auszunutzen durch weitschauende Eindeckung mit Waren, die starken Preisbewegungen ausgesetzt sind.

B. Die Lagerhaltung als Gewerbe.

I. Der Lagerhalter. [§ 43

Die Lagerung der Ware bietet rechtlich nur Sonderheiten, wenn sie in einem fremden Lager erfolgt. Derartige Lager werden in fast allen Orten von den Spediteuren unterhalten. Nur in großen Hafen- und Umschlagsplätzen, wie Hamburg, Magdeburg, Köln,

Leipzig, finden wir besondere Lagerhausgesellschaften, die, wie schon der Name sagt, die Lagerung der Ware berufsmäßig betreiben. Die Pflichten und Rechte dieser Lagerhalter sind im Handelsgesetzbuch besonders geregelt. Sie haben für ordnungsmäßige Lagerung, Aufbewahrung und Versicherung der eingelagerten Güter zu sorgen und zu haften, wogegen ihnen ein Rechtsanspruch auf das vereinbarte oder ortsübliche Lagergeld zusteht, für dessen Entrichtung die Ware selbst haftet, solange sie auf dem Lager des Lagerhalters liegt. Sobald demnach die Ware aus dem Lager herausgeschafft ist, steht dem Lagerhalter daran wegen seiner Forderung auch kein Pfandrecht mehr zu. (HGB. §§ 416, 417, 420, 421.)

§ 44] II. Der Lagerschein.

Die Schnelligkeit, mit der im Großhandel häufig Abschlüsse getätigt werden, muß diesem die Möglichkeit geben, die in dem Lagerhaus ruhende Ware zu veräußern oder zu verpfänden. Mit anderen Worten, einem Dritten wird das Verfügungsrecht oder Eigentumsrecht daran verschafft, ohne daß die Ware das Lagerhaus selbst verläßt. Zu diesem Zwecke wird ein Lagerschein (in Amerika und England „Warrant" genannt) über die Hinterlegung ausgefertigt, aus dem genau Art, Menge, Tag der Einlagerung, Eigentumsmerkmale usw. der Ware zu ersehen sind. Der Lagerhalter darf die Ware nur demjenigen aushändigen, der den Lagerschein vorlegt. Im allgemeinen lautet der Lagerschein auf den Inhaber, kann also ohne jede Förmlichkeit von Hand zu Hand weitergegeben werden. Nur vom Staate besonders ermächtigte Lagerhalter, im allgemeinen die großen Lagerhausgesellschaften, haben das Recht, Lagerscheine auszustellen, die auf den Namen des Eigentümers lauten und nur durch einen schriftlichen Vermerk auf der Rückseite an einen anderen Eigentümer übertragen werden können. Einen solchen Vermerk nennt man Indossament. Da jeder neue Eigentümer des Papieres mit Namen genannt sein muß, wird dadurch eine widerrechtliche Verwendung des Papieres außerordentlich erschwert und so die Sicherheit erhöht. Ein solcher „an Order" lautender Lagerschein ersetzt die Ware fast vollkommen und kann daher wie sie selbst gehandelt und verpfändet werden. (HGB. § 424.)

§ 45] III. Eigenes oder fremdes Lager.

Die Entscheidung über diese Frage ist in der Hauptsache nur für den Großhandel von Bedeutung. Eigene Lagerräume bieten den Vorteil, daß die Ware jederzeit sofort griffbereit ist und der ständigen Überwachung unterliegt. Aber es kann auch für das Unternehmen günstig sein, fremde Lager zu benutzen, da hier die Lagerspesen infolge der allgemeinen Vorteile des Großbetriebes oft erheblich niedriger sind als auf dem eigenen Lager. Besonders bei Waren, die nur in bestimmten Jahreszeiten die Lager füllen, z. B. Getreide, hat die Lagereigesellschaft den Vorzug, daß sie die hierfür erforderlichen großen Räume in der übrigen Zeit zur Lagerung anderer Waren verwenden kann. Ein weiterer Vorteil bietet sich, wenn das Lagerhaus an einer günstigen Verkehrsstelle gelegen ist, das Geschäft selbst aber verkehrstechnisch ungünstiger liegt. In diesem Falle wird die Ware nicht erst zum Wohnsitz der Unternehmung gebracht und von hier aus weiterversandt, sondern gelangt gleich aus der Fabrik in das Lagerhaus und von hier aus an den Empfänger.

Beispiel: Eine Lebensmittelgroßhandlung in Halberstadt verkauft Raffinade, die sie von einer Zuckerraffinerie an der Elbe unterhalb Magdeburg bezieht und zum großen Teil an Einzelhändler zwischen Magdeburg und Halberstadt abgibt. Sie lagert die Raffinade in Magdeburg und läßt sie von dort aus verschicken, sobald Bestellungen einlaufen. In solchen Fällen müssen häufig die Ursprungszeichen entfernt werden, damit nicht der Käufer das nächste Mal unmittelbar bei der Fabrik bestellt.

Die Lagerhaltung kann zur Ersparung der Frachten führen.

Beispiel: Ein Berliner Wolleinfuhrhändler kauft 100 Ballen Wolle in Australien und läßt diese in Bremen waschen und kämmen. Das Erzeugnis lagert er in Bremen ein und verkauft die Ware nach einiger Zeit an eine Delmenhorster Wollspinnerei.

Die Lagerhaltung kann preisausgleichend wirken.

Beispiel: Die Kaffee-Ernte eines Landes bringt mehrere Jahre hintereinander sehr große Erträge. Durch eine Einlagerung der Überschußmengen kann der Preissturz — wenigstens zum Teil — aufgehalten werden. In Jahren geringerer Ernte wird die Lagerware dem Verbrauch zugeführt und dadurch eine übermäßige Preissteigerung verhütet.

Durch die gewerbsmäßige Lagerhaltung wird die Schaffung von Einrichtungen ermöglicht, durch die eine sonst dem Verderb ausgesetzte Ware lagerfähig gemacht und dem Dauerverbrauch zugeführt wird.

Beispiel: Frischfleisch aus Argentinien wird in Kühlschiffen nach Hamburg, in Kühlwagen nach Leipzig verfrachtet, hier in einem Kühltransithaus eingelagert und nach Bedarf dem Verbrauch zugeführt. — Auch dieser Vorgang trägt zur Preisausgleichung bei. Sobald es gelingen würde, Frischfische in gleicher Weise lagerfähig zu machen, würden die großen Preisschwankungen am Fischmarkte nicht mehr auftreten.

4. Der Warenverkauf.

A. Das Werbewesen als Vorbereitung des Verkaufs.

I. Grundlegung. [§ 46

1. Wesen.

Das Streben des Unternehmers geht dahin, einen möglichst schnellen Umsatz der Waren herbeizuführen, die Lagerdauer also nach Möglichkeit abzukürzen. Zu diesem Zweck muß er die Käuferschichten auf seine Waren hinweisen, die Kauflust bei ihnen anregen und bis zum Kaufentschluß steigern. Eine zur Erreichung des genannten Zweckes wichtige Tätigkeit ist die Kundenwerbung.

Die Menschen haben von jeher versucht, anderen Mitmenschen ihre Ansichten und Meinungen mehr oder minder überzeugend aufzudrängen, oder doch mindestens sie in dem gewünschten Sinne zu beeinflussen. Im politischen Leben sehen wir schon im Altertum, wie große Anstrengungen gemacht werden, um bestimmte Anschauungen zur allgemeinen Geltung zu bringen. Mit Verteilung von Lebensmitteln, großen Festspielen, Umzügen und Prachtbauten, durch die Reden der gewandtesten Leute suchte man schon damals für die in Frage stehende Angelegenheit zu werben, Anhänger dafür zu finden.

Auch der Kaufmann wirbt für seine Zwecke. Sein Streben geht dahin, neue Bedürfnisse bestimmter Art in den Menschen zu wecken, oder das schon vorhandene Bedürfnis zu verstärken. Diese Art der Kundenwerbung bezeichnet man heute noch vielfach mit dem Fremdwort Reklame oder Propaganda. Beide Worte stammen aus dem Lateinischen, reclamare heißt „widerhallen“, propagare „verbreiten“. Recht bezeichnend für das Wesen der Werbekunst ist auch die französische Bedeutung des Wortes la réclame = die bezahlte Lobrede.

2. Geschichtliches.

Ist die Werbekunst in größerem Umfange auch erst mit der Erfindung des Buchdrucks möglich geworden, so hat man sie doch auch schon vorher zu betreiben gewußt. In Deutschland waren es die Gaukler, das fahrende Volk der Jahrmärkte, das ausschrie, was es dem versammelten Volke zu bieten hatte. Daher stammt heute noch der Ausdruck „marktschreierische Reklame“ für eine ganz bestimmte Richtung der

Werbetätigkeit. Diesen mündlichen Anpreisungen schlossen sich im 15. Jahrhundert bei dem fahrenden Volke große Plakate an, die herumgetragen wurden, wie wir es heute noch auf den Messen oder bei politischen Umzügen sehen. Dagegen ist das heutige Hauptwerbemittel, die Zeitungsanzeige, in Deutschland erst seit dem Jahre 1660 in bescheidenem Maße zu finden. Ihre Hauptverbreitung beginnt in der Zeit des Anfanges des kapitalistischen Wirtschaftslebens, also um die Mitte des 19. Jahrhunderts. Seitdem ist das Werbewesen zu einer Macht geworden, die fast alle Zeitungen und Zeitschriften beherrscht, und deren Einfluß sich kaum noch irgend jemand, welches auch sein Beruf sein möge, entziehen kann.

3. Wirkungsweise.

a) Psychologische Grundlagen. Jeder äußere Einfluß, der auf uns einwirkt, ruft in unserem Inneren bestimmte Empfindungen wach, die sich durch die äußeren Sinnesorgane Auge und Ohr auf unser Bewußtsein übertragen, wenn sie stark genug sind. Dabei ist beachtenswert, daß gleichförmige Geräusche und gleichartige Einwirkungen auf das Auge und das Ohr uns vielfach überhaupt nicht mehr zum Bewußtsein gelangen.

Beispiele: Das Ticken einer Uhr hören wir nicht mehr, wenn wir ständig dabeisitzen, bemerken aber, daß die Uhr nicht mehr tickt, wenn sie stehengeblieben ist. — Wenn auf einer lebhaften Geschäftsstraße viele Menschen an uns vorübergehen, nehmen wir den einzelnen kaum noch wahr, solange er wie die anderen an uns vorübergeht; wir bemerken ihn aber sofort, falls er sich besonders bemerkbar macht, z. B. uns durch Hutabnehmen grüßt.

War die Empfindung stark genug, so sind wir imstande, sie uns nach einer gewissen Zeit noch in das Gedächtnis zurückzurufen, uns an sie zu erinnern. Jedoch ist diese Vorstellung nicht immer völlig die gleiche wie die ursprüngliche Empfindung. Vielfach wird die Erinnerung dadurch beeinflußt, daß die Empfindung in uns Lust- oder Unlustgefühle hervorgerufen hat.

Aufmerksamkeit. Längere Zeit in unserem Gedächtnis haften bleiben nur Eindrücke, die wir klar und deutlich in unser Bewußtsein aufgenommen haben, also solche, denen wir unsere volle Aufmerksamkeit zugewandt haben. Die Erregung unserer Aufmerksamkeit kann dabei eine willkürliche und eine unwillkürliche sein.

Beispiele: Ein Spaziergänger geht in Gedanken versunken durch den Wald. Plötzlich bricht ein Hirsch mit lautem Geprassel durch das dichte Unterholz. Hier ist der Eindruck so stark, daß die Aufmerksamkeit unwillkürlich erregt wird. — Ein Schüler will Schwimmen lernen und geht in die Badeanstalt, um hier die Schwimmenden in ihren Bewegungen genau zu beobachten. Es liegt willkürliche Aufmerksamkeit vor.

Um unsere unwillkürliche Aufmerksamkeit zu erregen, muß der äußere Eindruck natürlich viel stärker oder anhaltender sein, als wenn wir willkürlich aufmerken. Dabei sind die Menschen sehr verschieden eingestellt. Der Beruf spielt in dieser Beziehung eine ziemlich große Rolle; z. B. werden der Arzt und der Kriminalbeamte durch die jahrelange Übung immer scharfe Beobachter sein, Gelehrte, die immer Bücherwissen treiben, aber oft achtlos an allen äußeren Erscheinungen des Lebens vorübergehen.

Die Erregung der Aufmerksamkeit ist nun bei der Kundenwerbung das erste Ziel; denn eine Anpreisung hat überhaupt nur Zweck, wenn sie die Aufmerksamkeit derjenigen erregt, für die sie bestimmt ist. Dabei werden wir leicht beobachten, daß vor allem das uns zur Aufmerksamkeit zwingt, was von seiner Umgebung abweicht, in mehr oder minder scharfem Gegensatz zu ihr steht. Daher lautet ein Grundgesetz der Werbekunst, „anders sein als alle anderen".

Beispiele: Die Kraftwagenverbotschilder mit den schwarzen Punkten auf gelbem Grunde heben sich stets scharf von der andersfarbigen Umgebung ab. Weiße Buchstaben auf schwarzem Grunde fallen viel mehr auf als schwarze Buchstaben auf weißem Grund. — Die Versuche

Abb. 44: Die Anzeige erregt durch ihre eigenartige Zusammenstellung unwillkürliche Aufmerksamkeit bei allen Lesern, besonders aber bei allen Herzkranken und Nervösen, für die der Kaffee Hag hauptsächlich in Frage kommt.

Laufbilder in hellem Raum vorzuführen, scheiterten in erster Linie daran, daß die Aufmerksamkeit nicht völlig auf die Bildwand gerichtet war. Aus dem gleichen Grunde erfolgt die Verdunklung der Theater, oft auch der Konzerträume. In den Zeitungsanzeigen fallen die Anzeigen am ersten auf, die sich durch besondere Schrift oder Bilder, durch einen breiten weißen Rand oder durch starke Umrahmung vor den anderen auszeichnen.

Die Wahl der Werbemittel ist abhängig von der Zeit, die der Mensch braucht, um gewisse Eindrücke zum klaren Bewußtsein zu bringen. Man kann dies durch Versuch ermitteln, indem man gewisse Worte, Buchstaben, Zahlen usw. nur einen Augenblick vor dem Auge des Beobachters erscheinen läßt und ihn dann veranlaßt, die gesehenen Worte usw. wiederzugeben. Das ist besonders wichtig bei Straßen- und Eisenbahnplakaten, die der Beschauer nur flüchtig beim Vorübergehen oder -fahren erblickt. Dabei hat sich herausgestellt, daß der normal ausgebildete Mensch 1—3 Worte, 1—4 Silben oder 5 bis 16 Buchstaben in einer Zeile mit einem Blicke zu erfassen vermag. Länger dürfen demnach solche Werbemittel nicht sein, wenn sie deutlich zum Bewußtsein kommen sollen. Unterstützt wird die Merkfähigkeit natürlich dadurch, daß die Worte dem allgemein verbreiteten Sprachgut entnommen sind und möglichst viel Oberlängen enthalten.

Beispiele: Vergleiche die Merkfähigkeit der Worte „Magenstärkung" und „Phenolphtalein", die beide gleichlang sind. Das zweite Wort wird sich nur dem Fachmann leicht einprägen. — Man schreibe in lateinischen Buchstaben die Worte „Hannover" und „Bielefeld" und prüfe selbst, welches von beiden mehr auffällt. — Worte mit den Selbstlauten i, u, a, o fallen mehr auf und prägen sich daher leichter ein als solche mit e. Daher entfallen Worte wie „Wumba, Miama, Kukirol, Rahma" unserem Gedächtnis kaum wieder und fallen auf, sobald wir sie sehen.

Gedächtnis. Nur solche Empfindungen führen zum Ziele, die einen dauernden Eindruck hinterlassen, also in unser Gedächtnis übergehen. Dabei ist zu beachten, daß hier verschiedene Stufen unterschieden werden müssen. Manche Eindrücke kommen uns zwar zu Bewußtsein, sind aber im nächsten Augenblick wieder völlig aus ihm entschwunden und können nicht in das Gedächtnis zurückgerufen werden. Andere haften eine kurze Zeit, entschwinden dann dem Gedächtnis, gelangen aber in dieses zurück, wenn

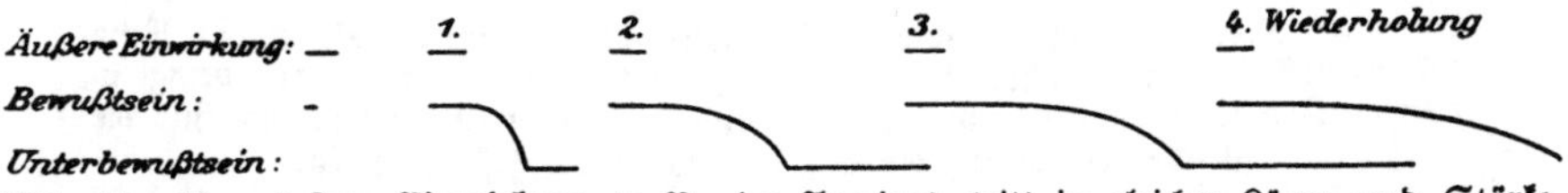

Abb. 45: Eine äußere Einwirkung (z. B. eine Anzeige) tritt in gleicher Länge und Stärke, aber in immer längeren Zwischenräumen dem Menschen entgegen. Beim ersten Male gelangt sie nur wenig in das Bewußtsein und wird vergessen. Mit jeder Wiederholung prägt sie sich dem Bewußtsein stärker ein und sinkt zunächst schnell, später immer langsamer allmählich in das Unterbewußtsein ab. Die Wiederholung muß spätestens dann erfolgen, wenn die Einwirkung im Unterbewußtsein noch vorhanden ist, was natürlich bei den verschiedenen Menschen nicht einheitlich der Fall sein wird.

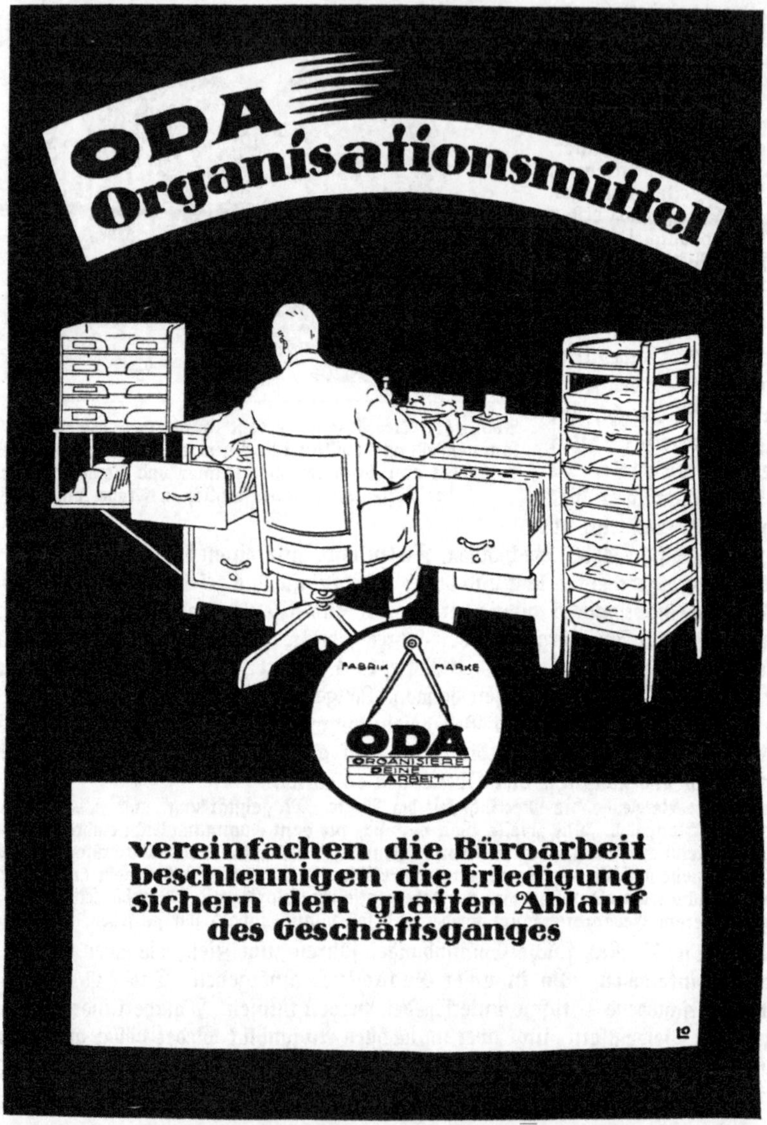

Abb. 46: Diese aus einer Fachzeitschrift stammende Anzeige enthält in der Mitte des Bildes das Kurzzeichen der Firma. Jede Nummer der Zeitschrift bringt in gleicher Darstellungsweise andere Bilder und Texte, aber stets mitten im Bild die gleiche Kurzmarke, die sich dadurch immer fester einprägt.

sie uns zum zweiten Male entgegentreten. Man sagt, sie sind in das Unterbewußtsein herabgesunken. Je häufiger sie auf den Menschen einwirken, desto länger bleiben sie im klaren Bewußtsein, desto leichter werden sie wieder über die Schwelle des Unterbewußtseins in das klare Bewußtsein gehoben. Die kleine Skizze (S. 131) vermag vielleicht diese Vorgänge bildlich zu erläutern.

Abb. 47: Fehlerhafte Anzeige.

Die Anzeige enthält viel zu viel Text, der infolge der gewählten verschiedenen Schriftarten außerdem sehr unübersichtlich ist und vom Zeitungsleser kaum ganz gelesen werden dürfte. Da das Putzmittel in allen Haushaltgeschäften erhältlich ist, interessiert die Hausfrau weder der Name des Herstellers, noch viel weniger die Straße. Dagegen sind wichtig der Name des Erzeugnisses und die Fabrikmarke sowie die Art der Verpackung. Diese treten aber in keiner Weise besonders hervor.

Die Art der Darstellung im Bild ist völlig veraltet, so daß der Hinweis in der oberen Umschrift (die erst nach dreimaligem Drehen des Bildes zu lesen ist), daß es sich um die Verkleinerung eines künstlerischen Plakates handle, wie ein schlechter Scherz wirkt.

Daher lautet ein zweiter Grundsatz der Werbetätigkeit: **Nicht einmal, sondern wiederholt**, zunächst in kleineren, später in größeren Abständen immer wieder dieselbe Tatsache dem Leser vor Augen halten. Wichtig ist hierbei ferner, daß durch Schrift, Bild oder bestimmte Worte schon rein äußerlich der Leser darauf aufmerksam gemacht wird: Hier liegt eine Anpreisung derselben Firma vor. Auf dieser Tatsache beruht vor allem das Bekanntwerden bestimmter Fabrikmarken (Kurzmarken) und Erzeugnisse, wie z. B. „Schwan im Blauband, Persil, Drei Tropfen Kaolin" usw. Jedermann kannte den „Doktor Unblutig", die „Nivea-Mädel", in Bayern das Wahrzeichen des Hofbräuhauses „HB" usw.

Es wurde schon erwähnt, daß die meisten äußeren Eindrücke **Lust- oder Unlustgefühle** in uns erwecken. Eine Anzeige soll nun grundsätzlich angenehme Empfindungen in dem Beschauer oder Leser wachrufen. Daher sind abschreckende Abbildungen und abstoßende Texte stets zu vermeiden, auch solche, in denen der Leser vielleicht eine Beleidigung oder einen Zweifel in sein Denkvermögen erblicken könnte. Besonders weibliche Leser sind in dieser Beziehung sehr empfindlich. Sie werden über Häßliches und Unliebenswürdiges einfach hinwegsehen, auf keinen Fall dadurch zum Kauf angeregt werden.

Beispiel: Die Bilder zur Unfallverhütung sind teilweise so kraß, daß die Arbeiter sich gegen ihre Anbringung in den Aufenthaltsräumen gesträubt haben, da ihnen der Appetit zum Essen dadurch verdorben würde. Auch hier ist also die durch den steten Anblick beabsichtigte Dauerwirkung verfehlt.

b) Der Kreis der Umworbenen. Nur selten wird eine Kundenwerbung sich an alle Kreise der Gesamtbevölkerung wenden. Meist wird es sich vielmehr darum handeln,

Abb. 48: Beispiel einer humoristischen Anzeige, die trotzdem nicht häßlich oder abschreckend wirkt.

die Aufmerksamkeit derjenigen Schichten zu erregen, die mutmaßlich als Abnehmer oder Benutzer in Frage kommen. Dementsprechend ist auch der Text abzufassen, die Schrift zu wählen und die Abbildung heranzuziehen. Anpreisungen allgemeiner Gebrauchs- und Modewaren müssen in kurzen, klaren Worten gehalten sein, wie z. B. „Trinkt Sinalco", „Wäsche mit Luns, denn viele tun's", „Sind's die Augen, geh zu Ruhnke". Wirksam ist es, die Urteile bekannter oder berühmter Leute anzuführen, wie dies besonders bei Heilmitteln volkstümlicher Art (Schönheitsmittel, Mittel gegen Gicht, Rheumatismus, Bruch u. dgl.) und bei Gebrauchsgegenständen geschieht.

Schwierige Schrift, z. B. lauter große deutsche Druckbuchstaben, oder zu kleine Schrift haben oft zur Folge, daß die Mitteilung überhaupt nicht gelesen wird; das gleiche gilt von zu langen Anpreisungen.

Wendet sich die Werbung an die mittleren und unteren Schichten der Bevölkerung, so wird häufig auch der Humor in Wort und Bild oder die Gedichtform ihre Wirkung nicht verfehlen, während die gleichen Mittel völlig falsch wären, wenn die Abnehmerkreise sich aus Fachleuten oder Geistesarbeitern zusammensetzen. Diese wünschen vielmehr eine sachliche Darstellung, wenn möglich mit fachlicher oder wissenschaftlicher Begründung und verzichten dabei gern auf äußerlich auffällige Bilder und Schriftarten. Durch die richtige Wahl von Wort, Schrift und Bild wird sich also schon von vornherein in ein und derselben Zeitung mindestens zum großen Teil erreichen lassen, daß die Anzeigen nur von demjenigen Teil der Leser beachtet werden, für den sie hauptsächlich bestimmt sind.

§ 47]

II. Die Hilfsmittel der Werbung.

1. Wort und Schrift.

a) Schreib- und Druckschrift. Die Werbung kann durch das gesprochene oder geschriebene Wort, das Bild und durch unmittelbare Anschauung erfolgen. Unter diesen Hilfsmitteln kommt dem Wort offenbar die weiteste und wichtigste Aufgabe zu. Im unmittelbaren Verkehr wird dabei die mündliche Rede im Vordergrunde stehen, sei es durch den Geschäftsinhaber selbst oder durch seine Angestellten. Bei dem schriftlichen Wort tritt das im engeren Sinne des Wortes „geschriebene" Wort, d. h. also das mit der Hand geschriebene, immer mehr in den Hintergrund, seit die Schreibmaschine ihre Herrschaft angetreten hat. Auch sie wird nur dem Zweck voll zu dienen mögen, wenn es sich um Einzelwerbung, nicht aber um Massenwerbung handelt, wie dies vielfach der Fall sein wird. Dann ist der gedruckte Text am Platze, der sich auch künstlerisch viel reichhaltiger ausgestalten läßt als das mit der Maschine geschriebene Wort, sei es nun im Werbebrief oder im Plakat. Neben der richtigen und zweckmäßigen Wahl des Textes muß daher eine sorgfältige Auswahl der Schriftart getroffen werden, die sich durchaus dem Zwecke der Werbung anpassen soll.

Beispiele: Die Anzeige eines Werkes über Reinheit der deutschen Sprache darf nicht in lateinischer Druckschrift (Antiqua) geschehen, sondern muß unbedingt in deutscher Schrift erfolgen. — Ein Beerdigungsinstitut wird sich nicht durch eine zarte Schrift im Biedermeierstil empfehlen, wohl aber in einer ernsten Blockschrift. Dagegen kann eine Parfümfabrik für ihre Anpreisungen zierliche und verschlungene Buchstaben verwenden, die wiederum für eine Lokomotivfabrik völlig ungeeignet sein würden.

b) Anordnung des Textes. Bei der Anordnung des Textes auf dem zur Verfügung stehenden Raume ist zu bedenken, daß ungleichmäßige Verteilung meist unschön wirkt. Breite weiße Ränder heben dagegen den „Spiegel" der Schrift und lenken die Aufmerksamkeit auf sie. Auch eigenartige Anordnung des Textes in geometrischen Figuren, Dreiecken usw. kann die Aufmerksamkeit erregen. Dagegen ist es unpraktisch, die Schrift so zu bieten, daß der Leser das Papier während des Lesens drehen muß (Schrift rechtwinklig zueinander gestellt), da ihm dies in der Regel zu unbequem sein wird, und er dann auf das Lesen überhaupt verzichtet.

Abb. 49: Die wenigen Worte ziehen durch die gleichen Anfangsbuchstaben und die eigenartige Anordnung unwillkürlich die Aufmerksamkeit des Lesers an und lenken ihn auf das Hauptwort „Weiße Woche".

2. Das Bild.

Das Bild unterstützt, wie schon erwähnt wurde, oft wesentlich die Werbekraft des Textes. Man braucht dabei nicht immer gerade an Bilder im üblichen Sinne zu denken, oft genügen schon irgendwelche geometrische Zeichen, Striche, Winkel, Kreise usw., um die Aufmerksamkeit zu erregen. Hierbei ist auf die richtige Wahl des für die Wiedergabe geeigneten technischen Verfahrens zu achten. Bilder kann man heute durch verschiedene Druckverfahren wiedergeben. Ihre Übertragung auf die Druckfläche erfolgt im allgemeinen mit Hilfe der

Abb. 50: Beispiel einer mit einfachsten Mitteln hervorgerufenen günstigen Werbewirkung. Voraussetzung ist dabei, daß die Firma, die in dem Gedächtnis des Lesers die von ihr geführten Waren wachruft, ihm aber bekannt ist.

Abb. 51: Vergrößerung eines mittels Rasters hergestellten Bildes. Alle Punkte stehen in gleichem Abstande voneinander. Die Helligkeitswerte werden nur durch die Größe der einzelnen Pünktchen hervorgerufen. (Aus Unger, Wie ein Buch entsteht. Leipzig 1927).

Photographie. Die Wahl des Druckverfahrens ist abhängig von der Art der Vorlage und der Wirkung, die die Abbildungen erzielen sollen, ob und in welchem Umfange zugleich mit ihnen Text gedruckt werden soll, welches Papier und welche Auflage in Frage kommt. Letzten Endes sind natürlich auch hier die Kosten ausschlaggebend, und es empfiehlt sich, Voranschläge für verschiedene Verfahren von den entsprechenden Anstalten einzuholen.

Zugleich mit dem Satz in Buchdruck können Strich- (schwarz-weiß) Zeichnungen, wie auch „Halbton"-Bilder (Photographien, Tuschzeichnungen u. a.) wiedergegeben werden. Letztere müssen dann durch einen sog. Raster für das Klischee (Netzätzung-Autotypie) in je nach der Tiefe des Tones verschieden große Punkte zerlegt werden. Aus diesen hervorstehenden Punkten setzt sich dann, wie aus den Strichen bei der Strichätzung, das Bild zusammen; denn bei dem Buchdruck muß die Druckfläche erhaben sein (deshalb auch als Hochdruck bezeichnet).

Strichätzungen können wie der Satz auf jedem Papier gedruckt werden. Auch Netzätzungen können, wenn sie mit „grobem Raster" hergestellt werden, auf rauherem (Zeitungs-) Papier gedruckt werden. Nur bei feinerem Raster werden auch feinere Tonabstufungen des Bildes erzielt und die feineren Punkte, die dieser erzeugt, erfordern ein glattes, am besten ein mit „Kreideüberzug" versehenes „Kunstdruckpapier".

Auch bunte Tonbilder kann man in Buchdruck wiedergeben vermittels des sog. Dreifarbendruckverfahrens. Dabei wird auf Grund der bekannten Tatsache, daß sich die Gesamtfarbenskala aus den drei Grundfarben: rot, blau und gelb zusammensetzt, je eine Platte für jede dieser Farben hergestellt, durch deren Zusammendruck dann wieder das bunte Originalbild entsteht. Mit der Hand stellte man früher Druckstöcke für den Buchdruck durch Holzschnitt her. Dieses Verfahren wird heute noch zu künstlerischen Zwecken verwendet.

Für Bilddruck allein oder in Verbindung mit Schriftzeichnung, wie namentlich Plakate, Reklameblätter, Packungen u. ä. wird die Lithographie angewandt, bei der entweder die Zeichnung mit der Hand auf den Lithographiestein bzw. auf Zinkplatten ausgeführt wird oder auch eine photomechanische Übertragung der Vorlage auf diese erfolgt. Die Lithographie gehört — ebenso wie der Lichtdruck, bei dem mittels Glasplatten gedruckt wird — zu den Flachdruckverfahren, weil die Druckfläche nicht erhaben ist, sondern durch die Zeichnung bzw. die photomechanische Übertragung nur fettempfänglich gemacht wird und damit die Druckfarbe annimmt, während diese durch Feuchthalten des Steins bzw. der Platte sonst abgestoßen wird. Die glatte Druckfläche erfordert aber auch für den Abdruck ein glattes Papier. Bei dem Offsetdruck, dem jüngsten Flachdruckverfahren, das in kurzer Zeit zu einer großen Entwicklung gelangt ist, wird nun nicht mehr direkt von der Druckfläche auf das Papier gedruckt, sondern der Druck zunächst auf ein Gummituch und von diesem erst wieder auf das Papier übertragen. Das weiche Gummituch schmiegt sich auch einer rauhen Papieroberfläche an. Daher können für diesen Offsetdruck auch rauhe Papiere bzw. Kartons verwandt werden, auf denen eine sehr weiche Tonwirkung erzielt wird. Da die Offsetpressen in der Bauart der Zeitungsrotationsmaschinen gebaut sind, ist die Druckgeschwindigkeit gegenüber der der lithographischen Pressen sehr gesteigert. Sie werden deshalb auch für den Druck von Zeitungsbildbeilagen — auch in Verbindung mit Schrift, die dann mit auf die Druckplatte übertragen werden muß — verwandt, aber ebenso kann auf ihnen der feinste farbige Bilddruck hergestellt werden. Der bereits erwähnte Lichtdruck kommt dagegen nur für Bilder in kleineren Auflagen in Frage.

Bei dem Kupferstich und Stahlstich wurde die Zeichnung mit der Hand in die Platte eingegraben. In der Vertiefung (deshalb auch als Tiefdruck bezeichnet) bleibt dann die Farbe haften, während sie, wie bei dem Flachdruck von der glatten Oberfläche abgestoßen wird. Heute hat sich auch dieses Verfahren unter Anwendung der photomechanischen Bildübertragung, der Schnell- und Rotationspressen anstatt der Handpresse, zu hoher Leistungsfähigkeit entwickelt. Es erzielt eine besonders tonreiche „samtartige" Wirkung, wie sie aus den mittels dieses Druckverfahrens hergestellten Zeitungsbeilagen bekannt ist.

3. Die praktische Anschauung.

Die praktische Anschauung besitzt neben Wort und Bild oft eine große Werbekraft. Hierhin gehören Proben der Waren, wie sie als Muster (bei Tapeten, Kleiderstoffen) oder Geschmacksproben abgegeben werden, in der Regel allerdings nur, wenn der Umworbene mit einiger Wahrscheinlichkeit als Abnehmer in Frage kommt. Das wichtigste Werbemittel dieser Art ist aber wohl das Schaufenster, in dem die Ware selbst dem Beschauer dargeboten wird. Bei Lebens- und Genußmitteln wird anstelle der Ware oft auch nur die leere Packung (Attrappe) ausgestellt, da die Ware in dem hellen Licht dem Verderben ausgesetzt ist. Ein weiteres Hilfsmittel der Anschauung ist das Modell, das besonders dann große Anziehung ausübt, wenn es betriebsfähig ist und im kleinen den Werdegang der Ware oder die Wirkungsweise der angebotenen Maschine zeigt. Dieses Mittel findet besonders Verwendung auf Ausstellungen, die in der Hauptsache von Fachleuten besucht werden.

III. Die Arten der Werbung. [§ 48

1. Überblick.

Es gibt fast unübersehbar viele Möglichkeiten der Werbetätigkeit. Um einen Überblick über sie zu gewinnen, müssen wir zunächst die versteckte von der offenen Werbung unterscheiden. Versteckte Werbung liegt nicht selten in Erzählungen oder Vorträgen, in denen auf bestimmte Erzeugnisse, Bücher usw. in unauffälliger, aber doch wirkungsvoller Weise hingewiesen wird. Eine versteckte Werbung liegt z. B. auch darin, daß ein Arzt häufig auf 2—3 Tage verreist und seine Abreise und Rückkehr in großen Anzeigen in den Zeitungen bekanntgibt. Für uns handelt es sich in der Hauptsache um die offene Werbung. Sie kann mündlich oder schriftlich, persönlich oder unpersönlich erfolgen.

2. Die unpersönliche schriftliche Werbung.

a) Zeitungsanzeigen. Wegen des großen Leserkreises der Tageszeitungen kommt der Zeitungsanzeige die größte Bedeutung zu. Kurz, klar, allgemein verständlich und in scharfer Kennzeichnung soll sie das zum Ausdruck bringen, was der Anzeigende für das Wesentliche hält. Der bekannte Werbeanwalt Weidenmüller sagt, die Zeitungsanzeige muß „in deutlichen und ausdrucksvollen Wortbildern von vornehmer, eindringlicher Ge-

Abb. 52: Text und Bild stehen in engster Verbindung miteinander. Die Anzeige erfüllt alle eben genannten Forderungen.

samtwirkung" sein. Natürlich sind Text und Anordnung wieder dem Leserkreise der Zeitung anzupassen.

Stellung im Zeitungsraume. Der Erfolg ist sehr von der Stellung der Anzeige in der Zeitung abhängig. Eine mittelgroße Anzeige inmitten kleiner Stellengesuche und Angebote wird oft wirksamer sein als eine größere Anzeige, die von noch größeren umrahmt wird. Beliebt sind auch die Streifenanzeigen, die am Anfang oder Ende der Seite stehen und quer über die ganze Seite gehen. Auch schwarze Anzeigen mit farbloser Schrift heben sich gut ab, wenn sie von lauter schwarzweißen Anzeigen umrahmt sind. Die Umrahmung spielt ebenfalls eine nicht unbeträchtliche Rolle, so wirken z. B. aufrechtstehende Vierecke viel auffälliger als solche, die auf der Längsseite stehen (◇, □).

Beispiel: Eine sehr auffällige Anzeige brachte im Frühjahr 1926 die Berliner Firma J. B. Grünfeld. In der Zeitung war eine Seite fast leer. Oben links war in üblichem Zeitungsdruck der Satz zu lesen: „Diese Seite mußte wegen einer sehr wichtigen Mitteilung frei gelassen werden." Unten auf der Seite war dann eine mäßig große Anzeige: „Der Inventurausverkauf der Firma J. B. Grünfeld dauert nur noch zwei Tage, versäumen Sie nicht, am Mittwoch oder Donnerstag diese günstige Gelegenheit zu benutzen."

Die Kosten der Zeitungsanzeigen hängen von der Größe der Anzeige selbst, noch mehr aber von der Bedeutung und der Auflagenzahl der Zeitung ab. Man muß dabei aber bedenken, daß die Anzeige in einer Zeitung, die von hunderttausend oder mehr Lesern bezogen wird, eine ganz andere Wirkung hat als in einem kleinen Provinzblatt. Allerdings muß hier auch die Art der Leser berücksichtigt werden. Die Anpreisung von Motoröl wird in einer Automobilzeitung mit 5000 Lesern wahrscheinlich mehr Erfolg haben als in einer Tageszeitung mit 50000 Lesern. Für bestimmte Erzeugnisse werden auch die höher zu bezahlenden „geschäftlichen Mitteilungen" gern benutzt, die in gewöhnlichem Schriftsatz sich unmittelbar dem Textteil der Zeitung anschließen und oft erst nach dem Lesen der Mitteilung erkennen lassen, daß es sich um eine Anpreisung handelte. Wichtig ist auch nicht selten der Tag der Anzeige. So wird eine Ankündigung, die besonders für die Arbeiter-Bevölkerung berechnet ist, in der Sonntagsausgabe der Zeitung stärker beachtet werden als an anderen Tagen.

b) Fachzeitschriften. Daß neben den Tageszeitungen auch Fachzeitschriften, Unterhaltungsblätter, politische und humoristische Zeitschriften für Anzeigen sehr geeignet sind, ist fast selbstverständlich. Die Unterhaltungszeitschrift bietet dabei den Vorteil, daß sie in der Regel in Mußestunden gelesen wird, während die Zeitung oft nur einer flüchtigen Durchsicht unterliegt. Im übrigen gilt hier für Abfassung, Anpassung an den Leserkreis usw. dasselbe, was schon bei der Zeitung gesagt wurde.

c) Zeitungsbeilagen. Wirkungsvoller als die Anze ge im Text der Zeitung ist oft die besondere Zeitungsbeilage, da hier das Papier nach Belieben gewählt und so eine stärkere künstlerische Wirkung erzielt werden kann als auf dem Zeitungspapier. Hinzu kommt ferner, daß die gleiche Beilage einer ganzen Anzahl verschiedener Zeitungen beigelegt werden kann, die Auflage für den Druck auf diese Weise sehr hoch ist und die Kosten für einen künstlerischen Entwurf und einen Mehrfarbendruck sich gerade durch die hohe Auflage, auf das Stück umgerechnet, verhältnismäßig niedrig stellen. Solche Beilagen werden außerdem oft mit Bestellscheinen oder Bestellkarten verbunden, auf denen der Leser eine Preisliste oder eine Probe anfordern kann. Die anzeigende Firma erfährt auf diese Weise, wer von den Lesern ein weitergehendes Interesse an ihren Erzeugnissen hat und wird diese Leute gegebenenfalls noch weiter bearbeiten, um sie zum Kauf anzuregen.

d) Preislisten. Nicht selten enthalten die Zeitungsbeilagen bereits eine Preisliste der wichtigsten Erzeugnisse des Anzeigenden. Sie werden dann auch außerhalb der Zeitungsbeilagen an einen mehr oder minder großen Kreis bestimmter Berufsgruppen versandt und wachsen sich in vielen Fällen zu ganzen Preisbüchern aus, bei deren Versand allerdings in der Regel der Kreis der Empfänger enger gezogen wird. Preislisten müssen vor allen Dingen übersichtlich und klar in der Ausdrucksweise sein; ein ausführliches alphabetisches Inhaltsverzeichnis am Anfang oder Schluß wird oft ihre Brauchbarkeit und Beliebtheit erheblich erhöhen und sie vor der Gefahr bewahren, unbesehen oder nach einmaliger flüchtiger Durchsicht dem Papierkorb zum Opfer zu fallen. Manche Firmen bringen in diesen Preisbüchern wertvolle Übersichten, Tabellen oder Aufsätze von anerkannten Fachgrößen, um dem Werk dauernden Wert zu geben. Dem gleichen Zwecke dienen gute Gebrauchsanweisungen für die angezeigten Waren, Kochrezepte u. dgl.

e) Werbeschriften. Der Preisliste verwandt ist die Werbeschrift allgemeiner Art, die sich nur allgemein mit den Erzeugnissen einer oder einiger Firmen befaßt, ohne Preisangaben zu enthalten. So geben einige Großbanken Monatsschriften heraus, die von höchst wertvollem banktechnischem und volkswirtschaftlichem Inhalte sind und in der Regel überhaupt keine unmittelbaren Werbetexte enthalten. Großhandlungen versenden regelmäßig an ihre Abnehmer Marktberichte. Hier stehen wir also schon auf der Grenzstufe zwischen mittelbarer und versteckter Kundenwerbung. Die Zeitschrift will damit weniger neue Kunden werben, als die vorhandenen von der Leistungsfähigkeit der Herausgeber überzeugen. Bei diesen Schriften sowohl wie bei den Preislisten hängt ein nicht unerheblicher Teil des Erfolges von der Ausgestaltung des Umschlages, des Titels und von dessen Text ab. Gar manche Schrift dieser Art zwingt durch ihre geschmackvolle, künstlerische Aufmachung den Empfänger geradezu, sich mit ihrem Inhalt näher zu befassen, wie derartige Äußerlichkeiten in der Kundenwerbung überhaupt oft ausschlaggebend sind für die Werbekraft des Erzeugnisses.

f) Plakate. Hat man bei Zeitungen usw. immerhin noch einen gewissen Überblick über den voraussichtlichen Kreis der Leser, so schwindet diese Tatsache völlig bei den Plakaten und sonstigen Veröffentlichungen, die auf einen ganz unbestimmten Kreis der Bevölkerung zugeschnitten sein müssen. Auch handelt es sich hier meist weniger um Anpreisung bestimmter Erzeugnisse als vielmehr darum, mit einigen kennzeichnenden Schlagworten auf eine bestimmte Firma oder auf Vergnügungen hinzuweisen.

Erfolgt die Verbreitung der Plakate auch in der Hauptsache durch die Anschlagssäulen, so werden sie in neuerer Zeit doch auch vielfach in anderer Weise veröffentlicht, so z. B. durch Anschlag an Bahnhöfen, in den Zügen und Straßenbahnwagen, in Stätten des öffentlichen Verkehrs, aber auch als wandelnde Plakate, indem sie durch Menschen oder Wagen durch die Straßen getragen oder gefahren werden. Sehr wirksam ist auch die Ausstattung eines ganzen Kraft- oder Straßenbahnwagens als Werbeträger für eine bestimmte Firma oder eines ihrer Erzeugnisse. So hat die Stadt Dresden eine Reihe von Straßenbahnwagen, die ganz und gar der Werbung für eine Firma dienen.

Beispiel: Wer sich mit der Bahn im Sommer 1926 der Stadt Düsseldorf näherte, fand unmittelbar nach der letzten Station vor dem Hauptbahnhof überall an Giebeln usw. Plakate: „Hier aussteigen und die Gesolei besuchen."

Nicht selten werden auch nützliche Verkehrseinrichtungen mit Werbezwecken verbunden, so z. B. die Kraftwagen-Wegweiser an allen wichtigen Straßenkreuzungen, die nur das Wort „Continentalreifen" an der unteren Seite tragen. Derartige Werbung ist in erster Linie „Erinnerungswerbung", die Firma wird durch die ständige Wiederholung dem Reisenden so eingehämmert, daß er sie überhaupt kaum wieder vergessen kann.

g) Lichtreklame. Leuchtschrift. Dem Plakat nahe verwandt ist die Lichtreklame in ihren verschiedenen Formen, sei es als feststehende, durch kleine Glühbirnen erzeugte Schrift, sei es als aufleuchtende und wieder verschwindende Schrift in den gleichen oder ständig wechselnden Farben, oder als ständig wechselnde Schrift, wobei eine ganze Reihe von Firmen hintereinander in bestimmtem Wechsel empfohlen werden. Neuerdings ist die Laufschrift beliebt, bei der die Schrift von rechts nach links einen Streifen auf einem Dache oder einer Hausfläche in mäßiger Lesegeschwindigkeit durchläuft, so daß dem Beschauer auch längere Sätze vorgeführt werden können. Die Aufmerksamkeit wird hierbei hin und wieder dadurch noch mehr angezogen, daß über dem Laufbild jeweils die genaue Bahnzeit, von Minute zu Minute wechselnd, angezeigt wird.

Laufbilder. Eine besondere Art der Lichtreklame bildet das Laufbild, wie es im Kino oder auch abends auf öffentlichen Plätzen vorgeführt wird.

h) Gebrauchsgegenstände und Packungen. Endlich werden mancherlei Gebrauchsgegenstände und Packungen der Kundenwerbung dienstbar gemacht, z. B. Landkarten, Aschenbecher, Notizblocks, Notizbücher, Kalender, Streichholzschachteln, Bleistifte usw. Geschenkgegenstände, die der Kundschaft überreicht werden (Luftballons) u. dgl. Bei den Packungen müssen wieder die unmittelbaren Umhüllungen der Markenartikel (Schokolade, Seifenpulver, Puddingpulver usw.) und das allgemein verwendbare Packmaterial wie Packbogen, Tüten usw. unterschieden werden, von denen die ersteren Werbeträger für den Inhalt der Packung, die letzteren für das verkaufende Geschäft sind.

3. Die persönliche schriftliche Werbung.

a) Art der Zuschriften. Viele Geschäfte begnügen sich nicht mit den bisher geschilderten Verfahren der Kundenwerbung, sondern versuchen außerdem oder auch ausschließlich, durch Mitteilungen, die den Charakter persönlicher Natur tragen, mit den Käuferschichten in Verbindung zu treten. Zu diesem Zwecke müssen Briefe geschrieben werden, die den Namen des Empfängers am Kopfe und die Unterschrift des Absenders am Schluß tragen, in denen auf alle Fälle der Eindruck vermieden werden soll, als ob es sich hier um ein Massenangebot handelt.

Beispiel: Ein Herr, der für eine wirtschaftliche Zeitschrift hin und wieder Beiträge liefert, erhält einen Brief, dessen Beginn lautet: „Wir haben mit großem Interesse Ihre wirtschaftlichen Beiträge gelesen und ersehen daraus, daß Sie zu den Leuten gehören, die ein offenes Auge für die wichtigen Zeitereignisse haben. Um so mehr wundern wir uns, daß Sie bisher noch nicht Leser unserer gerade für die führenden Kräfte des Wirtschaftslebens so überaus wertvollen Zeitung sind, von der wir Ihnen mit gleicher Post eine Probenummer zukommen lassen" usw. — Ein derartiger Brief wird natürlich an alle Leute gerichtet, deren Namen irgendwo in Zeitungsartikeln oder Veröffentlichungen anderer Art zu finden ist und ist in Wirklichkeit eine Massenauflage, unterliegt aber trotzdem kaum der Gefahr, ungelesen beiseite gelegt zu werden. Der Verfasser versteht hier sehr geschickt, die menschliche Eitelkeit seinen Zwecken dienstbar zu machen.

Besondere Veranlassung zum Versand persönlicher Schreiben bieten Veränderungen in der Geschäftsverwaltung (Personalveränderungen), besondere Ausverkäufe, Hinweis auf günstige Gelegenheitskäufe und dergleichen mehr. Die früher so weit verbreiteten Rundschreiben mit der unpersönlichen Einleitung „P. P.", „Sehr geehrter Herr" usw. dürften allmählich immer mehr verschwinden und werden schon heute von zeitgemäß organisierten Geschäften kaum noch zur Anwendung gebracht. Die neuzeitlichen Vervielfältigungsgeräte führen dazu, in steigendem Maße die unpersönlichen Werbebriefe durch persönliche zu ersetzen.

b) Kostenfrage. Der Kreis der Empfänger solcher persönlichen Mitteilungen wird naturgemäß immer geringer sein als der von unpersönlichen Werbeschriften, doch kann man hier viel eher damit rechnen, daß die Mitteilung nicht ungelesen dem Papierkorb anheimfällt. Da aber nur die Mitteilung ihren Zweck erreicht, die wirklich gelesen wird, können in vielen Fällen unbedenklich die höheren Kosten der persönlichen Werbung getragen werden; denn nicht die Höhe der Werbekosten, sondern der durch sie erzielte Erfolg bilden den Maßstab für die Beurteilung der Kosten im Vergleich zum Absatz. Nur in vereinzelten Fällen führt hier schon der erste Versuch zum Erfolg. Vielmehr wird es meist nötig sein, nach gewisser Zeit dem ersten Schreiben ein zweites und nötigenfalls noch ein drittes folgen zu lassen. Der Empfänger erhält dann den Eindruck, daß dem Werbenden gerade an den von ihm zu erteilenden Aufträgen besonders gelegen ist und wird dadurch recht oft veranlaßt, nunmehr wirklich mit dem Absender in Geschäftsverbindung zu treten.

c) Briefstil. Nicht hoch genug kann auch die werbende Kraft eines guten Briefstils eingeschätzt werden. Gar nicht selten trifft man auf die Tatsache, daß sich eine vernachlässigte Schreibweise in künstlerischem Gewande darstellt, daß ein Kaufmann, der von seinen Angestellten entsprechende Kleidung und gutes Auftreten verlangt, sie doch in ihrem schriftlichen Verkehr lässig gehen läßt. Außenstehende, die durch Briefe geworben werden sollen, sehen die Menschen nicht und urteilen nach dem schriftlichen Gedankenausdruck. Ist dieser minderwertig, so bleiben die Rückschlüsse nicht aus.

4. Die unmittelbare persönliche Werbung.

a) Wirkungsweise. Führt die unpersönliche Werbung in vielen Fällen zu einer persönlichen schriftlichen Einleitung näherer Beziehungen, so folgt dieser wiederum häufig eine mündliche Aussprache mit dem Umworbenen. Der beste Brief kann nur in den seltensten Fällen die gleiche nachhaltige Wirkung ausüben wie ein geschickt eingeleitetes und wohl durchdachtes Verkaufsgespräch. Zu dem sachlichen Inhalt der Unterhaltung kommt der persönliche Einfluß des Werbenden, der in der Regel von nicht leicht zu unterschätzender Wirkung ist, vorausgesetzt, daß die richtige Person am richtigen Platze steht. Ein besonderer Vorteil der mündlichen Aussprache liegt darin, daß Einwendungen und Bedenken des Käufers sofort widerlegt bzw. zerstreut werden können, soweit dies nach Lage der Dinge überhaupt möglich ist.

Während die schriftliche Werbung im allgemeinen dem Umworbenen in seinen Geschäftsräumen zugeht, müssen wir bei der mündlichen Werbung zwei Fälle unterscheiden: entweder sucht auch hier der Verkäufer den Käufer auf, was in der Regel durch Reisevertreter oder sonstige Vermittler geschieht, oder der Käufer sucht die Verkaufsstätte auf und läßt sich hier von dem Verkäufer beraten. Der erste Fall ist die Regel im Großhandel, der letztere im Einzelhandel. Wir werden dabei die beiden wichtigsten Personen der mündlichen Werbung zu unterscheiden haben, den Reisevertreter und den Verkäufer im Laden. Da die Haupttätigkeit des Verkäufers nicht in der Werbung der Abnehmer, sondern, wie der Name schon sagt, in der erfolgreichen Durchführung des Verkaufs besteht, werden wir von ihm zweckmäßig bei der eigentlichen Abwicklung des Verkaufs zu reden haben, können uns hier also auf den Reisenden beschränken.

b) Der Reisevertreter. Persönliche Anforderungen. Ist aus dem vorangegangenen Schriftwechsel zu vermuten, daß die Werbung möglicherweise zum Abschluß eines Geschäftes führen kann, so hat sich heute bei vielen Firmen die Sitte eingebürgert, unmittelbar danach einen Reisenden zu der Firma zu senden, der nunmehr versuchen muß, das Geschäft zum Abschluß zu bringen. Die persönlichen Anforderungen, die an einen geschickten Reisevertreter gestellt werden, sind sehr hoch. Neben einer angenehmen, gewandten äußeren Erscheinung, guten Lebensformen und einer Allgemeinbildung, die je nach der Art des vertretenen Geschäftes mehr oder minder umfangreich sein muß, ist vor allem eine gründliche Kenntnis des Geschäftszweiges, der angebotenen Erzeugnisse und gleichzeitig der Waren der Konkurrenz erforderlich, daneben eine gründliche Menschenkenntnis, die den Reisenden in die Lage setzt, jeden neuen Kunden seiner Eigenart entsprechend zu behandeln, und schließlich eine ausgezeichnete Gesundheit, da die ständige Reisetätigkeit sehr hohe Anforderungen an die Widerstandsfähigkeit des Körpers und der Nerven stellt.

Seine Aufgaben. Der Reisende ist der Vertreter seiner Firma, nach seinem Verhalten und seinem Äußeren wird nicht selten die ganze Firma eingeschätzt, sein äußeres Auftreten darf daher nicht unter falscher Sparsamkeit leiden. Ob er allerdings im Kraftwagen vorfährt oder bescheiden zu Fuß kommt, wird sich nicht nur nach der vertretenen Firma, sondern auch nach der Art der von ihm besuchten Käuferschichten handeln. Schon hier kann eine falsche Maßnahme im voraus das Geschäft erschweren, wenn nicht ganz und gar unmöglich machen. Ebenso verhält es sich mit der Unterhaltung; nichts ist verkehrter, als den Käufer „beschwatzen" zu wollen. Einmal gelingt dies vielleicht, ein zweites Mal dagegen kaum wieder.

Die Amerikaner haben an ihren Hochschulen besondere Lehrgänge für Verkaufskunst eingerichtet und lehren darin ganz allgemein, daß man dem Kunden nur das verkaufen darf, was er wirklich braucht, daß der Reisende der fachlich vorgebildete Berater des Kunden sein muß, dem nicht in erster Linie daran liegt, möglichst viel zu verkaufen, sondern vielmehr daran, die Kundschaft in jeder Weise und dauernd zufriedenzustellen. Die Amerikaner gehen dabei von dem richtigen Grundsatz aus, daß nur Dauerkunden dem Geschäft einen gleichmäßigen Erfolg sichern können, nicht sogenannte „Reißer" oder „große Kanonen", die bei ihrer ersten Besuchsreise Riesenumsätze erzielen, aber ein zweites Mal von der Kundschaft abgewiesen werden.

Aus diesem Grunde ist es auch richtig, dem Reisevertreter als Entlohnung für seine Bemühungen nicht nur eine Vergütung (Verkaufsprovision) von den Verkäufen zu gewähren, die er unmittelbar für seine Firma abschließt, sondern von allen Aufträgen, die aus dem von ihm bereisten Bezirk, mindestens aber von allen Kunden, die er besucht, eingehen.

Nur dadurch wird für ihn ein starker Anreiz darin liegen, im eigenen Interesse die Kundschaft so zu bedienen, daß sie stets mit den Waren zufrieden ist. Dazu ist weiter erforderlich, daß der Reisende Beschwerden über gelieferte Waren oder über die Lieferungsbedingungen entgegennehmen kann und gewissermaßen als Vermittler in dieser Angelegenheit danach strebt, beiden Teilen gerecht zu werden. Selbstverständlich muß er von seiner Auftraggeberin mit allen nötigen Unterlagen, wie neueste Muster, letzte Preise, Änderungen in den Lieferzeiten, Lieferungs- und Zahlungsbedingungen versehen werden, damit das von ihm der Kundschaft unterbreitete Angebot auch ohne jede Änderung der Bedingungen von seiner Firma ausgeführt werden kann. Treffen alle diese Bedingungen zu, so werden die im allgemeinen nicht geringen Kosten der Reisetätigkeit bei weitem durch die erzielten unmittelbaren und mittelbaren Erfolge im Verkauf übertroffen.

c) Der Messevertreter. Eine besondere Stellung nehmen die Vertreter auf den heute wieder stark in Aufnahme gekommenen Messen ein. Hier handelt es sich darum, dem Besucher besonders diejenigen Erzeugnisse vorzuführen, in denen der Hersteller offensichtlich den verwandten Geschäften überlegen ist, oder die er allein auf den Markt zu bringen in der Lage ist. Bei der Fülle der gleichzeitig ausstellenden Geschäfte wird der Besucher sich zunächst einen Überblick über das Gesamtgebiet zu verschaffen suchen und von vielen Firmen über dieses und jenes Auskunft erbitten, ohne sich sofort zum Kauf zu entschließen. An Hand der ihm in reichem Maße von den Ausstellern ausgehändigten Drucksachen, der mündlichen Erläuterungen und der gesehenen Muster wird er sich vielleicht erst nach einiger Zeit zur Bestellung entschließen. Hier ist also wohlüberlegte Zurückhaltung des Vertreters der Firma noch notwendiger als beim Reisevertreter. Der unmittelbare Verkaufserfolg auf einer Messe ist in weitaus den meisten Fällen nicht so wichtig wie der später folgende mittelbare Erfolg als Nachwirkung des Gesehenen und Gehörten.

5. Das Schaufenster.

a) Bedeutung. Messen und Ausstellungen führen uns schon hinüber zu der Anregung zum Kaufe durch Ausstellung der Ware selbst, wie sie im Großhandel auf den eben genannten Veranstaltungen oder in der Vorführung durch den Reisenden erfolgt. Im Einzelhandel ist das wichtigste Werbemittel dieser Art das Schaufenster. Das Gesamtbild der Geschäftsstraßen einer Stadt wird in erster Linie durch die Art und Ausstattung seiner Schaufenster bestimmt. Der Reichstagsabgeordnete Zeitlin hat einmal gesagt: „Die Schaufenster sind die Pioniere des Verkehrs der Städte und seine Nutznießer." Daraus geht recht deutlich hervor, welche Bedeutung heute das Schaufenster für die Abwicklung des Einzelhandels hat. Gut ausgestattete Fenster ziehen nicht nur die Vorübergehenden an, sondern locken viele Menschen aus ihren Häusern, ja sogar aus fremden benachbarten Orten herbei, um sich die ausgestellten Gegenstände anzusehen. Dies tritt besonders bei den sogenannten „Schaufensterwettbewerben" in Erscheinung, bei denen die am besten ausgestatteten Fenster durch Preise bedacht und, was für den Geschäftserfolg noch wichtiger ist, in den Zeitungen veröffentlicht werden.

b) Art der Ausstellung. Über die Zeit, in der man mehr oder minder wahllos irgendwelche Erzeugnisse in das Fenster stellte, sind wir heute hinweg. Eine gute Schaufensterausstellung ist ein Kunstwerk und wird in großen Geschäften von besonders ausgebildeten, künstlerisch begabten und in der Regel sehr gut bezahlten Kräften ausgeführt, deren Tätigkeit sich mehr oder minder ausschließlich auf dieses Gebiet beschränkt. Nicht auf die Menge der ausgestellten Waren kommt es an, sondern auf ihre geschmackvolle Anordnung, die Harmonie der Farben und die Schaffung eines einheitlichen Gesamtbildes in jedem Fenster. Jedes Fenster muß einen bestimmten Gedanken zum Ausdruck bringen, z. B. in einem Modewarenhause: die Dame auf der Straße, beim Tanz, im Eigenheim; in einem Möbelgeschäft: das Kinderzimmer, das Herrenzimmer usw.

Inhalt. Natürlich sind hier auch Unterschiede zu machen zwischen den einzelnen Geschäften, je nach der Art der geführten Ware, der Käuferschicht und der Preislage der zu verkaufenden Waren. Für viele Käufer ist es wichtig, sich einen Überblick über die Preise zu verschaffen, zu denen sie die gewünschte Ware erstehen können. Daher beschränkt man sich heute nicht mehr auf die bloße Ausstellung der Ware selbst, sondern gibt auf daneben angebrachten Schildern die Preise, nötigenfalls auch ganz knappe Beschreibungen der Erzeugnisse an, z. B. „Wollkrepp", „reine Seide", „für den Wintersport", „Stromverbrauch 10 Pfennig die Stunde" usw. Dabei muß die Schrift sich gefällig in den Gesamtrahmen einpassen, ihre Ausgestaltung zur Blockschrift, Lackschrift usw. ist ebenfalls zu einer Kunstfertigkeit geworden, und manches Fenster wird fast mehr der schönen Schilder als der ausgestellten Waren wegen beachtet. Gerade beim Schaufenster gilt mehr noch als bei den anderen Werbemitteln der schon früher erwähnte Satz: „Anders sein als die anderen." Darin beruht letzten Endes das ganze Geheimnis des Erfolges in der Werbekunst.

Lichtverhältnisse. Es gibt viele Dinge, die nur im künstlichen Lichte ihre ganze Schönheit entfalten. Dazu kommt, daß die Wintermonate mehr für die Einkäufe vieler Gegenstände in Frage kommen — mindestens im Einzelhandel — als die Sommermonate. Die kaufenden Schichten benutzen für ihre Einkäufe mit Vorliebe die Abendstunden, nicht gerade immer zu ihrem eigenen Vorteil. Schon aus diesen Gründen muß der guten Ausstattung der Fenster mit Lichtquellen größte Aufmerksamkeit zugewandt werden. Die fortgeschrittene Elektrotechnik bietet heute ein fast unübersehbares Feld von Möglichkeiten für die verschiedenartige Beleuchtung der Fenster, sei es, um die Waren in der günstigsten Beleuchtung zu zeigen, sei es, um durch eigenartige Lichtwirkungen die Menschen erst einmal an die Fenster heranzulocken, und sie so zur Besichtigung der ausgestellten Gegenstände zu veranlassen. Der von der elektrotechnischen Industrie geschaffene Satz „Licht lockt Leute" trifft tatsächlich in weitestem Umfange zu.

Wechsel des Inhalts. In unserer schnellebigen Zeit ist es fast selbstverständlich, daß ein Schaufenster nur auf die Dauer zur Besichtigung anreizt, wenn die ausgestellten Dinge nach verhältnismäßig kurzer Zeit wechseln. Große Geschäfte lassen im allgemeinen ihre Fenster jede Woche neu ausstatten. Für kleinere Geschäfte übernehmen diese Arbeit häufig Wanderdekorateure, die von einem Geschäft zum anderen gehen und dem Kaufmann die Arbeit der geschmackvollen Fensterausstattung abnehmen.

Die Kosten der Schaufensterausstattung werden in der Regel bei Beachtung der geschilderten Anforderungen nicht gering sein. Man darf aber nicht vergessen, daß in der Regel das Geschäft schon so gut wie abgeschlossen ist, wenn der Kauflustige erst einmal den Laden betreten hat und hier natürlich davon überzeugt werden muß, daß das Fenster ihm nicht mehr versprochen hat, als das Geschäft zu leisten vermag. Ehrlichkeit und Vermeidung jeder Übertreibung wird auch hier wie bei den übrigen Arten der Werbung auf die Dauer zum besten Erfolge führen und so dem Kaufmann die wohlverdienten Früchte seiner Tätigkeit zuführen.

§ 49]

IV. Der Werbeplan.

1. Aufgaben des Werbeplans.

Die in den vorstehenden Ausführungen dargestellten zahlreichen Möglichkeiten der Werbung zeigen bereits, daß es für den Geschäftsmann nicht leicht ist, die gerade für seine Unternehmen und seine Erzeugnisse beste Art der Empfehlung herauszufinden. Nichts wäre aber verkehrter, als dies dem Zufall oder einer Augenblickslaune überlassen zu wollen. Die Kundenwerbung ist heute ein so überaus wichtiger Zweig jeder wirtschaftlichen Tätigkeit im Erwerbsleben und erfordert so hohe Kosten, daß sie nur nach einem wohlüberlegten Plane, der mindestens auf ein halbes, besser auf je ein Jahr im voraus aufgestellt wird, durchgeführt werden darf. Bei dem Werbeplan wird es sich in der Hauptsache um die Beantwortung folgender Fragen handeln:

1. Welche Werbemittel sollen benutzt werden?
2. Wie ist der enge Zusammenhang zwischen der Geschäftsführung und der Werbung zu wahren?
3. Wann ist die Werbung für die verschiedenen Warengruppen besonders wirkungsvoll zu betreiben?
4. Wieviel Mittel sollen für Werbezwecke verwandt und wie sollen sie sachlich und zeitlich für die einzelnen Werbeverfahren verteilt werden?

Sind diese Fragen gelöst, so bleibt noch die Regelung der Arbeitsdurchführung bei der Werbung und ihre organische Verbindung mit dem übrigen Geschäftsbetrieb zu erledigen. Nur wenn die Werbung sorgfältig alle diese Punkte gelöst hat, wird sie auf die Dauer zu einem wirklichen Erfolge für das Unternehmen werden und sich nicht auf Zufallstreffer beschränken.

2. Auswahl der Werbemittel.

Hierbei wird ein Unternehmen sich nur in den seltensten Fällen auf eine bestimmte Art der Werbung, z. B. Zeitungsanzeigen, beschränken können. Es muß die in der Zeitung besonders empfohlenen Waren im Schaufenster oder an auffälligen Stellen des Geschäfts ausstellen, vielmehr im Großhandel bei eingehenden Anfragen Preislisten versenden, die als Fortsetzung der Anregung zum Kauf der in den Anzeigen angedeuteten Warengruppen angesehen werden können.

3. Die richtige Streuung.

a) Auswahl der Hilfsmittel. Zu achten ist auf die richtige Einstellung der Werbeweise auf den Empfänger bzw. Leser. Eine Stahlwarenfabrik wird ihre landwirtschaftlichen Geräte (Sensen, Sicheln, Harken, Spaten) in Zeitungen, volkstümlichen Zeitschriften und auf dem Lande verbreiteten Kalendern anzeigen. Sie empfiehlt dabei in Kleingärtnerzeitschriften die Gartengeräte, in Zeitungen, die im Gebiete des Kleingrundbesitzes verbreitet sind, Sicheln, in wiesenreichen Gebieten Heugabeln, Grasmäher u. dgl. Dagegen kommen in städtischen Zeitungen Anzeigen über Messer, in die Fleischerzeitungen über Schlächtermesser und Wetzestähle, in die Friseurzeitungen über Rasiermesser. Nur auf diese Weise wird erreicht, daß die Leser oder Empfänger der Werbeschriften diesen auch wirklich Beachtung schenken und zu Bestellungen veranlaßt werden. Man nennt dies die richtige Streuung der Werbemittel.

Nicht immer ist es leicht zu überblicken, ob die Werbung an der richtigen Stelle erfolgt. Ohne weiteres zeigt sich dies nur bei der persönlichen schriftlichen und mündlichen Werbung, bis zu gewissem Grade auch noch bei Zeitungen, die ein örtlich engbegrenztes Absatzgebiet haben (Lokalblätter) oder bei Fachzeitschriften.

b) Überwachung der Wirkung. Bei weitverbreiteten Zeitungen und Zeitschriften dagegen muß man zu besonderen Hilfsmitteln greifen, von denen verschiedene in Anwendung sind. Manchen Anzeigen ist ein Bestellschein angefügt, der aus der Zeitung ausgeschnitten werden soll und dem Übersender irgendwelche besonderen Vorteile in Aussicht stellt (Gutscheine). Dieser Bestellschein — oft nur eine Ecke der Anzeige — trägt Nummern oder Zahlen, die für jede Zeitung verschieden gewählt werden und so zeigen, aus welchem Blatte der Schein entnommen ist. Das gleiche Mittel wird angewandt bei Zeitungsbeilagen als besondere Werbeschriften. In anderen Fällen wird die Übersendung von Preislisten angeboten, die nun mit den betreffenden Zeichen oder Zahlen benannt sind, z. B. „Verlangen Sie umsonst und postfrei unsere Preisliste Nr. 86 P. N." Auch hier ist aus der Bezeichnung der Liste die Zeitung, auf Grund deren die Bestellung erfolgte, zu erkennen. Ein weiteres Hilfsmittel dieser Art ist die Angabe eines Zusatzes zur Anschrift der Firma, der die Postbestellung nicht beeinträchtigt, z. B. „Grupenstraße 16C", obgleich diese Straße nur eine Nummer 16 kennt, Postschließfach Nr. 54 u. dgl. Auch bestimmte Zusätze zur Firma kommen vor, z. B. Großhandlung, Versandlager, Hauptexpedition usw. Immerhin sind dies nur Hilfsmittel, die nicht immer anwendbar sind, so daß in vielen Fällen eine unmittelbare Nachprüfung der Werbewirkung nicht möglich ist und der Anzeigende auf Vermutungen oder sein allgemeines Empfinden angewiesen bleibt.

Bei Schaufenstern kann die Wirkung der verschiedenen Art der Ausstellung festgestellt werden, indem der gleiche Gegenstand in zwei verschiedenen Fenstern ausgestellt und der Käufer befragt wird, in welchem Fenster er die Ware gesehen hat.

4. Werbung und Geschäftsorganisation.

Wenn die Werbung den geregelten Gang des Geschäftes fördern soll, ist weiter erforderlich, daß sie im engsten Zusammenhange mit der Geschäftsführung erfolgt. Anzeigen für Restertage dürfen erst herausgehen, wenn alle nötigen Vorkehrungen getroffen sind. Warengruppen werden besonders empfohlen, wenn eine gewisse Absatzstockung eingetreten ist. Reisende und Verkäufer müssen genau wissen, welche Waren gerade in den letzten Anzeigen angeboten wurden. Die in den Anzeigen gebotenen Vorteile, Bedingungen, Nachlässe u. dgl. müssen auch auf das peinlichste bei der Erteilung von Angeboten oder dem Abschluß von Käufen beachtet werden.

5. Zeitliche Einteilung der Werbung.

Im engen Zusammenhange damit steht die richtige zeitliche Einteilung der Werbung. Hierauf ist schon bei verschiedenen Gelegenheiten hingewiesen. Für Zeitungen und Zeitschriften werden zu diesem Zweck besondere Karteien eingerichtet, für jeden Werbeträger (Zeitung, Zeitschrift) eine Karte, auf der die Anzeigen für das ganze Jahr im voraus verteilt werden. Durch Nachprüfung der Belegnummern wird festgestellt, ob die Zeitpunkte auch genau eingehalten sind.

6. Der Werbehaushalt.

a) Aufgaben. Wie oft und in welchem Umfange von den verschiedenen Werbemitteln Gebrauch gemacht werden kann und soll, wird zum großen Teil davon abhängen, wie hoch der Werbehaushalt des betreffenden Unternehmens für das ganze Jahr ist. Er muß unbedingt vorher festgelegt werden, wobei im allgemeinen der Umsatz und die Werbekosten der letzten Jahre einen Anhalt bieten werden. Auf keinen Fall dürfen die Werbekosten unmittelbar von dem jeweiligen Umsatz abhängig gemacht werden. Gerade in Zeiten schlechten Geschäftsganges wird die Werbung ganz besonders erforderlich sein. Dagegen wird man für Waren, die einen verhältnismäßig hohen Gewinn einbringen, mehr Werbekosten aufwenden können als bei solchen, die nur einen bescheidenen Aufschlag erlauben. Weiter ist zu beachten, daß eine besondere Werbung weniger dringend ist für Waren, die zum täglichen Bedarf unbedingt gehören, als für Mode- und Luxuswaren. Ganz allgemein ist für solche Dinge am meisten zu werben, für die erst ein Bedürfnis erweckt oder doch so stark gestaltet werden muß, daß der Wunsch des Besitzes zum ernsten Kaufwillen führt. Modewaren, Damenkleidung, Schuhe, Schönheitsmittel aller Art erfordern somit die lebhafteste Werbetätigkeit.

b) Überwachung. Ist die Verteilung der Mittel nach Warengruppen erfolgt, so muß sie weiter untergeteilt werden auf die verschiedenen Werbearten, also für Zeitungsanzeigen, Preislisten, Zeitungsbeilagen, Reisetätigkeit, Lichtreklame, Laufbildwerbung, Bahnhofsplakate usw. Schließlich muß noch eine Verteilung auf die einzelnen Monate des Jahres erfolgen, wobei selbstverständlich die Zeiten der Ausverkäufe und die sonstigen Eigenarten des Geschäftes zu berücksichtigen sind.

Erst nach Erledigung all dieser Vorarbeiten kann die eigentliche Werbetätigkeit beginnen, für die ebenfalls ein bestimmter *Verlauf der Arbeiten* zu beachten ist. Bei Anzeigen ist zunächst die Größe festzulegen. Nach ihr richtet sich die Art des aufzusetzenden Textes und der beizugebenden Abbildungen. Derartige Entwürfe werden entweder von den eigenen *Werbetechnikern* oder von besonderen Büros angefertigt, die in dieser Beziehung große Erfahrung haben. Nach erfolgtem Abdruck ist sorgfältig zu prüfen, ob die Anzeigen auch eine gute Stelle in der Zeitung gefunden haben und im Druck tadellos ausgeführt sind. Bei Preislisten und sonstigen eigenen Veröffentlichungen muß Korrektur gelesen und im letzten Augenblick noch alles unschön Wirkende beseitigt werden.

V. Organe der Werbung. [§ 50

1. Werbeleitung.

Sollen alle erwähnten Punkte als einheitliches Ganzes zusammenwirken, so muß unbedingt die gesamte *Werbeleitung* in einer Hand liegen. Bei der überragenden Bedeutung der Werbetätigkeit wird diese Stelle in kleineren und mittleren Unternehmen der Inhaber selbst sein. In großen Geschäften wird er sich einen besonders vertrauenswürdigen und erfahrenen *Werbeleiter* anstellen, der weitgehende Befugnisse besitzt und die volle Verantwortung für seine Arbeit und diejenige seiner Mitarbeiter trägt.

2. Annoncenexpeditionen.

Es gibt große Annoncenexpeditionen, von denen die größten Firmen die „Ala", Berlin in Verbindung mit Hasenstein & Vogler, Hamburg, Rudolf Mosse, Berlin und G. L. Daube, Frankfurt a. M., sind, und die fast alle Arbeiten für die Werbung übernehmen. Aber der engste Zusammenhang mit dem Geschäft wird natürlich nur möglich sein, wenn Werbeleitung und Geschäftsleitung unter einem Dache wohnen.

VI. Wirkung der Werbetätigkeit. [§ 51

1. Wirkung auf den Käufer.

Die Wirkung der Werbetätigkeit beschränkt sich nicht nur auf die Käuferschichten, die anzuwerben sind, sondern auch auf die Konkurrenz und schließlich auf die Allgemeinheit. Dem Käufer wird die Möglichkeit geboten, sich die geeignetsten Bezugsquellen auszusuchen, sich einen Überblick über die vorhandenen Waren und ihre Preise, über die in letzter Zeit auf den Markt gebrachten Neuerungen, Verbesserungen und Preisänderungen zu verschaffen. Allerdings darf hierbei nicht vergessen werden, daß die Veröffentlichungen kein vollständiges Bild geben, da manche Unternehmen nur wenig oder in weniger geschickter oder aber auch weniger aufdringlicher Weise werben als manche andere.

2. Wirkung auf den Verkäufer.

Für den Verkäufer liegt der Hauptvorteil der Werbetätigkeit in der Vergrößerung des Absatzes. Manche Arten von Waren sind nur durch die Werbetätigkeit in Aufnahme gekommen. Hierher gehören in erster Linie die Markenartikel, von denen einer der ältesten das Mundwasser „Odol" ist. Die hierfür betriebene Werbung ist vorbildlich für die meisten anderen Markenwaren gewesen. Auch bestimmte Geschäftsarten sind in ihrem Erfolge völlig auf die Werbetätigkeit angewiesen. Ohne großzügige Reklame wäre die Entstehung der Riesenwarenhäuser nie möglich gewesen, bei denen die Werbetätigkeit mit allen Mitteln der Neuzeit betrieben wird. Selbst das Geschäftshaus ist in seiner architektonischen Schönheit und seiner mustergültigen Innenausstattung ein nicht zu unterschätzendes Werbemittel. Völlig auf schriftliche Werbung angewiesen sind die Versandhäuser, die wie die Warenhäuser unmittelbar an den Verbraucher absetzen, nur daß dieser hier nicht im Orte selbst, sondern meist in ganz Deutschland aufgesucht wird. Eine etwas andere Art dieser Geschäfte sind die Verkaufsstellen der Fabriken, die bestimmte Markenwaren wie Schuhe, Schokolade, Zigaretten, Tee, Kaffee usw. unmittelbar verkaufen. Auch hier kann dauernder Erfolg nur durch fortgesetzte lebhafte Werbetätigkeit erzielt werden.

Ganz anderer Art, aber auch völlig auf Werbung angewiesen, ist die Fremdenindustrie, vor allem in den Kur- und Badeorten. Hier hat eine gewisse genossenschaftliche Regelung der Werbetätigkeit durch Bildung von Bäder- und Kurortverbänden, Herausgabe gemeinsamer Führer, Anzeigen und Werbeschriften stattgefunden, die vielleicht auch einmal auf andere Unternehmungszweige übergreift.

3. Nachteile und Gefahren der Werbetätigkeit.

Bei aller Bedeutung der Werbetätigkeit dürfen auch nicht ihre Nachteile und Gefahren übersehen werden. Gar mancher wird durch die Anpreisungen zu unnötigen Einkäufen, zu leichtsinnigen Ausgaben oder gar zum Schuldenmachen veranlaßt. Fast noch schlimmer ist die Gefahr durch Anpreisung gesundheitsnachteiliger, schädlicher oder praktisch unbrauchbarer Waren, durch Werbung für geistig oder seelisch schädigende Bücher (Schundliteratur), gegen die vergebens von allen sich für das Wohl der Jugend und des Volkes verantwortlich fühlenden Kreisen gekämpft wird. Viele Anzeigen wenig gewissenhafter Unternehmer richten sich mehr oder minder ausschießlich an die Leichtgläubigkeit, den Aberglauben, die Spielsucht, die Eitelkeit, Putzsucht und Neigung zu Quacksalbereien der Leserkreise und können großen Schaden anrichten, wenn nicht den Veranlassern, die nur selbstsüchtige Gewinnsucht kennen, das Handwerk gelegt wird.

4. Die volkswirtschaftlichen Wirkungen.

Oft wird die Frage erörtert, ob die Werbetätigkeit überhaupt im volkswirtschaftlichen Sinne nützlich oder schädlich sei. Gewiß ist zuzugeben, daß die Geschäftsunkosten durch ausgedehnte Werbetätigkeit sehr erheblich gesteigert werden können, und daß die Gefahr besteht, mit dem Warenpreise ein gut Teil dieser Kosten bezahlen zu müssen, mit anderen Worten, daß die Reklame verteuernd wirkt. Doch wird hierbei sehr häufig stark übertrieben. Auf den Gesamtumsatz gerechnet, werden im allgemeinen bei gut geleiteten Geschäften die Werbungskosten nicht allzu hoch sein. Aber wichtiger ist die andere Wirkung der Werbetätigkeit, nämlich daß durch sie der Absatz erheblich gesteigert, eine großzügige Absatzmöglichkeit geschaffen und durch die erst so ermöglichte Massenherstellung die Ware ganz erheblich verbilligt wird. Ein klassisches Beispiel dafür ist der Amerikaner Ford, der die Preise für seine Kraftwagen von

Jahr zu Jahr herabgesetzt hat, weil er immer größere Mengen davon herstellen und so die Fabrikation verbilligen konnte. Wenn aber die Werbetätigkeit die Erzeugnisse stärker verbilligt, als ihre Kosten betragen, bedeutet sie nicht eine Vergeudung, sondern eine Ersparung des Volksvermögens. Man bezeichnet Werbetätigkeit mit diesem Erfolge auch als „Edelreklame". Wirklich großzügige Unternehmen werden immer diesem Ziele zustreben und dabei nicht nur ihren eigenen Vorteil, sondern auch den der Käufer und damit schließlich den der Volksgesamtheit wahren.

VII. Werbewesen und Staat. [§ 52

Die weittragende Bedeutung des Werbewesens für die Allgemeinheit hat den Staat veranlaßt, Auswüchse durch verschiedene gesetzliche Maßnahmen nach Möglichkeit zu verhindern. Diese Auswüchse liegen entweder in Anpreisungen, die gegen das sittliche Empfinden verstoßen, die unberechtigt geistiges Eigentum anderer Unternehmer verwerten, Angriffe gegen die Mitbewerber (Konkurrenz) über das zulässige Maß hinaus enthalten oder zur Schädigung und Irreführung der Verbraucher führen.

1. Sittliche Verstöße.

Anpreisungen, die in grober Weise gegen das sittliche Empfinden verstoßen, sind durch das Strafgesetzbuch in seinem § 184 mit Gefängnis bis zu einem Jahr und mit Geldstrafen bedroht. Dasselbe gilt von der öffentlichen Ausstellung von Waren, die in gleicher Weise verletzend wirken können. In diesen Fällen greift die Staatsanwaltschaft von Amts wegen ein und zwingt den Schuldigen, derartige Maßnahmen zu unterlassen; natürlich wird sie in dieser Tätigkeit durch Anzeige vorkommender Fälle unterstützt, so daß jeder vornehm denkende Mensch selbst zur Beseitigung der erwähnten Mißstände beitragen kann.

2. Unlauterer Wettbewerb.

a) Schutz der Firma. Ein wertvolles Werbemittel ist für jedes gut eingeführte Unternehmen seine Firma, da in ihrem Klange schon das Vertrauen zu ihren Erzeugnissen liegt. Um so mehr streben unlautere Mitbewerber danach, entweder diese Firma unbefugterweise zu gebrauchen oder irreführende, sehr ähnlich klingende Firmen anzunehmen.

Beispiel: Die bekannte Fabrik Halberstädter Würstchen Fr. Heine hatte vor Jahrzehnten einen Mitbewerber in dem unmittelbar bei Halberstadt gelegenen Dorfe Wehrstedt gefunden. Der Unternehmer nannte seinen Betrieb „Fr. Heine, Wurstfabrik, Halberstadt-Wehrstedt, ältestes Unternehmen am Platze" und berief sich darauf, daß Wehrstedt nicht in Halberstadt eingemeindet sei, sein Betrieb am Platze also der älteste sei.

In dem angeführten Beispiel genügt der Schutz des § 37 des HGB. nicht, da hier nur verboten wird, am gleichen Orte unbefugt den Namen einer schon vorhandenen Firma zu gebrauchen. Dagegen tritt der Schutz des § 16 des Gesetzes zum Schutze der Warenbezeichnung vom 12. Mai 1894 (in der Fassung vom 31. März 1913) ein, das ganz allgemein den Gebrauch einer Firma verbietet, wenn dadurch die offensichtliche Schädigung einer anderen Firma eintritt. Dieses Gesetz schützt weiter auch die Bezeichnung der Ware selbst, was besonders für Markenwaren von hohem Werte ist. Es ist nicht allein anderen Unternehmungen untersagt, ihren Waren den gleichen geschützten Namen zu geben (z. B. Odol, Persil, Sarotti-Schokolade), sondern sie dürfen auch die Warenzeichen nicht ihren Waren oder deren Packungen aufdrucken, z. B. die Zwillingsmarke der Henckelswerke, Solingen, die Marke „Schwan im Blauband" usw.

b) Falsche Behauptungen persönlicher Art. Ähnlich wie der Schutz der Firma in dem Handelsgesetzbuche nicht genügte, ist auch der Schutz der §§ 186 und 187 des Strafgesetzbuches nicht ausreichend, um andere Firmen vor Schädigungen durch Verächtlichmachung oder Verbreitung unwahrer Tatsachen über sie oder ihre Erzeugnisse zu schützen; denn die Absicht verleumderischer Beleidigung ist hier oft schwer nachweisbar. Daher ist zu seiner Ergänzung das Gesetz gegen unlauteren Wettbewerb vom 7. Juni 1907 erlassen worden, in dem ganz allgemein derjenige, der im geschäftlichen Verkehr zum Zwecke des Wettbewerbs Handlungen vornimmt, die gegen die guten Sitten verstoßen, zur Unterlassung dieser Handlungen gezwungen und zur Leistung von Schadenersatz herangezogen werden kann. Solche Verstöße liegen z. B. vor, wenn eine Firma einer anderen einen tüchtigen Reisenden oder Angestellten anderer Art abspenstig macht und diesen zum Vertragsbruch (Nichteinhaltung der Kündigungsfrist) verleitet, wenn sie sich das Kundenverzeichnis einer anderen Unternehmung beschafft u. dgl. (§ 1.)

In dem harten Kampf ums Dasein versuchen manche Unternehmungen ihre Erzeugnisse dadurch in ein besonders günstiges Licht zu setzen, daß sie die Waren anderer in ihrem Wert herabsetzen. Auch derartige Veröffentlichungen sind verboten und machen schadenersatzpflichtig. (§ 14.)

Beispiel: Wenn der Hersteller eines „Aufbausalzes" behaupten würde, nur seine Fabrik stände unter ständiger ärztlicher Überwachung, bei den anderen Unternehmungen sei dies nicht der Fall, und diese Behauptung träfe nicht zu, so würde er auf Unterlassung und Schadenersatz in Anspruch genommen werden können.

c) **Falsche Angaben über die Waren.** Ganz allgemein ist es verboten, Waren Bezeichnungen zuzulegen, die nicht der Wahrheit entsprechen, z. B. zu schreiben „reine Seide", wenn Kunstseide vorliegt, oder anzugeben „Handarbeit", falls dies nicht der Fall ist. Besonders für Lebensmittel sind hier scharfe Bestimmungen getroffen. Emmenthaler Käse muß wirklich aus Emmenthal stammen, „Weinbrand" wirklich nur aus Wein hergestellt sein; andernfalls muß es heißen „Weinbrandverschnitt". Hier tritt zu dem Gesetz gegen unlauteren Wettbewerb noch ergänzend das Nahrungsmittelgesetz. Auch falsche Angaben über Mengen sind verboten, z. B. wenn jemand anzeigt: „1000 Damenmäntel eingetroffen" und es sind nur 100 gewesen. Die Absicht der Täuschung wird in den meisten Fällen der Täuschung selbst gleichgestellt. So liegt z. B. in der nachstehenden Anzeige die Absicht der Täuschung klar zutage.

Tausend Mäntel
sind zwar nicht
bei mir eingetroffen!
Trotzdem verkaufe ich meine Bestände
zu staunend billigen Preisen!

d) **Ausverkäufe.** Eingehende Vorschriften enthält das Gesetz endlich über die Veranstaltung von Ausverkäufen, die nur zu bestimmten Zeiten veranstaltet werden dürfen, vorher angemeldet werden müssen und nicht beliebig oft wiederholt werden können. Die Einzelheiten hierüber sind aus dem Gesetz selbst deutlich ersichtlich und werden durch Verordnungen der Regierungspräsidenten für die einzelnen Landesteile den besonderen Verhältnissen entsprechend genau festgelegt. (§§ 6—10.)

e) **Schluß.** Wie weit auch das Gesetz versuchen mag, Auswüchse zu bekämpfen, es wird immer wieder Menschen geben, die die gesetzlichen Bestimmungen zu umgehen wissen. Die große Schicht der Käufer selbst wird daher ständig darauf achten müssen, daß sie ihren Bedarf dort deckt, wo sie unbedingtes Vertrauen zu der Redlichkeit und dem Ruf der Unternehmung haben kann. Nicht immer heißt billig kaufen gut kaufen, sondern preiswert kaufen ist die wahre Kunst.

Schließlich wird der mit seiner Werbetätigkeit am weitesten kommen, der die Grundsätze beachtet, die 1917 die Internationale Vereinszeitung über die Werbetätigkeit aufstellte und die jedem guten Kaufmann zur Richtschnur dienen können. Knapp zusammengefaßt, fordert hier der Verfasser von einer guten Werbung folgende Eigenschaften: sachlich und ernst; wahr, klar, verständlich; so'gerichtig, sicher, überzeugend; interessant und neu; geschmackvoll und sympathisch; positiv in Wort und Bild, nichts Verneinendes darin enthalten; knapp, aber vollständig; sparsam, aber nicht kleinlich; planmäßig und geordnet; denn die Kundenwerbung, ihre Art und äußere Form sind der Spiegel des Geschäftes und der Person seines Inhabers.

Schrifttum

zu dem Abschnitt „Werbewesen".

Eine knappe und klare Einführung in das ganze Gebiet gibt das Buch von:

Rudolf Seyffert, Die Reklame des Kaufmanns. 3. Aufl. Leipzig 1925, G. A. Gloeckner.

Von dem bekannten Werbwart Weidenmüller sind eine Reihe Schriften herausgekommen; sein Grundriß der Werbelehre ist leider vergriffen.

Wertvolle Hinweise enthält auch das bereits erwähnte Werk:

Victor Vogt, Taschenbuch der Geschäftstechnik. Stuttgart 1926, Verlag für Wirtschaft und Verkehr.

Vgl. auch die Zusammenstellung von Zeitschriften auf S. 187.

B. Die Organisation des Verkaufs.

I. Die Ware als Gegenstand des Verkaufs. [§ 53

1. Ermittlung der Absatzmöglichkeiten.

a) Überblick. Sowohl bei der Herstellung wie bei der Beschaffung der Ware zum Zwecke des Verkaufs muß der Veräußerer sich über eine Reihe von Fragen klar sein, die sich beziehen: 1. auf die Art der zu verkaufenden Ware und die Ansprüche, die an sie gestellt werden und 2. auf die Art der voraussichtlichen Abnehmer. Aus beiden Punkten zusammengenommen ergibt sich die Absatzmöglichkeit.

b) Neuerscheinungen. Im einzelnen wird man vor Einleitung des Geschäftes sich zu fragen bzw. zu untersuchen haben: Ist die Ware überhaupt schon auf dem Markt vorhanden? Ist dies nicht der Fall, z. B. bei Erfindungen, so ist zu ermitteln, wer als Abnehmer in Frage kommt, wo diese Abnehmer wohnen, aus welchen Bevölkerungsschichten sie stammen, ob Waren gehandelt werden, die als Ersatz für die einzuführende in Frage kommen und somit als Konkurrenzware auftreten. Wichtig ist weiter, ob die Ware zu einem Preise geliefert werden kann, der die Kaufkraft der mutmaßlichen Käuferschichten nicht übersteigt, ob mit einem dauernden Verbrauch oder nur einem solchen auf kurze Zeit gerechnet werden kann.

Beispiel: Als in der Kriegszeit Lederschuhe äußerst knapp und für viele Kreise unerschwinglich teuer waren, wurden Schuhe mit Holzsohlen hergestellt. Als Abnehmer kamen nur die weniger bemittelten Kreise der Bevölkerung innerhalb Deutschlands in Frage. Ähnliche Ware waren die Sohlen aus Gummiersatz (Ballata). Die Sohlen mußten billig sein, da sie weder angenehm noch sehr haltbar waren, und es mußte damit gerechnet werden, daß mit Beendigung des Krieges der Absatz sehr bald aufhören würde. Somit hieß es, billige Ware schnell auf den Markt zu bringen, die Herstellungsmenge aber so zu beschränken, daß jeweils nur der Bedarf auf höchstens einige Monate gedeckt war.

c) Schon vorhandene Waren. Hier ist zu fragen: Wie groß ist der Absatz in dem für das eigene Geschäft in Betracht kommenden Gebiet? Läßt sich dieser Absatz steigern durch

Vermehrung des Bedürfnisses nach der Ware oder durch Erweiterung des Abnehmerkreises? Handelt es sich um ein Gut, dessen Bedarf bereits in der Abnahme oder aber erst im Entstehen begriffen ist? Wie betreibt die Konkurrenz das Geschäft und in welcher Weise können die dort gebrauchten Absatzverfahren verbessert werden? Ist durch verbesserte Einkaufs- und Absatzverfahren eine Verbesserung oder Verbilligung der Ware möglich?

Beispiele: Dampfpflüge können nur im mittleren und Großgrundbesitz auf tiefgründigem Boden verwendet werden. Ein Viertel von ihnen ist in Mitteldeutschland im Gebrauch. Ihr Absatz würde in Süddeutschland sehr wenig Aussicht auf Erfolg haben. Dagegen kommt hier der kleine Einmann-Motorpflug in Frage, dessen Absatz erst im Beginn begriffen und daher sehr wahrscheinlich noch stark steigerungsfähig ist. Wettbewerb bildet der durch kleine Trekker gezogene Pflug.

Der Verbrauch an Kutschwagen und Fahrrädern wird in dem Maße abnehmen, wie neue billige Verkehrsmittel in Gestalt von Postkraftwagen, billigen Krafträdern und -wagen geschaffen werden. In Buenos-Aires z. B. ist seit 1. Jan. 1927 jeglicher Verkehr mit Pferdewagen in den Straßen der Stadt verboten.

d) Ort und Zeitpunkt des Verkaufs. Hat man sich für eine bestimmte Ware oder Warengruppe entschieden, so bleibt noch die Frage: Wo und wann sind für den Absatz die günstigsten Bedingungen vorhanden? Zigarren- und Schokoladengeschäfte müssen an den Stellen des stärksten Verkehrs, vor allem auch an den zum Bahnhof führenden Straßen liegen. Für Massengüter ist eine Verkehrslage an Bahn- und Wasserwegen günstig, entweder in der Nähe der Erzeugungsstätten (besonders bei Fabriken) oder der Absatzgebiete, z. B. bei Bierbrauereien, Ausfuhrgeschäften. Die Frachthöhe kann einen erfolgreichen Verkauf über eine bestimmte Entfernung hinaus (Absatzradius) unmöglich machen. Manche Waren haben vorwiegend Landbevölkerung als Abnehmer (Landmaschinen), andere, und zwar die Hauptmenge, städtische Bevölkerung. Danach ist der Wohnsitz des Geschäftes zu wählen.

Die Jahreszeit kommt für solche Waren in Frage, die gewöhnlich als Saisonartikel bezeichnet werden. Ein Geschäft für Hausbrandkohle hat die meisten Aussichten auf Erfolg bei der Eröffnung im Herbst, ein solches für Kunstdünger im Frühjahr, für Schneeschuhe zu Beginn des Winters, usw. Sind im Geschäft die Absatzzahlen der einzelnen Monate festgehalten und vielleicht in Form von Absatzkurven dargestellt, so ist zu überlegen, wie in der geschäftsstillen Zeit durch Einräumung besonderer Vergünstigungen (Preisermäßigungen, Gewährung längeren Zieles) der Absatz belebt und so der Umsatz gleichmäßiger gestaltet werden kann; denn neben der Erweckung der Bedürfnisse und ihrer Förderung bis zum Kaufentschluß muß der größte Wert auf die Erwerbung einer Dauerkundschaft und eines möglichst gleichmäßigen Absatzes gelegt werden.

2. Der Eignungswert der Ware.

a) Innere Eigenschaften der Ware. Bei aller Bedeutung der Werbetätigkeit ist doch festzuhalten, daß die beste Empfehlung die Ware selbst ist, ihre Fähigkeit, den Anforderungen der Verbraucher auf die beste und billigste Weise gerecht zu werden und allen Bedürfnissen sich in möglichst weitem Maße anzupassen. Haltbarkeit, vielseitige Verwendbarkeit, angenehmer Geschmack, gutes Aussehen sind einige von den vielen Anforderungen, die der Käufer stellt, je nachdem, ob die Ware den Gesichts-, Gehör-, Geruchs- oder Tastsinn des Menschen befriedigen soll, ob sie einmaligem oder Dauergebrauch zu dienen hat, ob der Hauptwert auf Billigkeit oder Vornehmheit gelegt wird. Die Änderung des Geschmacks und der Mode sowie die Kaufkraft der Abnehmer sind dabei von ausschlaggebender Bedeutung. Wichtig ist ferner, daß die Ware so beschaffen ist, daß sie eine möglichst bequeme Handhabung zuläßt und Fehlschläge bei ihrer Verwendung wenn irgend angängig vermieden werden.

Beispiele: Während der Inflationszeit war der Bedarf an billiger Schokolade sehr groß, für feine Sorten fehlte meist das Geld. Jetzt werden die feinsten Sorten bevorzugt, die billigen sind wieder mehr vom Markt verschwunden. — Beim Verbrauch von Wein schwankt der Geschmack in gewissen Zeiträumen zwischen der Bevorzugung der Mosel- und der Rheinweine. — Die Mode schreibt in der Damenkleidung zeitweise matte, zarte Farben, zeitweise grelle und leuchtende Farben vor, ferner zu Zeiten große Muster in geometrischen Formen, zu anderen Zeiten kleine Streifen, Blumen- oder Phantasiemuster.

Eine amerikanische Seifenfabrik machte ein großes Geschäft dadurch, daß sie die Badeseife so ausrüstete, daß sie auf dem Wasser schwimmt. Eine deutsche Fabrik stellte kleine Stückchen von Feinseife als Reiseseife, andere in Stangenform als Rasierseife her und erzielte damit bedeutenden Erfolg. Billige Feinseifen werden meist mit stärkerem Duft verlangt als edle Sorten.

Die licht-, trag- und waschechten Indanthrenfarben sind in ihrer Handhabung so schwierig, daß sie nur von geübten Fachleuten verwendet werden können. Die Haushalts-Farben dagegen können von jeder Hausfrau in einfachem Verfahren angewandt werden und werden außerdem in für den jeweiligen Zweck genau berechneten Mengen abgeteilt geliefert. Für den Haushalt kommen daher nur Farben der letzten Art in Frage.

Die Werkzeugindustrie liefert sog. Universalinstrumente, bei denen als besonderer Vorzug ihre außerordentlich vielseitige Verwendbarkeit und ihre Anpassungsfähigkeit an die Bedürfnisse der verschiedensten Berufe hervorgehoben wird.

Wichtig ist daher, daß bei Anpreisungen nicht allgemeine Schlagwörter gebraucht, sondern die **besonderen Eigenschaften der Ware** deutlich gekennzeichnet werden, z. B. bei Spitzen Handarbeit, bei Zigarren die Herkunft des Tabaks, bei Staubsaugern das Gewicht und der Stromverbrauch, bei billigen Waren der Hinweis, daß und aus welchem Grunde die Ware zwar billig, aber trotzdem durchaus zweckentsprechend ist.

Beispiel: Eine Gartenwirtschaft wird keinen Wert auf echte Porzellantassen und wertvolle silberne Kaffeelöffel legen, wohl aber auf die Haltbarkeit dieser Waren. — Eine Nähmaschine für den Hausbedarf braucht nicht so leistungsfähig zu sein wie eine solche für Schneider, kann sich dagegen durch gefälliges Aussehen und einfache Handhabung vor dieser auszeichnen.

b) Die Verpackung. Wer einmal im Hafenviertel Londons an den verkehrsreichsten Straßen in offenen Verkaufsständen die aufgebrochenen, mit Staub bedeckten Muscheln stehen sah, wird begreifen, welcher Wert in der Art, wie die Ware feilgeboten wird, liegt. Neben den Fragen der Sauberkeit und Haltbarkeit infolge sachgemäßer Verpackung darf nicht vergessen werden, daß in den meisten Fällen **das Auge** die erste Wahl bei der Entscheidung für eine Ware trifft, auch wenn diese selbst nicht zu sehen ist, weil sie sich in einer völlig geschlossenen Verpackung befindet. Infolge dieser Beobachtungen ist man immer mehr dazu übergegangen, die für den täglichen Gebrauch bestimmten Waren, vor allem Lebensmittel und Haushaltsgüter, in zweckgemäßen und gefälligen Packungen in den Handel zu bringen.

c) Markenwaren. Auf diese Weise entstanden die **Markenwaren**, die gleich in der Fabrik verkaufsfertig gepackt werden, meist den Namen des Erzeugers, mindestens aber ein Kurzzeichen (Fabrikmarke, Phantasienamen, Warenzeichen) tragen, in allen Geschäften des Einzelhandels zum gleichen Preise angeboten werden und nach Möglichkeit auch stets von der gleichen inneren Beschaffenheit sind. Die ersten Markenwaren dieser Art waren Richters Ankersteinbaukasten und das Mundwasser Odol, das fast nur durch die eigenartige Form der Flaschen, in denen es geliefert wird, sich in Windeseile einen großen Absatz sicherte.

Beispiele: Die Leibniz-Keks-Fabrik hebt als besonderen Vorzug ihrer Ware die staub- und feuchtigkeitssichere Packung ihrer Erzeugnisse hervor und war auf diesem Gebiet bahnbrechend. — Große Schokoladenfabriken betonen, daß ihre Ware nur durch Maschinen gepackt wird, mit der menschlichen Hand also während der ganzen Herstellung nicht in Berührung kommt. — Das Kölnische Wasser kommt in Flaschen zum Verkauf, die, auch wenn sie leer sind, in ihren Luxusausführungen eine Zierde des Waschtisches bilden. — Die Maggi-Suppenwürfel haben den Vorzug, daß die für einen Teller bzw. eine Tasse erforderliche Menge jeweils in einem Würfel enthalten ist, die Restmenge also unberührt bleibt. — Zigarettenfabriken weisen darauf hin, daß der Käufer in der gleichen Packung heute genau die gleiche Zigarette erhält wie vor dem Kriege.

Ein weiterer Vorteil der Markenwaren liegt darin, daß ihnen nötigenfalls Gebrauchsanweisungen beigefügt werden, deren Befolgung Fehlschläge in der Anwendung verhindern soll, und daß ihnen häufig Garantiescheine beiliegen, gegen deren Rückgabe ein Umtausch der Ware erfolgt, falls sie nicht völlig einwandfrei war.

d) Neue Wege zur Bewertung der Waren und ihrer Verpackungen sind von einer Anzahl von Firmen, die Markenwaren herstellen, eingeschlagen worden. Sie haben die Käufer durch Preisausschreiben veranlaßt, anzugeben, welche Eigenschaften der Erzeugnisse ihnen am meisten zusagen und sie zum Wiederkauf veranlassen, oder aber auch ihnen nicht gefallen. Weiter sind Preisausschreiben für die Mitteilung zugkräftiger Namen für neue Sorten der Waren veranstaltet. Neben der Erfüllung des angegebenen Zweckes bewirken derartige Ausschreiben gleichzeitig auch ein Bekanntwerden der Firma.

Mehr abseits von der Öffentlichkeit stehen die psychotechnischen Untersuchungen über die Wirkungen geeigneter Verpackungen, die mit einer kleinen Zahl von Versuchspersonen aus dem Kreise, in dem die Ware ihren Hauptabsatz finden wird, vorgenommen werden. Durch beliebige Änderungen der Versuchsbedingungen kann hier ziemlich einwandfrei festgestellt werden, wie die einzelnen Packungen von den verschiedenen Kreisen beurteilt werden.

Beispiele: Eine Zigarettenfabrik setzte hohe Preise aus für die beste Beantwortung der von ihr genau gestellten Fragen, z. B.: „Wann rauchen Sie am liebsten? Welche Marken bevorzugen Sie morgens, abends? Warum?" usw. — Eine Fabrik photographischer Platten veranstaltete ein Preisausschreiben für die besten auf ihren Platten gemachten Aufnahmen von Liebhaberphotographen. Für nicht völlig fehlerfreie Platten vergütet sie eine größere Menge neuer Platten. Eine Schokoladenfabrik will neue Packungen herausbringen. Nach den Entwürfen werden Probenpackungen hergestellt und nacheinander je etwa 20 größeren Kindern, männlichen und weiblichen Erwachsenen aus der Arbeiterklasse und aus den gebildeten Ständen vorgelegt, von denen jeder aufschreiben muß, welche der vorgelegten, mit Nummern bezeichneten Packungen ihm am besten gefallen hat. Aus dem Urteil ergibt sich dann, welche Packung am besten für billige Schokolade in kleinen Mengen für Kinder und in billigeren Sorten für die weniger Bemittelten zu verwenden ist, weiter, welche Packung für die von Damen bevorzugte Milchschokolade und für die herbe Herrenschokolade in Frage kommt.

§ 54] II. Der Preis der Ware.

1. Der Einfluß der Kosten auf den Preis.

a) Preisarten. Sind die Waren auch noch so zweckentsprechend im Inneren und Äußeren, so wird ihre Absatzfähigkeit schließlich doch am stärksten durch den Preis der Ware bestimmt. Es fragt sich auf der einen Seite; Welchen Preis ist der Käufer bereit anzulegen? Auf der anderen Seite ist zu prüfen: Welchen Preis glaubt der Verkäufer fordern zu müssen, um einen hinreichenden Gewinn zu erzielen? Denn der Endzweck jeder Tätigkeit im wirtschaftlichen Unternehmen ist die Erzielung eines möglichst hohen Ertrages, wie schon mehrfach betont wurde. Der Gewinn wird aber wesentlich beeinflußt durch den nötigen Aufwand an Kosten, von denen bereits im 1. Teil (S. 98) die Rede gewesen ist. Hier handelt es sich um die Frage: Welche Kosten sind bei der Errechnung des Warenpreises zu berücksichtigen und in welcher Weise werden sie ermittelt? Verfolgen wir zu diesem Zweck den Gang der Handlungen, so ergibt sich, daß zunächst zu unterscheiden ist, ob die Waren im Betriebe selbst hergestellt oder fertig bezogen werden. Für den ersten Fall sind die Herstellungs- oder Erzeugerkosten zu errechnen, was später bei Besprechung des Fabrikbetriebes erfolgen soll. Für den Augenblick kommen somit nur die Einkaufspreise fertiger Waren in Frage. Die eingekaufte Ware muß nunmehr in das eigene Unternehmen gebracht werden. Dadurch entstehen nach den mit dem Einkauf selbst verbundenen Kosten (z. B. Provisionen und Spesen des Einkäufers) Bezugskosten, zu denen besonders die Fracht, gegebenenfalls Zoll, Rollgeld und Verpackung gehören. So ist dann aus dem Einkaufs- der Bezugspreis geworden.

Bis die Ware zum Verkauf kommt, muß sie gelagert, in verkaufsbereiten Zustand gebracht (Umpacken, Zerlegen, Auswiegen usw.) und dem Käufer feilgeboten werden. Daraus erwachsen Kosten für Lager- oder Ladenmiete, für das Personal, Versicherung, Licht und Heizung, Bankzinsen und Spesen für das in den Waren angelegte Geld, Kosten der Mengen- und Wertverminderung durch Schwund (Seife), Verdunsten (Spirituosen), Verschießen (Stoffe), Unmodernwerden und fast nie ganz zu vermeidende Diebstähle, sowie durch die vom Geschäft zu tragenden Steuern. Alle diese Spesen werden gewöhnlich als allgemeine Unkosten (auch Generalspesen) bezeichnet; ihre Umrechnung auf die einzelne Ware erfordert eine bis ins kleinste durchdachte Buchhaltung, wie sie uns heute durch die verschiedenen Verfahren der Durchschreibbuchführung mit einem für jedes Geschäft besonders zugeschnittenen Plan von Kontengruppen, Ober- und Unterkonten möglich gemacht ist. (Vgl. S. 101). Der Aufschlag der anteiligen Unkosten auf den Bezugspreis ergibt dann den Selbstkostenpreis.

Zum Verkauf selbst ist wiederum Personal erforderlich: Verkäufer im Laden der Einzelhandlung, in der Verkaufsabteilung der Großhandlung, Reisevertreter, Agenten und sonstige Vermittler außerhalb des Betriebes. Dazu kommen die Kosten für Kundenwerbung (Reklamespesen), Reisespesen und Provisionen an die Verkäufer (Reisende), ferner oft Verpackungskosten, Versandspesen, falls die Ware dem Empfänger kostenfrei geliefert wird, die Umsatzsteuer, schließlich Zinsen für die Zeit vom Verkauf bis zum Eingang des Gegenwertes, unvermeidbare Verluste durch Nichteingang des Gegenwertes bei Kreditverkäufen, für die Sicherungsbeträge (Delkredere) zugeschlagen werden müssen, und Kosten, die mit der Einziehung des Verkaufspreises verbunden sind (Einzugsspesen, Wechseldiskont, Bankspesen); diese werden gewöhnlich als Deckungsspesen bezeichnet. Da alle diese Kosten mit dem Verkauf selbst verbunden sind, nennt man sie Verkaufsspesen. Jetzt erst kann der Gewinnaufschlag erfolgen, der sich nach früher gemachten Ausführungen wieder in Rückstellungen zur Sicherung der Unternehmung, Zins für das eigene Kapital, Unternehmerlohn und Unternehmergewinn zerlegen läßt. Werden von dem so errechneten Bruttoverkaufspreis die Deckungs-, Fracht- und Verpackungsspesen sowie die Zinsen für Kreditverkäufe, die dem Käufer etwa zugebilligten Abzüge (Rabatt, Skonto), und die Umsatzsteuer abgezogen, so ergibt sich der Netto- oder Reinerlös des Verkaufes. Kurz zusammengefaßt, erhalten wir folgendes Bild:

Einkaufspreis
\+ Bezugskosten

= Bezugspreis (Ortspreis)
\+ allgemeine Unkosten

= Selbstkostenpreis
\+ Verkaufsspesen und Gewinnaufschlag

= Verkaufspreis
÷ Verkaufsspesen

= Reinertrag (Nettopreis).

Beispiel: Eine Lebensmittelgroßhandlung bezieht:

70 Kisten Sultaninen

Rohgewicht $4076^1/_2$ kg
Verpackung 350 kg = 5 kg je Kiste
Reingewicht $3726^1/_2$ kg zum Preise von RM 1.77 je kg frei Hamburg

		somit Einkaufspreis	= RM 6595.90
Bezugsspesen: Fracht	RM 3.— je 100 kg	= RM 120.—	
Rollgeld	„ —.65 „ 100 „	= „ 26.45	
Zoll	„ 80.— „ 100 „	= „ 304.—	
Abfuhrspesen (eigenes Fuhrwerk)		„ 25.—	„ 475.45
		somit Bezugspreis	= RM 7071.35

Bei der Ankunft im Geschäft wiegt die Ware 3703 kg, somit ist ein Mengenverlust von $23^1/_2$ kg eingetreten.

Der Bezugspreis für 100 kg stellt sich mithin auf		RM 190.96
An Lager- und allgemeinen Unkosten entfallen auf je 100 kg:		
Zinsverlust $6^1/_2$% auf 1 Monat Lagerdauer	= RM 1.04	
Lagerspesen RM 2 je 100 kg	= „ 2.—	
7% allgemeine Unkosten	= „ 13.19	= „ 16.23
somit Selbstkostenpreis		= RM 207.19
Verkaufsspesen: 2% Verkaufsprovision an den Reisenden	= RM 4.14	
10% Zinsverlust und Delkredere auf 3 Monate	= „ 5.17	
Fracht und Rollgeld	= „ 1.20	„ 10.51
		RM 217.70
Umsatzsteuer $^3/_4$% vom Verkaufspreis		= „ 1.87
Gewinnzuschlag 15%		= „ 32.93
somit Verkaufspreis		= RM 252.50
abzüglich: Zinsen 8% auf 3 Monate	= RM 5.05	
Umsatzsteuer	= „ 1.87	
Frachtverläge	= „ 1.20	„ 8.12
demnach: Barpreis (Reinerlös)		= RM 244.38

Vor- und Nachrechnung. An Stelle dieser ausführlichen Preisberechnung begnügt der Einzelhandel sich möglichst damit, auf den Einkaufspreis einen Aufschlag zu legen, der erfahrungsgemäß einen auskömmlichen Gewinn ermöglicht. Dieser Aufschlag würde in unserem Beispiel also mit rund 25% bemessen werden können. Im Großhandel ist jedoch eine genaue Feststellung der Kosten erforderlich, und zwar vor dem Bezuge der Ware, um zu ermitteln, ob die Ware zu dem errechneten Preise absatz- und wettbewerbsfähig ist, bzw. das Geschäft als lohnend bezeichnet werden kann. Dieser Vorrechnung (Vorkalkulation) steht nach Abwicklung des Geschäftes die Nachrechnung (Nachkalkulation) gegenüber, um festzustellen, wieweit die Vorrechnung richtig war bzw. welche Posten sich geändert haben und somit in einer künftigen Vorrechnung anders einzusetzen sind. Die Vorrechnung ist natürlich nur möglich, wenn eine reiche Fülle von Erfahrungen vorliegt, der Rechner demnach ein in seinem Fach durchaus bewanderter Kaufmann ist.

b) Gliederung der Kosten. Die Einteilung der Kosten in besondere und allgemeine oder mittelbare (indirekte) und unmittelbare (direkte) wurde bereits früher erwähnt. In unserem Beispiel sind Fracht, Rollgeld und Zoll, Zinsverlust, Verkaufsprovision und Umsatzsteuer unmittelbare Kosten, da sie sich ohne weiteres für dieses Geschäft ermitteln lassen. Abfuhrspesen durch eigenes Fuhrwerk, Lagerkosten, allgemeine Unkosten und Delkredere dagegen gehören zu den mittelbaren, nur durch einen besonderen Verteilungsschlüssel errechenbaren Kosten. Die Bezugsspesen sind auf die Menge der Ware, das Gewicht, berechnet; wir bezeichnen sie daher als Mengenspesen; Fracht und Rollgeld, Speditionsgebühren und Lagerhausspesen gehören immer zu ihnen, Zoll nur, soweit es sich um Gewichtszölle handelt. Dagegen werden Zinsverlust, Provisionen, allgemeine

Unkosten und Umsatzsteuer vom Wert der Waren errechnet und daher als Wertspesen bezeichnet. Zu ihnen gehören neben den genannten Posten auch Versicherungsgebühren, Vergütungen an Agenten und Kommissionäre und Zölle, die nach dem Wert berechnet werden. Bei der Berechnung der Wertspesen liegt in unserem Beispiel insofern eine rechnerische Ungenauigkeit vor, als die Zinsen bei den Deckungsspesen und die Umsatzsteuer von dem Verkaufspreis hätten berechnet werden müssen. Indes ist das gezeigte Verfahren das in der Praxis allgemein übliche. Ebenso müßte der Gewinnzuschlag im Hundert gerechnet werden, was auch meist nicht geschieht. Man muß dann zum Ausgleich den Satz etwas höher wählen; denn ein Zuschlag von 15% vom Selbstkostenpreis entspricht nur einem Gewinn von 11,8% vom Verkaufspreis.

2. Festsetzung des Verkaufspreises.

a) Preis und Käufer. Nichts wäre irriger als die Annahme, daß die Errechnung eines Verkaufspreises in der eben angedeuteten Weise mit einem angemessenen Gewinnzuschlage den Erfolg eines Unternehmens sicher gewährleisten könne. Maßgebend für die Höhe des Preises ist vielmehr der Eignungswert der Ware, mit anderen Worten der Preis, den der Verbraucher bereit ist, für diese Ware anzulegen. Allerdings gilt dieser Satz nur unter der Voraussetzung, daß die Ware sich im freien Verkehr befindet. Handelt es sich um eine vertretbare Ware, ein Massengut oder eine Stapelware, wie Rohstoffe, Lebensmittel, Eisen u. dgl., so wird man über den allgemein üblichen Marktpreis nicht hinausgehen können. Bei anderen Waren bestimmt der Preis oft die Aufnahmefähigkeit der Käuferschichten und diese wieder umgekehrt den Preis der Ware. Besitzt die Ware vor ähnlichen Erzeugnissen besondere Vorzüge, so kann sie auch zu einem höheren Preise angeboten werden und sich dennoch auf dem Markt behaupten. Deswegen sollte eine Preissenkung niemals auf Kosten des inneren Wertes der Ware vorgenommen werden. Es muß vielmehr versucht werden, die Gestehungskosten durch günstigen Einkauf herabzudrücken, die Unkosten durch bessere Organisation des Unternehmens zu ermäßigen und durch Steigerung des Absatzes eine Verbilligung zu ermöglichen. Schon beim Werbewesen wurde betont, daß die Kundenwerbung als „Edelreklame" auf eine Verbilligung, nicht Verteuerung der Ware abzielen muß.

Beispiele: Bei Zahncreme in Tuben legen nur wenige Leute besonderes Gewicht darauf, eine bestimmte Marke zu erhalten. Die Preise der verschiedenen Erzeugnisse werden daher zweckmäßig auf dem gleichen Preis wie die der Mitbewerber gehalten, was häufig auch durch Vereinbarungen unter den Herstellern geschieht.

Ein gewisser Vervielfältigungsapparat ist erheblich teurer als ein anderer, bietet dafür aber den Vorteil einer selbsttätigen Papieranlage und eines Zählwerkes, das nach Erreichung der gewünschten Abzugszahl selbsttätig die Maschine ausschaltet. Diese Vorzüge berechtigen also zu einer höheren Preisbemessung, deren Ausmaß jedoch davon abhängig ist, wie hoch der Käufer die Sondervorzüge einschätzt. Bei allgemeiner großer Geldknappheit wird der Käufer die billigere Maschine trotz der fehlenden Annehmlichkeiten vorziehen.

b) Händlerrabatt. Bei Markenwaren ist oft der dem Wiederverkäufer gewährte Rabatt ausschlaggebend für den Erfolg der Unternehmung. Von zwei an sich gleichwertigen Waren in gleicher Preislage wird der Händler natürlich diejenige in erster Linie empfehlen, auf die er den höchsten Rabatt erhält. Wird dieser Rabatt verschieden hoch bemessen, je nach der vom Wiederverkäufer im gleichen Zeitraum abgenommenen Menge, so kann dies einerseits den Händler zur möglichst starken Umsatzsteigerung anregen, andererseits aber auch in den Reihen der kleineren Geschäfte Mißstimmung hervorrufen, die sich so weit zu steigern vermag, daß diese kleinen Händler den Vertrieb der Ware überhaupt ablehnen. Zwischen beiden Möglichkeiten hat sich demnach der Hersteller zu entscheiden.

Beispiel für eine Preisfestsetzung: Eine Margarinefabrik setzt an Großabnehmer, Einkaufsvereine und Genossenschaften sowie an Kleinabnehmer ab und berechnet z. B.

1. Großabnehmer . . . . 74 ₰
2. Einkaufsvereine, Genossenschaften 76 ₰
3. Kleinabnehmer . . . . 80 ₰

Das Gleiche wäre : Grundpreis 80 ₰, für Großabnehmer 7 1/2%, für Einkaufsvereine 5% Rabatt.

Für den Händler ist beachtenswert, ob sich der Vom-Hundert-Satz des Rabatts auf den Verkaufspreis im Einzelhandel oder auf den von ihm zu zahlenden Preis bezieht.

Beispiel: Der Reisende einer Puddingpulverfabrik sagt den Händlern: „Das Päckchen kostet im Verkauf 30 ₰; Sie haben daran 50%." Die Händler nehmen nun an, sie erhielten die Päckchen mit 50% Nachlaß, also zu 15 ₰ und beschweren sich, daß 20 ₰ in Rechnung gestellt sind. Bei der gerichtlichen Klage führt der Reisende aus: „Ich habe den Käufern gesagt, sie hätten 50% daran. Das stimmt auch; denn wenn sie an 20 ₰ 10 ₰ verdienen, so sind dies eben 50%. Ich habe nicht gesagt, daß sie 50% Rabatt auf den Artikel erhielten." Das Gericht mußte dem zustimmen und die Kläger wurden abgewiesen.

c) **Die Preise des Einzelhandels** sollten stets *offen* ausgezeichnet und auf alle Fälle *fest* sein. Läßt der Kaufmann mit sich handeln, so wird der Käufer meist das Gefühl haben: „Hättest du besser zu handeln gewußt, so würdest du die Ware noch billiger erhalten haben". Geheimauszeichnungen erwecken stets den Gedanken, daß die Ware zu verschiedenen Preisen angeboten wird, je nachdem, wer als Käufer auftritt. Bei Markenwaren ist weiter wichtig, daß der Preis möglichst *stetig* ist, auch wenn die Selbstkosten schwanken. Der Käufer erkennt hier eine Preiserhöhung nur als berechtigt an, wenn sie aus Gründen erfolgt, die auch ihm verständlich erscheinen. Schließlich muß bei der Preisbemessung auch auf die psychologische Einstellung des Käufers Rücksicht genommen werden. Ein Preis von RM 5.50 erweckt leicht den Anschein, als ob die Ware ursprünglich RM 5.— gekostet hätte und dann der Preis um 10% erhöht sei. Versuche haben ergeben, daß dieselbe Ware zum Preise von RM 5.95 viel mehr gekauft wurde als zu RM 5.50, da jetzt die vorwiegend weiblichen Käufer das Gefühl hatten, es handle sich um einen guten Gelegenheitskauf. Die in Warenhäusern beliebten Preise von 95 oder 98 ₰, RM 1.95 usw. sind Beispiele dafür, daß der Verkäufer die geistige Einstellung seiner Abnehmer richtig eingeschätzt hat.

Beispiele: Eine Damenbluse trägt folgenden Preiszettel:

P. E. & Co.
Art. 25/6 f
Nr. 220/5
Farbe 12
RM 5.50

Die Preisauszeichnung ist offen, die übrigen Angaben haben für den Käufer kaum Bedeutung. Was sagt der Zettel in Wirklichkeit? P. E. & Co. ist die Abkürzung der verkaufenden Firma und wichtig bei Umtausch oder Rückgabe der Ware, um festzustellen, ob sie wirklich in diesem Geschäft gekauft ist. Der Abteilungsleiter hat die Lieferer in seinem Taschenbuch alphabetisch geordnet stehen, hinter jeder Firma steht eine Ordnungsnummer. 25 sagt ihm, daß diese Bluse von Böhm & Wecker in Plauen stammt. Das Lieferungsjahr zählt er nur in der letzten Stelle, die Monate in Buchstaben. „6 c" heißt somit, die Bluse ist 1926 im März gekauft. Erfolgte der Verkauf im September noch nicht, so wird eine Preisherabsetzung zu erwägen sein, wenn die Ware nicht zum Ladenhüter werden soll. Die Einkaufspreise sind bis zu RM 5.— in Stufen von je 5 ₰, von da bis zu RM 10.— in Zehnpfennigstufen und darüber hinaus in Fünfzigpfennigstufen in das Taschenbuch eingetragen. Hinter jedem Preise steht wieder eine Ordnungsnummer, die außerdem nicht der Reihe nach gewählt sind, z. B. RM 3.30 = Nr. 12, 3.35 = 24, 3.40 = 85. Ein zweites Verzeichnis enthält die Nummern der Reihe nach mit der Angabe dahinter, welchen Einkaufspreis die Nummer bezeichnet. Der Abteilungsleiter sieht in unserem Falle aus seinem Buch: Farbe 12 bedeutet, der Einkaufspreis betrug RM 3.30, dementsprechend kann er bei längerer Lagerdauer den Preis herabsetzen. Auf diese oder ähnliche Weise erzählt der unscheinbare Preiszettel dem Eingeweihten fast die ganze Lebensgeschichte der Ware.

Für *Geheimauszeichnungen* werden oft Worte von zehn Buchstaben gewählt, von denen jeder Buchstabe eine Zahl bedeutet, z. B.:

L a d e n t i s c h,	L ö w e n s t a r k,	G o l d f i s c h e
1 2 3 4 5 6 7 8 9 0	1 2 3 4 5 6 7 8 9 0	1 2 3 4 5 6 7 8 9 0

Im ersten Falle würde also die Bezeichnung „adnh" einen Verkaufspreis von RM 23.50 bedeuten. Im Gegensatz zum ersten Beispiel müssen hier die Bedeutungen der Buchstaben dem gesamten Verkaufspersonal bekannt sein.

d) **Die Umsatzsteuer,** die bei der Preisberechnung zu berücksichtigen ist, spielt seit ihrer Herabsetzung auf $^3/_4$% des Verkaufspreises nicht mehr die Rolle, die ihr früher bei den erheblich höheren Sätzen zukam. Immerhin ist zu berücksichtigen, daß sie bei jedem Warenumsatz zu zahlen ist mit Ausnahme der Ein-, Aus- und Durchfuhr und des ersten Umsatzes eingeführter Waren, soweit sie nicht unmittelbar an den Verbraucher gelangen.

3. Der Verkauf auf Kredit.

a) **Erzeuger- und Verbraucherkredit.** Aus dem S. 156 gegebenen Beispiel ist ersichtlich, daß der Preis der Ware nicht unbeträchtlich erhöht wird, wenn der Käufer für die Zahlung ein längeres Ziel in Anspruch nimmt. Nicht allein die dadurch entstehenden Zinsverluste wirken hier mit, sondern auch die Gefahr, daß der Betrag bei Zahlungsunfähigkeit des Schuldners überhaupt nicht eingeht. Diese Gefahr ist natürlich größer beim Verkauf an den Verbraucher als beim Absatz an Wiederverkäufer. Bei dem Verbraucher geht der Gegenwert der gelieferten Ware in kürzerer oder längerer Zeit verloren, je nachdem ob es sich um Gegenstände des täglichen Verzehrs oder um Gebrauchsgegenstände von längerer Lebensdauer (Kleidung, Möbel, Uhren usw.) handelt. Diesem Verbraucherkredit ist die Volkswirtschaftslehre stets entgegengetreten, da er den Käufer zur Verausgabung noch nicht verdienter Beträge, also zum leichtfertigen Kauf verleitet. Er zwingt ihn also, später Beträge zu zahlen für Waren, die vielleicht längst verbraucht sind. Durch den Zwang zu den Abzahlungen wird die meist an sich schmale Grundlage seines Einkommens noch mehr verschmälert und dadurch oft Arbeitsunlust hervorgerufen.

Anders verhält es sich bei dem Erzeugerkredit, der im Gegensatz zum Verbraucher- oder Konsumtionskredit auch als Produktionskredit bezeichnet wird. Hier wird die Ware zum Zwecke der Weiterveräußerung oder Weiterverarbeitung erworben. Ihr Wert wird sich bei regelmäßigem Geschäftsverlauf unter den Händen des Erwerbers erhöhen, der aus dem Erlös daher unschwer die eingegangenen Verpflichtungen decken kann. Der Erzeugerkredit bietet mithin nicht allein viel weniger Gefahr als der Verbraucherkredit, sondern ermöglicht außerdem kapitalschwachen aber sonst geschäftstüchtigen Unternehmern eine lebhaftere Betätigung und damit eine Förderung sowohl der einzelnen wie der Gesamt-Wirtschaft.

b) **Abzahlungsgeschäfte.** Neuerdings ist in Deutschland eine Bestrebung im Gange, an die Stelle der Abzahlungsgeschäfte älterer Art, bei denen der Käufer die Ware mit einem Aufschlag gegenüber dem Barpreis erhält und in wöchentlichen oder monatlichen Raten den Preis zu tilgen hat, das in den Vereinigten Staaten aufgekommene System der Abzahlung zu setzen. Hierbei erhält der Käufer den zum Kauf nötigen Kredit von einem Dritten, gewöhnlich einer bankartigen Unternehmung, die als Kundenkreditbank u. dgl. bezeichnet wird. Die Bank gibt ihm z. B. ein Scheckbuch, in dem die Höhe des bewilligten Kredites eingetragen ist. Er geht nun in ein der Kreditvereinigung angehörendes Geschäft und kauft zum Barpreise. In manchen Fällen hat er eine Anzahlung zu leisten. Über den Rest gibt er einen Scheck, dessen Betrag von der Gesamtsumme des ihm bewilligten Kredites abgeschrieben wird. Die monatlichen Zahlungen sind nun an die Bank zu leisten, die dafür eine gewisse Vergütung (gewöhnlich 5—7% der Kreditsumme) erhebt und die Zahlungen dem Gesamtkredit wieder zuschreibt. Die Einbürgerung dieser Art des Abzahlungsgeschäftes in Deutschland ist zur Zeit noch viel umstritten

4. Das Auskunftswesen.

a) Auskunftsstellen. In engster Verbindung mit dem Verkauf auf Kredit steht das Auskunftswesen; denn man wird natürlich nur solchen Unternehmern Kredit einräumen, bei denen kein Zweifel an ihrer Leistungs- und Zahlungsfähigkeit vorhanden ist. Ist der Kreditsuchende dem Verkäufer persönlich nicht genau bekannt, so wird dieser sich an andere Stellen wenden, die bereit und in der Lage sind, die gewünschten Mitteilungen zu machen. Das können Geschäftsfreunde, Banken oder Firmen sein, die gewerbsmäßige Auskünfte erteilen und daher als Auskunfteien bezeichnet werden. Oft wird auch der Käufer gebeten, Auskunft erteilende Stellen (Referenzen) mitzuteilen; indes sollte man sich niemals bei Personen oder Firmen erkundigen, die dem Auskunftseinholer völlig unbekannt sind, da dann die Glaubwürdigkeit der Auskunft in keiner Weise gewährleistet ist. Private Auskünfte besitzen den gewerbsmäßigen gegenüber in der Regel den Vorzug größerer Billigkeit, da die Geschäftsleute einander Auskunft meist ohne Vergütung erteilen in der Hoffnung auf die gleiche Vergünstigung im umgekehrten Falle. Gewerbsmäßige Auskunfteien besitzen dagegen große Erfahrung in der Einziehung und Erteilung sachgemäßer Auskünfte. Sie verfügen über ein ganzes Netz von Zweigstellen und Vertrauensleuten. Ihre Kosten ermäßigen sich dadurch, daß in der Regel die einmal ermittelte Auskunft einer ganzen Reihe von Abnehmern weitergegeben werden kann. In letzter Zeit haben sich die großen Auskunfteien zusammengeschlossen, um ihre Auskünfte gegenseitig auszutauschen, wodurch diese noch wesentlich an Zuverlässigkeit gewinnen. Eine Mittelstellung zwischen Auskunftei und Privatauskunft nehmen die Auskunftgebenden an, die in „Regenhardts Geschäftskalender" aufgeführt sind. Sie erteilen den Beziehern dieses Kalenders gegen eine einheitliche Gebühr unmittelbar Auskunft. Die Firma hebt als besonderen Vorteil hervor, daß die persönliche Auskunft das Verantwortungsgefühl des Mitteilenden stärker heranziehe, als wenn die Auskunft unpersönlich erteilt wird.

Einige Organisationen, so der Verein Kreditreform, übernehmen nicht nur die Auskunftserteilung, sondern auch die Einziehung der Forderungen gegen einen festen Vergütungssatz; auch viele der Regenhardt-Auskunftsstellen widmen sich dieser Aufgabe. Dagegen hat sich in Deutschland leider das in den Vereinigten Staaten allgemein verbreitete Verfahren, unmittelbar über sich selbst Auskunft zu geben, noch nicht einzubürgern vermocht, obgleich es in der dort durchgebildeten Form außerordentlich viele Vorteile bietet.

Von großer Bedeutung für die Geschäftsreisenden ist die Erteilung mündlicher Auskünfte gegen Vorzeigung einer Jahresausweiskarte bei den oben genannten Stellen der gewerbsmäßigen Auskunfteien.

b) Inhalt der Auskunft. Eine geschäftliche Auskunft wird sich im allgemeinen neben der Frage der Zahlungsfähigkeit auch über Art und Umfang des Geschäftes, Gründungsjahr, Charakter und Geschäftstüchtigkeit des oder der Inhaber und Erfahrungen über die bisherige Zahlungsweise aussprechen, ferner angeben, bis zu welcher Höhe Kredite für unbedenklich gehalten werden.

c) Rechtliches. Wer eine Auskunft erteilt, übernimmt damit eine nicht geringe Verantwortung; denn eine zu günstige Auskunft schädigt den Kreditgeber, eine zu ungünstige den Kreditnehmer. In beiden Fällen ist das Bestreben verständlich, den Auskunfterteilenden für die Folgen der falschen Auskunft haftbar zu machen. Das würde jedoch zur Folge haben, daß niemand mehr geneigt sein würde, Auskunft zu geben. Daher hat das Bürgerliche Gesetzbuch die Haftung auf den Fall beschränkt, daß die Auskunft wissentlich oder böswillig falsch erteilt wird. Die gewerbsmäßigen Auskunfteien würden nach dem Handelsgesetz § 347 auch für grobe Fahrlässigkeit haften, schließen jedoch diese Haftung bei Eingehung des Vertragsverhältnisses aus. Absichtlich falsche Auskünfte können trotzdem auch nach den Bestimmungen des Strafgesetzbuches (§ 187) den Schreiber wegen Beleidigung oder wegen Kreditschädigung vor das Strafgericht führen. Daher sollte niemand leichtfertig eine Auskunft erteilen. Sind die Verhältnisse nicht genau bekannt oder weiß man nur Unangenehmes zu sagen, so empfiehlt es sich mitzuteilen, daß man nicht in der Lage ist, die gewünschte Auskunft zu geben. Oft ist in solchen Fällen diese Mitteilung schon eine Auskunft für den, der sie zu deuten weiß.

III. Käufer und Verkäufer. [§ 55

1. Der Käufer.

a) Geschlecht. Art und Ausstattung der Ware, ihre Auslage in den Geschäften des Einzelhandels und die Art, sie anzubieten, müssen verschieden sein, je nachdem, ob vorwiegend Männer oder Frauen als Käufer auftreten. Dabei ist beachtenswert, daß für Damen bestimmte Waren fast ausschließlich von diesen gekauft, aber außerdem auch viele ausgesprochene Herrenartikel, wie Strümpfe und Taschentücher, nur selten durch die Herren selbst erworben werden. Genaue Aufzeichnungen über das Geschlecht der Käufer in den einzelnen Abteilungen und in den verschiedenen Monaten geben hier dem Unternehmer manch wertvollen Fingerzeig. So müssen z. B. bei Zigarren vor Weihnachten sorgfältige und geschmackvolle Verpackungen für die von Damen gekauften „Präsentzigarren" gewählt werden, da die Frau hierbei sich fast ausschließlich von der Aufmachung leiten läßt. In der Regel von Herren gekaufte Geschenkartikel für Damen sind so auszustatten, daß ein Umtausch, wie er in der überwiegenden Zahl von Fällen von der Empfängerin vorgenommen wird, gut durchführbar ist.

b) Alter. Auch das Alter der Käufer spielt eine Rolle bei der Wahl der Ware. Junge Leute lieben die Abwechslung. Geschmackvolle Ausstattung und gefälliges Aussehen sind für sie wichtiger als lange Haltbarkeit. Das kommt z. B. bei Kleidung und Schuhen, aber auch bei anderen Waren, wie Fahrrädern usw., in Frage.

c) Bildung. Schließlich ist auch der Bildungsstand der Käufer bei der Darbietung der Waren zu berücksichtigen. Der Gelehrte beurteilt ein Buch nach seinem Inhalt, der oberflächliche Leser dagegen legt großen Wert auf den Einband. Gelegenheitspreise werden den Arbeiter mehr zur Kauflust anregen als den Gebildeten. Von beiden Käufergruppen wird die eine künstlerische Ausstattung, die andere sinnfällige bevorzugen.

d) Die Charaktereigenschaften der Käufer sind vor allem bei dem Angebot der Ware von Bedeutung. Am angenehmsten ist der gutmütig-liebenswürdige Käufer, der alles unbesehen glaubt, was ihm gesagt wird. Ihm ähnelt der nichtsachverständige Käufer, der erwartet, beraten zu werden und der seinen Kaufentschluß fast ganz in die Hand des Verkäufers legt. Im Gegensatz zu ihm steht der sachverständige Käufer, der eine Beratung als Beleidigung auffaßt, besonders wenn er sehr rechthaberisch ist. Er würde den Versuch einer Beeinflussung leicht dahin auslegen, daß ihm etwas „aufgehängt" werden soll. In gewisser Beziehung ähnlich ist ihm der entschlossene Käufer, der schon vor Beginn der Verkaufsverhandlungen genau weiß, was er haben will, während der unentschlossene Käufer sich unendlich viel vorführen läßt, um dann vielleicht zu erklären, daß er sich die Sache noch einmal überlegen wolle. Eine besondere Gruppe bilden die Käufer, die überall einen besonderen Vorteil für sich herauszuschlagen suchen in Form von irgendwelchen Nachlässen, kleinen Zugaben, kostenloser Anbringung oder Änderung usw. Ihnen ähneln die Gelegenheitskäufer, die stets etwas „Zurückgesetztes" oder unter Preis Angebotenes zu kaufen suchen. Für den Verkäufer ist es nicht immer leicht, schnell zu erkennen, welcher der gekennzeichneten Arten der Käufer angehört, und doch ist diese Kenntnis oft maßgebend für das Zustandekommen des Geschäfts.

e) **Kundendienst.** Wichtig für die Erhaltung einer Dauerkundschaft ist der Dienst am Kunden, vom Amerikaner als „service“ bezeichnet. Die Aufgabe des Verkäufers ist in vielen Fällen nicht mit der Übergabe der Ware beendet. Dem Käufer wird vielmehr ihr Gebrauch genau erläutert, Ausbildungsgänge werden eingerichtet, die Ware wird kostenfrei oder zu billigen Sätzen ausgebessert und gepflegt. Ersatzteile sind stets vorrätig und auch in solchen Geschäften zu haben, die die Ware selbst nicht führen. Die persönlichen Beziehungen zwischen Verkäufer und Käufer spinnen sich über längere Zeiträume nach dem Kauf fort und lassen so den Verkäufer als den beratenden Freund des Käufers erscheinen, was dann den Abschluß späterer Geschäfte wesentlich erleichtert.

Beispiel: Eine Rechenmaschinenfabrik bildet in einem eigenen Unterrichtssaal auf ihre Kosten die Bedienungspersonen der Maschine aus, liefert ein ausführliches Lehrbuch unberechnet und stellt zu diesem von Zeit zu Zeit Nachträge zur Verfügung, die neue Methoden enthalten. Allmonatlich kommt in den ersten zwei Jahren ein Angestellter der Firma, um die Maschine zu säubern, kleine Fehler, die sich etwa eingestellt haben, zu beseitigen und für weitere Verwendungsmöglichkeiten seinen Rat zu erteilen.

2. Der Verkäufer.

a) **Die Person des Verkäufers.** Zu dieser Gruppe rechnen sowohl das Bedienungspersonal im Laden des Einzelhandels als auch der Reisevertreter des Großhandels. Die Anforderungen an die Person eines guten Verkäufers sind nicht gering, steht er doch vor dem Käufer als Vertreter seiner Firma, die nach seinem Äußeren, seinem Benehmen und seiner Sachkenntnis beurteilt wird. Angemessene, nicht auffällige, auf alle Fälle aber saubere Kleidung gehören ebenso dazu wie ordentliches Haar und saubere Hände. Daß ein Verkäufer seine Muttersprache einwandfrei beherrschen und das Benehmen eines gebildeten Menschen besitzen sollte, ist eigentlich selbstverständlich, leider aber keineswegs immer anzutreffen. Die zu fordernde Redegewandtheit darf keineswegs zur Geschwätzigkeit oder gar Vertraulichkeit ausarten. Höfliche, aber dabei doch überzeugende und knappe Sachlichkeit sind viel mehr wert als lange gehaltlose Reden.

b) **Sachkenntnisse.** Neben die persönlichen Vorzüge muß eine gründliche sachliche Kenntnis treten. In erster Linie sollte der Verkäufer die von ihm angebotene Ware nach Herkunft, Rohstoff, Verarbeitung, besonderen Eigenschaften, Verwendungsmöglichkeit und Preisbewertung aufs genaueste kennen. Außerdem muß er über die gleichartigen oder ähnlichen Erzeugnisse der Mitbewerber unterrichtet sein. Was im Schaufenster, in Anzeigen und Preislisten von seiner Firma angeboten ist, muß ihm stets vertraut sein; ist er nicht Verkäufer dafür, so muß er genau wissen, an welcher Stelle diese Ware zu haben ist und vielleicht den Käufer selbst dorthin führen. Daher machen es viele Geschäfte ihren Angestellten zur Pflicht, alle Angebote der Firma ständig sorgfältig zu verfolgen und sich schon in der ersten Zeit ihrer Tätigkeit einen Überblick über den Gesamtrahmen des Geschäftes zu verschaffen.

c) **Menschenkenntnis.** Zu der Warenkenntnis muß sich die Menschenkenntnis gesellen, deren Bedeutung schon im vorhergehenden Abschnitte gezeigt wurde. Zur Menschenkenntnis gehört weiter ein gutes Personen- und Namengedächtnis. Der Käufer fühlt sich immer angenehm berührt, wenn ihn der Verkäufer wiedererkennt, auch wenn er nur ein oder einige Male von der Firma gekauft hat, wenn seine Geschmacksrichtung und die Preislage der von ihm bevorzugten Ware schon beim zweiten Besuch von vornherein berücksichtigt werden.

d) Ausbildung. Es wird vielfach behauptet, daß Verkaufen eine Kunst sei, die nicht erlernbar sei. Dem steht die Tatsache entgegen, daß in gewissen Geschäften das gesamte Personal angenehm und geschickt verkauft, während in anderen ein unfreundlicher oder nervöser Ton das ganze Geschäft durchweht. Die Ausbildung und Erziehung der Verkäufer ist also durchaus möglich und wird von großen Geschäften heute vielfach zielbewußt und mit bestem Erfolge betrieben. Nicht auszuschließen ist natürlich dabei die Tatsache, daß ungeeignete Kräfte nach kurzer Probezeit wieder ausgeschieden werden, dafür aber gute Kräfte schnell vorankommen und oft mit verhältnismäßig jungen Jahren zu verantwortungsvollen Posten gelangen. Leider halten viele junge Leute die Tätigkeit eines Verkäufers immer noch für etwas Untergeordnetes, obgleich sie ihnen bei geeigneter natürlicher Begabung oft eine viel schnellere Möglichkeit des Aufstieges bietet als eine Kontorstellung.

e) Verkäufer und Geschäftserfolg. Welche Bedeutung der Verkäufer für den Geschäftserfolg hat, zeigen nicht allein die hohen Einkommen fleißiger und geschickter Reisevertreter, sondern auch die Äußerungen der Käuferschichten über den Grund, warum sie das eine oder andere Geschäft bevorzugen. So wurden einem großen Warenhause auf eine Anfrage an 2000 Kunden, warum sie das Geschäft nicht mehr besuchten, folgende Gründe des Wegbleibens angegeben:

470 wegen Gleichgültigkeit des Verkaufspersonals,
180 „ Aufdrängens von Waren,
180 „ unlauterer Versuche, die Ware zu verkaufen (Verkaufstricks),
140 „ unhöflicher Bedienung,
130 „ Wartens auf Bedienung,
110 „ taktloser Behandlung durch die Bedienung.

Nur 10 Käufer gaben an, daß sie mit der Ware unzufrieden gewesen seien. Diese Zusammenstellung zeigt vielleicht am deutlichsten, wie wichtig für ein Unternehmen ein gutgeschultes Verkaufspersonal ist, das man sich durch gute Behandlung und angemessene Bezahlung zu schaffen und zu erhalten wissen muß. Nicht umsonst spricht der Amerikaner von „seiner Majestät, dem Kunden".

IV. Die Technik des Verkaufs. [§ 56

1. Der Verkauf im Einzelhandel.

a) Vorarbeiten. Im Ladengeschäft drängt sich der „flotte Geschäftsgang" meist auf einige Stunden des Tages zusammen, in denen sich dann der Verkauf ohne jeden Zeitverlust reibungslos abwickeln muß. Die Vorbereitungen hierzu fallen demnach in die geschäftsstille Zeit, in der Regel in die frühen Morgenstunden. Hier werden alle Bestände überprüft, ob sie den Tagesbedarf zu decken vermögen. Fehlendes wird aus den Reservelagern ergänzt und verkaufsbereit gemacht, etwa verdorbene Ware (Obst) ausgeschieden und die neu eingetroffene Ware ausgezeichnet und eingereiht. Jede Ware muß genau an dem für sie bestimmten Platz liegen, damit unnützes Suchen auf alle Fälle vermieden wird.

b) Verlauf des Verkaufs. Betritt der Käufer das Geschäft und ist er durch eine Empfangsperson dem Stande, wo er das Gewünschte erhalten kann, zugeführt, so werden ihm die Waren vorgelegt. Dabei vollziehen jüngere Kräfte unmittelbar nach dem Vorlegen sofort wieder die Aufräumungsarbeiten. Bei Waren, die durch das häufige Vorzeigen leiden (Wäsche, Spielwaren), sind Vorführungsmuster vorhanden, die gleichzeitig Angaben über die von dem betreffenden Stück noch vorhandenen Vorräte enthalten können. Von dem Augenblick des vollzogenen Kaufes an begleitet der Kassenzettel Ware und Käufer. Jeder hat ihn schon gesehen, und doch kennen nur wenige der Käufer seine Bedeutung im vollen Umfange, oft nicht einmal seinen vollen Inhalt. Der Verkäufer schreibt auf den seine Abteilung und seinen Namen (Buchstaben, Zahl) enthaltenden Zettel, von dem 50 nebst je einem Durchschriftbogen in einem Block vereinigt sind, mittels Kohlenpapier doppelt Art der Ware, Einzel- und Gesamtpreis. Diesen Preis vermerkt er noch einmal auf der Unterkante des Zettels und trägt ihn in eine Karte ein, die neben den Zetteln in dem Block befestigt ist, und auf der die Gesamtsumme der 50 Verkaufszettel des Blocks zusammengezählt wird. Von den beiden Zetteln geht einer mit der Ware zum Packtisch. Der andere wird vom Käufer zur Kasse gebracht und dort mit einem Quittungsstempel versehen. Hier wird der Betrag entweder in einem aufliegenden Bogen vermerkt, der so viel Gruppen enthält, wie Verkäufer für diese Kasse tätig sind, oder um den untersten Teil, der nochmals die Summenangabe trägt, verkürzt. Diese Streifen werden am Abend nach den Nummern der Verkäufer geordnet und aufgerechnet. Der vom Käufer von der Kasse zum Packtisch gebrachte Zettel wird dort mit dem der Ware beiliegenden Zettel sowie mit der Ware selbst nach Menge und Art verglichen und diese dem Käufer mit dem quittierten Zettel ausgehändigt. Der verbleibende Zettel wird am Packtische ebenfalls nach Verkäufern geordnet aufbewahrt und am Abend der Hauptkassenverwaltung ausgeliefert.

c) **Verkaufsstatistik.** Die Bedeutung des unscheinbaren Kassenzettels liegt in der Möglichkeit, ihn vielseitig zu Kontrollzwecken auszunutzen. Zunächst müssen übereinstimmen: aufgerechnete Sammelkarte des Verkäufers, die für ihn an der Kasse eingetragenen Summen und die aus den Kassenzetteln des Packtisches für den Verkäufer festgestellte Tagesumsatzsumme. Dieser Betrag ermöglicht wertvolle Rückschlüsse auf den Erfolg des Verkäufers, den Tagesumsatz bei der betreffenden Abteilung und den gesamten Tagesumsatz. Alle diese Zahlen werden in besondere Bogen eingetragen, monatlich zusammengezählt, mit den Zahlen des Vormonats und diese mit den entsprechenden Zahlen des Vorjahres verglichen. Erfolg oder Mißerfolg an der einzelnen Stelle und im Gesamtumsatz sind so ohne weiteres feststellbar und müssen für die weitere Handhabung des Geschäftsgebarens ausgewertet werden.

Weitere Ausnutzungsmöglichkeiten ergeben sich, wenn die Zahl der Zettel und damit der Verkäufe in die Beträge geteilt und so die Durchschnittshöhe des einzelnen Kaufes ermittelt wird. Das ermöglicht Rückschlüsse auf die Kaufkraft und die Rentabilität der einzelnen Abteilungen, auf die Wirkung von Anzeigen, besonderer Veranstaltungen (Inventurausverkauf, Restertage usw.) und auf die gesamte Wirtschaftslage. Werden die Zettel stundenweise abgelegt, so läßt sich daraus die Bedeutung der Verkaufszeiten beurteilen, z. B. die Frage beantworten, ob das Geschäft unbedenklich im Winter etwas später geöffnet werden kann (Licht- und Heizungskosten), ob eine Schließung unter Mittag praktisch ist usw. Kennzeichnet man auf dem Zettel alle männlichen Käufer durch ein Kreuz, so ermöglicht der Zettel schließlich auch statistische Zusammenstellungen über das Geschlecht der Käufer. Jeder Unternehmer kann natürlich diese Kontrollmöglichkeiten noch ausbauen und so durch die Kassenzettel sich eine Fülle von Tatsachenunterlagen verschaffen, die ihn zu Verbesserungen der Verkaufsverfahren und der Gesamtorganisation seines Geschäftes anzuregen vermögen.

2. Der Verkauf im Großhandel.

a) **Die Behandlung der eingehenden Aufträge** entspricht in vielen Beziehungen der Handhabung des Einkaufs, dessen Technik auf S. 103 ausführlich geschildert ist, und auf die daher hier verwiesen werden kann. Der eingehende schriftliche Auftrag wird in das Auftragsbuch (Kommissionsbuch) eingetragen, an Hand dessen festzustellen ist, ob die Ware dem eigenen Lager zu entnehmen oder erst von anderen Firmen zu beschaffen ist. Nunmehr werden auf einer Schreibrechenmaschine gleichzeitig ausgefertigt: die Auftragsbestätigung für den Käufer, die Rechnung, die Durchschrift derselben für die Buchhaltung und Schriftablage, die Versandanweisung für die Versandabteilung, der der Sendung beizufügende Lieferschein, der schmaler ist, da er nur die Mengen, nicht die Preise enthält, das Karteiblatt der Kundenkartei und die Eintragung in das zunächst auf losen Blättern geführte Verkaufsbuch. Verschiedene Farbe der in einem Block vereinigten Vordrucke verhindert deren Verwechslung und beschleunigt die Verteilung an die betreffenden Stellen.

Das S. 166 abgebildete Muster eines mit der Rechnung gleichzeitig geschriebenen Durchführungszettels zeigt, wie durch einen zweckentsprechenden Vordruck die ordnungsmäßige Erledigung des Auftrages wesentlich erleichtert werden kann.

Das Verpacken der Ware wird durch Vergleich mit dem Lieferzettel sorgfältig überwacht, wobei Teillieferungen besonderer Aufmerksamkeit bedürfen, damit die Restaufträge nicht in Vergessenheit geraten. Ebenso muß der Rückerhalt leihweise überlassener Verpackungen, die Gutschrift zurückgesandter Verpackung und zurückgegebener Ware (Retouren) in zweckmäßiger Weise im Auge behalten werden.

b) Zielverkauf. Wird die Ware auf Ziel verkauft, so muß zunächst ermittelt werden, wieviel der Käufer noch schuldet. Dabei gibt ein Buchstabe oder eine Zahl in der oberen Ecke seiner Kontokorrentkarte seine Kreditwürdigkeit an, das heißt die Summe, bis zu der ihm unbedenklich Kredit gewährt werden kann. Änderungen in der Zahlungsfähigkeit gemäß der durch den eigenen Vertreter oder fremde Stellen erhaltenen Auskunft oder der gemachten Erfahrungen werden sofort durch Herab- oder Heraufsetzung des Kreditzeichens vermerkt.

c) Verkaufsstatistik. Die statistischen Ermittlungen auf Grund der Kundenkarten und des Verkaufsbuches lassen sich im Großhandel noch weiter durchbilden als bei dem Einzelhandel, da hier der Name des Käufers jeweils bekannt ist, und die Verteilung auf die verschiedenen Lieferungsorte und -länder als neuer Gesichtspunkt hinzukommt. Die Kundenkartei wird dabei noch zweckmäßig durch eine Angebots- und eine Interessentenkartei ergänzt, wobei unter Interessenten solche Firmen zu verstehen sind, die zwar Angebote eingeholt, aber noch nicht bestellt haben.

d) Verkauf durch Reisende. Reisebezirk. Beim Verkauf durch Reisevertreter, wie er bei der Mehrzahl der Großhandlungen die Regel sein wird, muß eine Reihe betriebstechnischer Maßnahmen beachtet werden, ohne die der Erfolg der Reisetätigkeit stark in Frage gestellt ist. Bei der Einrichtung von Reiseposten ist die erste Arbeit die Einteilung der Reisebezirke, die je nach Art der Ware größer oder kleiner sein können. Je mehr Einzelhändler in jedem Orte zu besuchen sind, je kleiner meist dabei der vom einzelnen erteilte Auftrag ist, um so enger muß auch die Grenze des Bezirks gezogen werden; denn in der Mehrzahl der Geschäfte wird der Reisevertreter mindestens ein- bis zweimal im Jahre die Kundschaft besuchen müssen, um in ständiger Fühlung mit ihr zu bleiben und den Mitbewerbern erfolgreich entgegenzuarbeiten. Handelt es sich aber um Aufträge großen Umfanges, für deren Erteilung nur vereinzelte Firmen in Frage kommen, so wird sich das Reisegebiet über ein ganzes Land, vielleicht sogar über mehrere erstrecken.

Beispiele: Der Verkauf von Likör an Gastwirte erfordert als sog. „nasses" Reisen Zeit zum Besuche jedes einzelnen Abnehmers, von denen in jedem Ort eine größere Anzahl vorhanden zu sein pflegt; hier kann der Reisende nur einen kleinen Bezirk gründlich bearbeiten. — Eine Mühlenbauanstalt, die eine ganze Mühle völlig ausrüstet, wird mit einem Reiseingenieur für ganz Deutschland auskommen und ihm vielleicht außerdem noch einige Nachbarländer als Reisegebiet zuweisen. Erhält er im Laufe des Monats auch nur einen einzigen großen Auftrag, so wird trotzdem seine Tätigkeit als erfolgreich zu bezeichnen sein. Ähnlich liegen die Verhältnisse bei Lokomotivenfabriken, die schwere Güterzugs- oder Schnellzugsmaschinen bauen.

Reiseweg. Innerhalb des auf der Karte genau abgegrenzten Reisebezirkes richtet sich der Vertreter seinen Reiseweg, die „Tour", ein und unterbreitet diesen Plan der Geschäftsleitung. Selbstverständlich können besondere Verhältnisse jederzeit ein Abweichung von diesem Reiseweg erforderlich machen, falls irgendwo ein größerer Auftrag in Aussicht steht. Über die Verwendung zweckmäßiger Landkarten für die Überwachung der Reisetätigkeit wurde bereits früher (S. 67) gesprochen. Wie lange sich der Vertreter an jedem Platz aufhält, wird bei der ersten Reise kaum vorher festzustellen sein, sich aber später aus der Erfahrung ergeben. Auf alle Fälle muß der Vertreter seine Firma so zeitig von seinen nächsten Aufenthaltsorten und den Gaststätten, in denen er zu wohnen gedenkt, benachrichtigen, daß ihn jederzeit schriftliche und telegraphische Mitteilungen pünktlich erreichen.

Kundenverzeichnis. Vor dem Antritt der Reise wird der Vertreter sich genau über die zu besuchenden Geschäftsfreunde unterrichten. Das geschieht entweder durch Kundenlisten für jeden einzelnen Ort, oder noch besser durch handliche Kundenkarten. Diese ordnet der Vertreter innerhalb jedes Ortes nach Straßen, macht sofort nach erhaltenen Aufträgen kurze Vermerke in den Karten, merkt Kreditänderungen vor, und kann so ohne jeden Zeitverlust die durch die Reisespesen besonders kostbare Zeit restlos für seine Verkaufstätigkeit ausnützen. Ob er dabei seinen Besuch vorher schriftlich ankündigt oder nicht, wird von den Unternehmern verschieden beurteilt, jedes Verfahren hat seine Vor- und Nachteile. Vielfach ist es jetzt üblich, unmittelbar nach einer schriftlichen Anfrage und Antwort darauf den Vertreter zu der betreffenden Firma zu senden, um das Eisen zu schmieden, so lange es warm ist.

Änderungen der Geschäftslage. Nichts ist für Vertreter und Firma unangenehmer, als wenn Waren angeboten werden, die nicht vorhanden sind oder zu Preisen, die nicht mehr zutreffen. Von allen Preisänderungen, neu eingeführten Waren oder zur Zeit ausverkauften Waren muß der Vertreter unverzüglich Nachricht erhalten, nötigenfalls telegraphisch. Ebenso muß er von ungünstigen Erfahrungen über die Kreditwürdigkeit einzelner Abnehmer unterrichtet werden. Weiter werden ihm Durchschläge von allen eingegangenen Aufträgen, die er nicht selbst übermittelt hat, soweit sie seinen Bezirk betreffen, zugestellt, damit er nicht dort Aufträge zu erhalten sucht, wo die Firma gerade erst bestellt hat.

Größere Firmen pflegen von Zeit zu Zeit Zusammenkünfte ihrer Vertreter anzuberaumen, in denen diese ihre Erfahrungen austauschen, mit Neuerungen in den Herstellungsverfahren oder Änderungen in der Geschäftsorganisation vertraut gemacht werden und daneben die enge Fühlung mit der Geschäftsleitung behalten.

Reisebericht. An jedem Abend erstattet der Vertreter schriftlichen Bericht über den Erfolg seiner Tätigkeit, sendet die erhaltenen Auftragszettel, berichtet über seine allgemeinen Erfahrungen bei den Besuchen, über etwaige Schwierigkeiten durch unpünktliche Lieferung, Mängelrügen, die ihm vorgetragen sind, und Änderungen in den Kreditverhältnissen. Er ist der Vermittler zwischen seiner Firma und den Käufern. Von seinem taktvollen Verhalten bei Schwierigkeiten im Geschäft hängt es ab, ob der Geschäftsfreund weiterhin Käufer bleibt oder nicht. Besonders muß er auch Arbeitsweise und Erfolg der Mitbewerber beobachten und seiner Firma davon Mitteilung machen. Dabei ist es keineswegs erforderlich, daß er Geschäftsspionage betreibt.

Vergütung. Die Tätigkeit des meist weit vom Sitz der Unternehmung entfernten Reisevertreters ist nur schwer genau zu überwachen; deswegen muß er durch eine Verkaufs-

1. Werbe-Abt. Kartieren!	2. Auftrags-Abt. Spalte g ausfüllen!	3. Lager-Verw. Spalte f ankreuzen!	4. Lager-Verw. Zwischenlager / Teillieferung	5. Auftr.-Abt. Lieferung überwachen!	6. Versand-Abt. Teillieferung / Auslieferung
Dat. Vis.	Dat. Vis.	Dat. Vis.	Dat. Vis.	Dat. Vis.	Dat. Vis.

Zu 4. und 6.	4a Lieferungs-überwachung	Lieferer	Bestell-zettel-Nr.	Angemahnt am 1	2	3	Zugesagt bis 1	2	3	Geliefert

Zugesagt bis:

Datum:

1b ausgeschr. durch:

Durchführungs-Zettel für den Auftrag

A.-Nr.
Unsere Auftragsnummer

Des Kunden Bestell-Nr. u. Dat.

Auftraggeber

Vertreter:

Versand

Zu 3. u. 5. Versand-bereit

am	am	am
St.	St.	St.

Lfde. Nr. a	Menge b	Beschreibung c	Einheitspreis d	Gesamtpreis e	f Lag.	g Werkst.-Best. am	Nr.

Kopf eines Durchführungszettels, der in dem mittleren Teile gleichzeitig mit der Rechnung durchgeschlagen wird.

vergütung (Provision) am Erfolg seiner Bemühungen beteiligt sein, deren Höhe sich wiederum nach der Art der von ihm zu vertreibenden Ware richtet. Die Vergütungssätze schwanken im allgemeinen zwischen 10% (Maschinen) und 1/2% (Lebensmittel-Großhandel). Sie sind außerdem oft höher bei neu einzuführenden Waren und bei neuen Käufern als bei eingeführten Waren und alten Kunden, schließlich höher bei Aufträgen, die der Vertreter unmittelbar erhält als bei solchen, die der Firma unmittelbar zugehen. Der Vertreter trägt täglich die erhaltenen Aufträge in sein Tagebuch ein, richtet sich so viel Summenspalten ein, wie verschiedene Provisionssätze für ihn in Frage kommen, und kann so sofort am Ende des Monats den ihm von der Firma zugehenden Provisionsauszug nachprüfen. Ob die Auszahlung der Vergütung nach Erteilung des Auftrages oder erst nach erfolgter Zahlung, monatlich, vierteljährlich oder halbjährlich erfolgt, ist Sache der Vereinbarung, sollte aber auf jeden Fall im voraus bei der Anstellung einwandfrei festgelegt werden.

Die Reisekosten werden entweder in der Höhe der tatsächlichen Auslagen als Vertrauensspesen ersetzt oder in Form eines festen Satzes für jeden Tag zuzüglich der entstandenen Fahrtkosten vergütet. Allzu große Sparsamkeit an dieser Stelle schädigt das Unternehmen meist mehr als es ihm nützt; denn nach dem Auftreten des Vertreters wird auch seine Firma beurteilt. Von diesem Urteil hängt wiederum das Vertrauen in die Leistungsfähigkeit des Unternehmens und damit die Erteilung von Aufträgen ab. Eine ungenügende Bezahlung tüchtiger Reisevertreter wird diese veranlassen, sich nach einer besser bezahlten Stellung umzusehen, wodurch der Firma fast immer große Nachteile erwachsen. Der Käufer kennt nur den Vertreter, mit ihm hat er ständig verhandelt, auf ihn setzt er Vertrauen. Geht dieser nun zu einem Konkurrenzunternehmen über, so liegt die große Gefahr vor, daß er dank seiner guten Beziehungen, seiner Sach- und Personenkenntnis einen erheblichen Teil der Käufer mit zu der neuen Firma herüberzieht.

§ 57] V. Die Verkaufswege.

1. Geschichtliches.

a) Tausch und Handwerk. In Zeiten und Gebieten einfacher Lebens- und Wirtschaftsformen werden Leistungen und Güter nur getauscht, und zwar unmittelbar zwischen Erzeuger und Verbraucher. Die Vervielfältigung der Bedürfnisse und der damit zu ihrer Deckung erforderlichen Güter führt zu immer weiter gehender Arbeitsteilung und steigert so die Schwierigkeit, für das Erzeugnis Abnehmer zu finden, die unmittelbar Verbraucher sind. Mit Gründung der Städte sucht man diese Schwierigkeit zu beheben, indem die einzelnen Handwerkergruppen in bestimmten Straßen ihren Wohnsitz nehmen, worauf heute noch viele Straßennamen hinweisen (Bäcker-, Schmiede-, Böttcherstraße, Goldschmiedebrücke usw.). So konnte der Kauflustige in dieser Straße leicht einen Meister finden, der ihm die gewünschte Ware herstellte; denn anfänglich arbeitete der Handwerker nur auf Bestellung.

b) Der Marktverkehr. Bei vielen Erzeugnissen laufen die Bestellungen aber sehr unregelmäßig, oft alle zu gleicher Zeit (Erntegeräte) ein. Um hier ausgleichend zu wirken, beginnt der Handwerker auf Vorrat zu arbeiten. Den Überschuß bietet er auf dem Treffpunkt des öffentlichen Verkehrs, dem Markt, zum Verkauf an. Der Markt steht anfänglich unter dem besonderen Schutz der Kirche. Ein friedlicher Verkehr wird von der Obrigkeiten gewährleistet, sie sichert das Rechtswesen des Marktverkehrs durch eine Marktordnung, Einrichtung öffentlicher Wagen und Überwachung der ausgestellten Waren und ihrer Preise. Nicht jede Stadt darf einen Markt einrichten, das Marktrecht wird vielmehr vom

Kaiser oder Landesherrn besonders verliehen. An Kreuzungspunkten der Verkehrsstraßen, Flußübergängen und Hafenplätzen entwickeln die Märkte sich zu großer Bedeutung und schaffen den Städten hohes wirtschaftliches Ansehen sowie durch die Marktabgaben Geldmittel.

c) Der Kaufmann als Vermittler. Allmählich richten sich die Krämer, die Waren des täglichen Bedarfes von außerhalb, auch vom Auslande, beziehen, in ihrem Hause eigene Verkaufsstätten ein, Läden, in denen sie ihre Waren feilhalten. Auch vereinzelte Handwerker folgen ihrem Beispiel. Das Ladengeschäft gewinnt ständig an Bedeutung. Werden die Waren in entlegenen Gegenden (Holzwaren im Gebirge, Tuch- und andere Wollwaren) hergestellt, so unternimmt ein als Verleger bezeichneter Händler den Vertrieb dieser Waren und dehnt damit die Entfernung zwischen Erzeuger und Verbraucher gegenüber dem Handwerk erheblich aus. Sein Absatzgebiet beschränkt sich nicht mehr auf die eine Stadt, sondern auf mehrere, oft auf eine ganze Anzahl von ihnen. Erzeuger und Verbraucher kennen sich nicht mehr, der Kaufmann ist als reiner Vermittler zwischen beide getreten.

d) Fabrik und Großhandel. Mit der Verbesserung der Verkehrswege und der Rechtssicherheit sowie dem Aufkommen der Fürstenmacht (Territorialstaaten) erweitern sich die Absatzgebiete und damit die Beschränkung der Warenerzeugung auf bestimmte kleine Gruppen, die nun aber in großen Mengen hergestellt werden und so zur fabrikmäßigen Erzeugung mit Verwendung von Arbeitsmaschinen drängen. Die Fabrik taucht auf und gewinnt schnell an Bedeutung infolge ihrer Überlegenheit über das Handwerk, sobald es sich um Herstellung von Massengütern handelt. Herstellungsmenge und Abnehmerkreis wachsen gleichzeitig, zwischen Erzeuger und Verbraucher treten neben dem Einzelhändler des Ladengeschäftes die Großhändler, oft auch noch unselbständige Vermittler in Gestalt von Kommissionären oder Agenten, manchmal sogar beide. Die Fühlung zwischen Erzeuger und Verbraucher geht gänzlich verloren. Der Zwischenhändler erforscht durch den Einzelhändler die Absatzmöglichkeiten und beeinflußt seinerseits die Herstellungsarten der Fabrik, die also von ihm abhängig wird.

Beispiel: Ein Getreidefarmer im Innern der Vereinigten Staaten verkauft seinen Weizen durch einen Einkaufsagenten an eine Lagerhausgesellschaft (Elevatory Company) in Chikago. Diese läßt den Weizen an der Getreidebörse in New York durch einen Makler an einen deutschen Kommissionär in Hamburg, der in New York einen Vertreter hat, veräußern. Von dem Hamburger Kommissionär kauft den Weizen eine Mühle in Mitteldeutschland, von der eine Großhandlung in Magdeburg das Mehl erwirbt. Die Magdeburger Firma veräußert das Mehl durch ihren Reisevertreter oder einen Platzagenten an den Einzelhändler, von dem es schließlich in den Besitz des Verbrauchers gelangt.

e) Bestrebungen zur Ausschaltung des Zwischenhandels. Der lange Weg vom Erzeuger zum Verbraucher verteuert die Ware, da jeder Zwischenhändler daran gewinnen will. Daher gehen in den letzten Jahren die Bestrebungen dahin, den Zwischenhandel auszuschalten. Diesem Zwecke streben zu: die großen Warenhäuser, die Versandgeschäfte, die Einrichtung zahlreicher Zweiggeschäfte in einer Reihe von Orten und die Konsumvereine. Alle versuchen den Großhandel zu umgehen und damit den Absatzweg abzukürzen. Wie groß der auf den Handel entfallende Anteil am Warenpreise ist, zeigt die Ermittlung einer Kongreßkommission der Vereinigten Staaten, die für eine Reihe von Fabrikaten folgenden Durchschnitt errechnete: Es entfielen von dem Verkaufspreis der Waren: auf die Rohstofferzeuger 20%, auf den Fabrikanten 17%, auf den Großhandel 15% und auf die Kosten des Verkaufs und der Verteilung (einschließlich Versandspesen) 49%.

Der Verkaufsweg, wie er sich in vielen Fällen bei Massengütern darstellt, ist nach dem Gesagten kurz nachstehender:

Erzeuger
↓
Agent
↓
Lagerhaus
↓
Kommissionär
↓
Großhandel
↓
Einzelhandel
↓
Verbraucher.

Die verschiedenen, oben erwähnten Formen des Verkaufs müssen wir nunmehr noch etwas näher kennen lernen.

2. Die Verkaufsformen im Einzelhandel.

a) Wanderhandel. Die ursprünglichste Form des Handels, der Wanderhandel, ist auch heute noch vielfach zu finden, besonders auf dem Lande. Der Annehmlichkeit, daß die Ware durch den Hausierer in das Haus des Käufers gebracht wird, dieser dadurch die oft recht weiten und beschwerlichen Wege zur Stadt spart und keine Zeitverluste hat, steht der große Nachteil gegenüber, daß die Auswahl des Hausierers verhältnismäßig klein ist und nicht selten auch die Güte der Ware zu wünschen übrig läßt. Eine weitere gewisse Gefahr liegt darin, daß die Hausierer ihre geschäftliche Gewandtheit benutzen können, um den weniger erfahrenen Landleuten etwas „aufzuschwatzen". Neuerdings hat der Wanderhandel wieder an Bedeutung zugenommen, vor allem auch dadurch, daß größere Firmen mittels Kraftwagens die Gegend bereisen lassen und der Vertreter die Ware in größeren Mengen bei sich führt. So werden heute vielfach Gewürze, Zigarren, Schokolade, Nährmittel usw. unmittelbar im Wandergewerbe vertrieben.

b) Das Marktwesen. Ohne festen Wohnsitz bzw. eigene Geschäftsräume sind meist auch die Händler, die ihre Ware auf dem Markt zum Verkauf bringen. Die früher bedeutenden Jahrmärkte sind infolge des entwickelten Verkehrs fast zur Bedeutungslosigkeit herabgesunken und stellen meist nur noch eine allgemeine Volksbelustigung dar. Gewisse Bedeutung hat in manchen Gegenden noch der Topfwarenmarkt behalten. Von großer Bedeutung sind dagegen die mehrere Male im Jahre stattfindenden Viehmärkte (Husum, Hannover, Oldenburg usw.), ebenso die regelmäßig abgehaltenen Wochenmärkte, auf denen Gemüse, Obst und Fische zum Verkauf gelangen. Um den Verkauf auf den Wochenmärkten von der Witterung unabhängig zu machen, sind sie in einer Reihe von Städten in Markthallen untergebracht, die in der Regel unter städtischer Verwaltung stehen. Diese Markthallen sind dann gleichzeitig mit Lagerkellern, Kühlräumen und dergleichen ausgestattet.

c) Das Ladengeschäft. Die eigentliche Hauptgruppe des Einzelhandels bilden heute die Ladengeschäfte, in denen entweder eine größere Gruppe von Warenarten (Lebensmittel, Haushaltsgegenstände, Webstoffe und Kurzwaren) zum Verkauf kommt, oder die sich als Fachgeschäfte auf eine kleine Warengruppe beschränken, z. B. Herrenartikel, Korsettgeschäfte, Musikalien-, Kunsthandlungen, Aufschnittwaren usw. Das Bestreben, ganz allgemein nur gegen bar zu verkaufen, ist leider in den letzten Jahren wieder vielfach erschwert worden, so daß heute das „Anschreiben" der Vorkriegszeit scheinbar ständig an Bedeutung zunimmt.

d) **Warenhäuser.** Eine Fortbildung des Ladengeschäftes älterer Art bedeutet das Warenhaus, in dem mehrere, in einzelnen Häusern sogar fast alle Arten der Waren feilgeboten werden, soweit sie überhaupt für den nichtgewerbsmäßigen Verbraucher in Frage kommen. Große, in Stil und Ausstattung mustergültige Geschäftshäuser, überall offen ausgezeichnete, feste Preise, offene Auslage möglichst vieler Ware, Einkauf unmittelbar beim Erzeuger, teilweise sogar Anstellung selbständiger Handwerker oder Übernahme eigener Handwerksbetriebe kennzeichnen diese Geschäftsform. Dadurch, daß die großen Warenhäuser unter sich noch zwecks gemeinsamen Einkaufs zu Verbänden zusammengeschlossen sind, üben sie einen erheblichen Einfluß auf die Fabrikanten aus, bestimmen die Arten der Erzeugnisse und vielfach auch die Preise. Ihr Streben geht dahin, die Ware möglichst schnell mit mäßigem Nutzen umzusetzen. Von nicht geringem Einfluß auf die Unkosten der Warenhäuser sind die hohen Spesen für Beleuchtung, zahlreiches Personal und vor allem für die teuren, an den lebhaftesten Verkehrsstraßen gelegenen Räume.

e) **Zweiggeschäfte.** Das Bestreben, den Zwischenhandel auszuschalten, hat auch zur Gründung der Filialbetriebe geführt, bei denen eine Fabrik oder eine Großhandlung in einer Reihe von Städten Verkaufsstellen einrichtet und hier ihre Erzeugnisse an die Verbraucher absetzt. Besonders für Lebensmittel und Güter des täglichen Gebrauchs (Zigarren, Schokolade, Schuhe) sind derartige Geschäfte viel zu finden. Weniger geeignet erscheinen sie für Waren, bei denen der persönliche Geschmack und die Mode für den Verkaufserfolg von Bedeutung sind.

f) **Versandgeschäfte.** Auf ähnlicher Grundlage beruhen die Versandgeschäfte, die durch zahlreiche Zeitungsanzeigen, Versand von Preislisten an bestimmte Kreise usw. ihre Abnehmer in allen Teilen Deutschlands suchen und die Waren als Postpakete versenden. Teilweise sind auch sie unmittelbar Erzeuger (Butter, Honig, Kleiderstoffe, Stahlwaren, Fahrräder), teilweise ist der Betrieb mehr warenhausartig, führt also eine Fülle der verschiedenartigsten Erzeugnisse. Der Vorteil für den Käufer liegt hier in der Bequemlichkeit des Aussuchens nach der Liste im eigenen Heim, der Nachteil darin, daß die Ware meist schon bezahlt werden muß, ehe sie geprüft ist (Versand unter Nachnahme) und ein Umtausch erschwert ist. Als besonderen Vorzug betonen die Versandgeschäfte die Umgehung des Zwischenhandels und daher niedrige Preise.

g) **Konsumvereine.** In gewissem Gegensatz zu den bisher genannten Einzelhandlungen stehen die Konsumvereine, die auf genossenschaftlicher Grundlage beruhen (vgl. S. 11). Sie wollen also nicht Gewinn erzielen, sondern suchen in der Hauptsache ihren Mitgliedern die Waren zu billigen Preisen zu beschaffen. Am weitesten verbreitet ist der Konsumverein in den Kreisen der Arbeiter und unteren Beamten für Lebensmittel, Brot und andere Gegenstände des täglichen Bedarfs. Das Streben, keine große Unternehmergefahr zu übernehmen, schaltet von selbst das Führen von Modewaren sowie von Gütern mit durchweg längerer Lagerdauer (Möbel, Schmuckwaren, Kunstwerke u. dgl.) aus. Zum Einkauf im Konsumverein sind nur die Mitglieder berechtigt. Sie müssen eine allerdings meist geringe Stammeinlage gemacht haben und sind am Reingewinn entweder nach der Höhe der Einlage oder nach Maßgabe der bezogenen Warenmenge beteiligt.

3. Die Verkaufswege des Großhandels.

a) **Standortsfragen.** Für die Absatzorganisation des Großhandels ist die Standortfrage der Verkaufsabteilung von Bedeutung. Entweder ist die Vertriebsabteilung unmittelbar mit der Erzeugungsstätte — in der Regel also der Fabrik — verbunden, oder sie hat ihren Sitz im Mittelpunkt des Absatzes. Fabriken versucht man heute der Platz-, Geräusch-, Rauchbelästigungs- und Arbeiterfrage wegen nach Möglichkeit außerhalb der Großstadt, dagegen der billigen Erzeugungsbedingungen wegen an günstigen Wasser- oder Eisenbahnverbindungen oder in unmittelbarer Nähe der Rohstoffe anzulegen. Die Abnehmer werden dagegen immer in der Hauptsache nach in den Städten, besonders in den Großstädten, sitzen.

Die unmittelbare Verbindung der Verkaufsabteilung mit der Fabrik ermöglicht das engste Zusammenarbeiten zwischen Erzeugung und Absatz, ständige Fühlung bezüglich der Herstellungsverfahren und -mengen und Zusammenfassung des Gesamtbetriebes auf einem Grundstück. Der besondere Sitz der Verkaufsabteilung im Mittelpunkt des Absatzes führt diese zu engeren Beziehungen mit der Käuferschaft, erspart oft die Anstellung besonderer Hilfspersonen für den Verkauf und ermöglicht schnellste Belieferung der Abnehmer unmittelbar nach Verkaufsabschluß. Beide Verfahren haben somit ihre Vor- und Nachteile. Ist die Herstellung der Ware gleichmäßig und einfach, so wird man das letzte Verfahren wählen. Muß die Erzeugung jeder Regung des Marktes folgen und daher oft neue Wege einschlagen, so wird sich die Verbindung von Verkauf und Fabrik am gleichen Platze empfehlen.

b) Wege zum Käufer. Wichtig und schwierig ist die Frage nach dem unmittelbaren oder mittelbaren Absatz. Der unmittelbare Absatz spart durch schriftliche Werbung oder Reisevertreter die Kosten des Zwischenhandels und ermöglicht die unmittelbare Fühlung mit den Abnehmern, ihren Wünschen und Vorschlägen sowie den genauen Überblick über das Absatzgebiet. Andererseits übernehmen die Zwischenhändler die Weckung der Bedürfnisse und den Einfluß darauf. Sie tragen die Gefahr etwaigen Verderbens oder Veraltens der übernommenen Waren, ersparen die Mühe und Kosten des Versandes in vielen kleinen Posten und tragen schließlich die Gefahr, die mit der Kreditgewährung an den letzten Abnehmer verbunden ist. In manchen Warengattungen wird sich daher der Zwischenhandel überhaupt nicht vermeiden lassen.

Beispiel: Die Herstellung von Strick-, Wirk- und Webwaren findet in einer großen Zahl von Sonderbetrieben statt. Der Einzelhändler muß die Erzeugnisse aller dieser Unternehmen führen, braucht aber von dem einzelnen Gut oft nur geringe Mengen. Hier setzt nun der Zwischenhandel ein, der umfangreiche Lager aller einschlägigen Waren unterhält und seinerseits durch Reisevertreter die Einzelhändler besuchen läßt. Jeder eingehende Auftrag wird am Tage des Einganges ausgeführt. Der Einzelhändler kann sich mit einem kleinen Lager begnügen, braucht somit nicht allzuviel Geld darin festzulegen. Der Erzeuger setzt in wenigen großen Posten auf Bestellung ab und spart so ebenfalls die Festlegung seiner Mittel in einem beträchtlichen Warenlager. Der finanzkräftigste dieser drei Unternehmer muß mithin der Zwischenhändler sein.

c) Vermittler: Der Agent. Als selbständige Vermittler treten Agenten, Kommissionäre und Makler auf. Der Agent hat in vielen Beziehungen Ähnlichkeit mit dem Reisevertreter. Indes bezieht er kein festes Gehalt und braucht nicht nur für eine Firma tätig zu sein. Sein Bezirk ist in der Regel erheblich kleiner als der des Reisenden. Dafür hat er engere Fühlung mit der Abnehmerschaft und spart Reisekosten, die ihm übrigens meist von seinen Auftraggebern nicht ersetzt werden. Vielmehr ist er gewöhnlich ausschließlich auf die Provision angewiesen, die allerdings etwas höher ist als die des Reisevertreters. Die losere Bindung an das Unternehmen bringt es weiter mit sich, daß der Agent oft nur die Aufträge vermittelt, nicht unmittelbar im Namen der Firma fest abschließt. Ob ihm als Platz- oder Bezirksagenten Provision auf alle aus seinem Bezirk zugehenden Aufträge — also auch auf die unmittelbar bei der Firma eingehenden — gewährt wird oder nicht, ist Sache der Vereinbarung.

Der Kommissionär. Im Gegensatz zu dem meist kapitalschwachen Agenten steht der Kommissionär, dessen Eigenschaft als Vermittler häufig nur den Eingeweihten bekannt ist.

Er ist nicht Vertreter der Firma, indem er in deren Namen Geschäfte vermittelt, sondern er handelt im eigenen Namen, nennt fast nie seinen Auftraggeber und trägt damit die Gefahr der Kreditgewährung. Die Ware selbst, die durch seine Tätigkeit verkauft wird, bleibt allerdings Eigentum seines Auftraggebers (Kommittenten), auch wenn der Kommissionär sie in Konsignation nimmt, das heißt, wenn er sie in seinen eigenen Räumen lagert und von dort aus verkauft. Daran ändert sich auch nichts, wenn er dem Auftraggeber einen Vorschuß auf das Gut gezahlt hat, ehe es veräußert ist. Kommissionäre sind daher kapitalkräftige, angesehene Firmen, deren große Geschäftserfahrung und unbedingte Zuverlässigkeit den Auftraggeber vieler Schwierigkeiten des Absatzes überheben. Der Gewinn des Kommissionärs besteht wie der des Agenten in einer Gebühr (Kommission) von dem erzielten Preise, den er auf alle Fälle in voller Höhe seinem Auftraggeber weiterzuvergüten hat.

Der Makler. Während der Agent und der Kommissionär jedes Geschäft für eine der beiden Parteien vermitteln, deren Bestes fördern und von ihr dafür bezahlt werden, steht der Makler im Dienste beider Teile. Er vermittelt als Unparteiischer zwischen ihnen und erhält von beiden eine Entschädigung, die Maklergebühr oder Courtage genannt wird. Seine Tätigkeit ist auch nicht eine dauernde, auf einem Vertragsverhältnis, das mit dem Dienstvertrage Ähnlichkeit hat, beruhende. Vielmehr werden seine Dienste nur von Fall zu Fall beansprucht. Über seine Mitwirkung bei den Börsengeschäften wird dort noch zu reden sein.

Beispiel: Der Besitzer eines Hauses wünscht dieses zu verkaufen und wendet sich deshalb an einen Grundstücksmakler. In der nächsten Zeit erhält der Makler den Auftrag von einem Kauflustigen, ihm ein geeignetes Grundstück zu beschaffen. In vielen Fällen hat der Makler sowohl mehrere Grundstücke wie auch mehrere Käufer an der Hand und versucht nun, die Parteien zusammenzuführen, bei denen er hofft, am leichtesten ein Geschäft zustandezubringen. Da der Verkäufer an einem möglichst hohen, der Käufer an einem möglichst niedrigen Preise Interesse hat, wird sich gerade durch die Vermittlung des Maklers eine mittlere Preislage erzielen lassen.

4. Besondere Einrichtungen des Großhandels.

Die Vervollkommnung der Verkehrstechnik im Nachrichtenverkehr und im Güterverkehr, sowohl was die Schnelligkeit und Sicherheit als auch was das Fassungsvermögen der Beförderungsmittel anbelangt, und der Ausbau unseres Rechtswesens haben dazu geführt, daß die in einem Geschäftsabschluß verhandelten Warenmengen weit über das früher gewohnte Maß hinausgehen.

Beispiel: Eine Wirkerei von Makohemden (Mako ist ägyptische Baumwolle) erhält von einer ausländischen Heeresverwaltung einen Auftrag auf Lieferung von 10000 Hemden. Sie braucht dazu von einer Makospinnerei in Chemnitz die entsprechenden Mengen Garn zu einem festen Preise, obgleich das Garn erst im Laufe mehrerer Monate zu liefern ist. Die Spinnerei kauft die erforderliche Anzahl von Baumwollballen in Bremen, ebenfalls zur Lieferung innerhalb mehrerer Monate. Die Baumwolle ist zwar noch nicht in Bremen, liegt aber in Kairo versandbereit, da gerade die ägyptische Ernte beendet ist. Die Dauer der Verschiffung kann genau im voraus ermittelt werden. Daß etwa das Schiff unterwegs verunglücken könnte, ist bei den heutigen Ozeanriesen fast ausgeschlossen. — Alle Beteiligten können somit schon jetzt mit einem festen Preise rechnen und entsprechend ihre Vorkehrungen treffen. Jeder von ihnen weiß außerdem, daß er an dem im voraus genau bestimmten Zeitpunkt die gewünschte Warenmenge in Händen haben wird. Der ordnungsmäßige Ablauf des ganzen Geschäfts ist, falls nicht plötzliche Ereignisse höherer Gewalt eintreten, durchaus gesichert.

a) Vertretbare Waren. Um den Warenhandel in der eben geschilderten Weise durchführen zu können, sind Einrichtungen notwendig, die den Großhandel mit Waren loslösen von der Ware selbst, ihn unbedingt rechtssicher, reibungslos, schnell und verkehrssicher gestalten. Das Streben geht dahin, die Handelseinheit in der Warenart und -sorte so genau durchzuführen, daß die in einem entfernten Lande vorhandene Ware in dem anderen Lande gekauft werden kann, ehe sie dort eintrifft. Bei dem heutigen Stande unserer Technik läßt sich ein *stets gleichbleibendes Erzeugnis* in vielen Zweigen des Fertigungsgewerbes erreichen, unabhängig vom verwendeten Rohstoff und dem Herstellungslande. Zu dieser Gruppe der Waren gehören z. B. Zucker (Rohzucker), Chemikalien (z. B. Säuren, Laugen, Farben und medizinische Präparate), zu ihr gehören vor allem Roheisen, Walzeisen und die übrigen Metalle.

Bei *Naturerzeugnissen* wie Getreide aller Art, Hülsenfrüchten, Kaffee, Tee, Kakao, Baumwolle und Jute lassen sich zwar durch die Witterungseinflüsse hervorgerufene kleine Abweichungen nicht vermeiden. Indes kann man sich hier in der Weise helfen, daß durch genaue Beschreibung der Ware und Ausgabe von Normalmustern die zu handelnden Sorten ein für allemal festgelegt werden und kleine Abweichungen nach ebenfalls im voraus vereinbarten Sätzen zu berücksichtigen sind. Die Waren werden zu diesem Zweck nach den Herkunftsländern und -gebieten, nach Aussehen, Größe, Gewicht und inneren Eigenschaften genau beschrieben und Normalmuster hierfür, die als *Typen* bezeichnet werden, festgelegt (vgl. auch S. 114).

Gewisse Waren, z. B. hochwertiger Tabak, fallen nach Art und Güte so verschieden aus, daß ihr Wert nur auf Grund der Besichtigung und Untersuchung der Ware selbst oder eines aus der Ware gezogenen *Musters* ermittelt werden kann. Ist das Muster von erfahrenen und einwandfreien Maklern gezogen worden, so kann damit gerechnet werden, daß die Ware mustergleich (musterkonform) ausfällt.

Andererseits können Großverkäufe auch so getätigt werden, daß die Eigenschaften der Ware in einem Muster veranschaulicht werden, das nicht aus der Ware selbst genommen zu sein braucht; das ist die *Type*. Die gelieferte Ware braucht nicht der Type in jeder Beziehung gleich zu sein, muß aber im ganzen den gleichen Wert aufweisen. So sendet beispielsweise der Kaffeepflanzer in Brasilien seinem Hamburger Vertreter bei Beginn der Ernte oder auch vor dieser Typen ein, auf Grund deren die „Abladungen" verkauft werden. Etwaige Abweichungen in der Qualität werden durch Sachverständige begutachtet. Diese Abweichungen berechtigen nur dann zum Rücktritt des Käufers, wenn man ihm die Übernahme einer zu geringen Ware nicht zumuten kann. Im übrigen wird der Minderwert vom Schiedsgericht ermittelt und vom Verkäufer vergütet. — An die Stelle der Type kann auch die „*Beschreibung*" treten.

Waren, die unter allgemeinen gleichen Bedingungen erzeugt werden, z. B. nordamerikanische Baumwolle, können ein für allemal in bestimmte Qualitätsklassen eingeteilt werden, von denen bereits wenige für den Großhandel ausreichend sind. Diese Klassen werden durch genaue Beschreibung gekennzeichnet, und es werden für sie feststehende Muster, sog. *Standards* aufgestellt. In Amerika sind die Bestimmungen hierfür durch Gesetz festgelegt, und es ist erreicht worden, daß die in Washington aufgestellten Standards für den Welthandel mit nordamerikanischer Baumwolle maßgebend sind. Im übrigen werden die Standards von den Warenbörsen aufgestellt. Es gibt neun Klassen: 1. middling fair, 2. strict good middling, 3. good middling, 4. strict middling, 5. middling, 6. strict good ordinary, 7. good ordinary, 8. strict ordinary, 9. ordinary. Im Börsenhandel wird nun lediglich der Preis für die Mittelsorte (middling) festgesetzt. Die tatsächlich gelieferte Ware wird auf Grund der Standards durch besondere Klassierer ihrer Klasse zugeteilt und die etwa festgestellte Qualitätsabweichung nach Börsengebrauch vom Käufer bzw. Verkäufer vergütet.

Beispiele: Die Hauptware bei Baumwolle bildet die nordamerikanische Sorte „Upland, good middling, good colour, $1^{1}/_{16}$" Stapel". Das heißt, die im Innern des Landes gezüchtete Baumwolle muß gute Mittelsorte von guter Farbe und einer Länge der Einzelfaser von im Durchschnitt

$1^1/_{16}$ Zoll sein. — Für Kaffee ist der Brasilkaffee Rio Nr. 7 Standardtype, also über Rio de Janeiro zum Verkauf gelangender Kaffee, bei dem die verschiedenen Sorten durch Nummern genau bezeichnet sind. — An der Berliner Getreidebörse gilt als Normalgewicht für gesunden, trockenen Weizen von guter Farbe ein Gewicht von 755 g je Liter. — Rübenrohzucker in Magdeburg hat als Normaltyp ein Erzeugnis erster Ausschleuderung (erstes Produkt), das aus 1 kg Rohzucker 880 g Raffinade (88% Rendement) ergibt.

b) **Einteilung der Waren** (Überblick). Für die meisten Fertigwaren, aber auch für viele Rohstoffe, lassen sich derartige „Typisierungen" nicht durchführen, z. B. nicht für Wolle und Tabak; hier ist nach wie vor die „Bemusterung" erforderlich. Nach den Mustern werden dann im Großmarkt der Waren die Preise bestimmt. Wir erhalten demnach drei Hauptgruppen von Waren: 1. Fertigerzeugnisse, die nichtvertretbare Ware darstellen (z. B. Brillanten), bei denen der Preis für jedes einzelne Stück festzusetzen ist; 2. Stapelwaren, die in großen gleichartigen Mengen auf den Markt kommen und nach Mustern gehandelt werden (Felle, Wolle, Draht, Kleiderstoffe) und 3. völlig vertretbare (fungible) Ware, die durch Typen und Standmuster ein für allemal genau bestimmbar ist. Für die erste Gruppe der Waren kommt ihrer Natur nach keine besondere Handelsform in Frage. Für die zweite sind Musterlager, Messen und Warengroßmärkte eingerichtet. Die dritte wird an den Warenbörsen als Welthandelsartikel nach besonderen festen Gebräuchen gehandelt. Den Einrichtungen für die beiden letzten Gruppen müssen wir nun noch einige Aufmerksamkeit widmen.

c) **Musterlager** und ständige Warenausstellungen sind in den Brennpunkten des Verkehrs sowie vor allem in Hafenplätzen zu finden. Entweder werden sie von großen Ein- oder Ausfuhrgeschäften unterhalten, oder von Verbänden der Hersteller bestimmter Erzeugnisse eingerichtet. Auch Länderverwaltungen richten Musterlager ein. Das Musterlager ist eigentlich eine Dauerausstellung, in der jede Ware in einem Stück vertreten ist, an Ort und Stelle somit besichtigt und gekauft werden kann. Es ist dabei nicht erforderlich, daß die gewünschte Menge bereits am Orte oder beim Erzeuger vorhanden ist, vielmehr kann auf Grund der Bestellung ihre Herstellung erfolgen.

d) **Warengroßmärkte.** Werden derartige Ausstellungen der Muster nur zeitweise an bestimmten Orten abgehalten, so entstehen die Sondermärkte, z. B. für Wolle (Berlin, Breslau), für Holz, Flachs, Erdbeeren (Dresden), Zwiebeln usw. Eine Fortbildung dieser Großmärkte, auf denen nur Muster ausliegen, bilden die Messen, unter denen in Deutschland die Leipziger Mustermessen zu Ostern und Michaelis (Herbst) jedes Jahres die bedeutendsten sind. Hier sind die verschiedenen Warengruppen in großen Meßhäusern ausgestellt. Eine genaue Meßordnung regelt den Verkehr, zu dem nur Händler, also keine Einzelverbraucher, zugelassen werden, und auf denen Käuferschichten aller Länder zusammentreffen. Andere Meßplätze von überragender Bedeutung sind Frankfurt a. M., neuerdings auch Köln, im Auslande Lyon, Glasgow und Nischni-Nowgorod. Nach Beendigung des Krieges haben die Messen einen neuen Aufschwung erlebt, obgleich man vor dem Kriege schon ihr allmähliches Absterben vorausgesagt hatte.

Eine andere Form der Großmärkte bilden die Versteigerungsmärkte, bei denen große Warenmengen möglichst unmittelbar nach ihrem Eintreffen in Gruppen von gewöhnlich 10 Einheiten (Ballen, Säcke) eingeteilt werden. Von diesen „Losen" nehmen Sachverständige Proben, die den Kauflustigen einige Zeit zur Besichtigung ausgelegt werden. Der Verkauf findet an einem festgesetzten Zeitpunkt durch öffentliche Versteigerung an den Meistbietenden oder durch schriftliches Angebot, die Einschreibung, statt. Im ersten Falle kann der Käufer beliebig oft sein Angebot noch im letzten Augenblick erhöhen, um den gewünschten Posten zu erhalten. Im zweiten ist das einmal abgegebene

Gebot nicht mehr zu ändern, daher liegt etwas Ungewisses, dem Zufall Anheimgegebenes in der Form der Einschreibung. Gehandelt werden in dieser Weise meist Erzeugnisse der Tropen nach Eintreffen der Ernte an den Handelsplätzen. So haben wir große Auktionen für Kautschuk und Wolle in London, Einschreibungen für Kaffee und Tabak in Amsterdam und Rotterdam.

e) **Die Warenbörsen:** Wesen. Die Warenbörsen bilden die vollendetste Form des Warenhandels. Gekennzeichnet sind sie nach den oben gemachten Ausführungen dadurch, daß sie nur für den Großhandel in Frage kommen und daher bestimmte Mindestmengen (Schlüsse) festgelegt sind, die in Abwesenheit der Ware nach Beschreibung oder Typen auf die in der Börsenordnung genau festgelegte Weise in bestimmten Stunden des Tages im Börsengebäude gehandelt werden. Der Handel findet zum großen Teil durch Vermittlung von Maklern statt. Über jedes Geschäft wird ein in der Börsenordnung vorgeschriebener schriftlicher Vertrag, der Schlußschein, ausgestellt.

Organisation. Zugelassen zum Börsenhandel sind in Deutschland (außer Hamburg) nur Vollkaufleute, die nach Stellung von Bürgen und Entscheidung der Zulassungskommission eine Besucherkarte vom Börsenvorstand erhalten haben. Die Aufsicht über die Börse führt gewöhnlich die Handelskammer des betreffenden Ortes, außerdem der Staat durch einen Börsenkommissar.

Arten. Der Art der gehandelten Waren nach unterscheidet man Produktenbörsen, in denen die vorher genannten Naturerzeugnisse gehandelt werden, und Sonderbörsen (Spezialbörsen), an denen nur bestimmte Waren zum Handel gelangen, z. B. Zucker (Magdeburg), Baumwolle (Bremen, Liverpool), Eisen und Kohle (Düsseldorf, Essen), Bücher (Leipzig). Die größte Produktenbörse Deutschlands befindet sich in Berlin. Wichtig sind weiter die Börsen dieser Art in Breslau, Leipzig, Hamburg, Köln, Mannheim und Frankfurt a. M.

f) **Die Börsengeschäfte** werden einerseits nach den Warengruppen, andererseits danach unterschieden, wann die Lieferung der gekauften Ware zu erfolgen hat. Danach müssen wir folgende Hauptarten der Geschäfte trennen: Effektivgeschäfte. 1. Kauf auf sofortige Lieferung. Die Ware muß sofort lieferbar, oft auch ortsanwesend sein. Die Lieferung hat in der Regel am nächsten Werktage zu erfolgen, doch kann in bestimmten Fällen an Stelle der Ware auch der Lagerschein (Warrant) geliefert werden. Solche Geschäfte werden in der Börsensprache als loco-Geschäfte oder Geschäfte in prompter Ware bezeichnet. Erfüllungsort ist der Wohnsitz des Verkäufers, der Speicher, der Kahn, in dem die Ware lagert, je nach Vereinbarung. 2. Kauf für einen festen Zeitpunkt, auf Ablieferung, Verschiffung, Lieferung dann und dann. 3. Kauf auf Ankunft der Ware, der besonders bei noch auf See befindlicher, schwimmender Ware üblich ist. Zu liefern ist dann unmittelbar nach Ankunft der Ware, die in der Regel von überseeischen Ländern kommt. Der Kapitän des Schiffes fährt zunächst nur nach Europa und erfährt unterwegs durch Funkspruch, wo er nach erfolgtem Verkauf die Ware abzuladen hat. 4. Kauf auf Lieferung innerhalb einer bestimmten Zeit. In diesem Falle steht es grundsätzlich dem Verkäufer frei, wann er innerhalb der gesetzten Frist die Ware nach vorheriger Ankündigung (Kündigen, Andienen) liefern will. Will der Käufer sich dieses Recht vorbehalten, so muß besonders vereinbart werden: „Nach Käufers Wahl." Die Lieferung zieht sich dabei oft über viele Monate hinaus, bei Naturerzeugnissen wird sie sogar von einer Ernte bis zur nächsten vereinbart. Die nachstehenden Börsenberichte werden nach den voraufgegangenen Erklärungen ohne weiteres verständlich sein.

Getreide und Futtermittel.

Berlin, 16. Nov. 1926. Produktenbericht. Die Geschäftstätigkeit hielt sich in recht engen Grenzen. Die Nachrichten vom Auslande boten dem Weizenzeitmarkte kaum nennenswerte Anregung. Die Cif-Offerten waren von den nordamerikanischen Abladern etwas ermäßigt, während Argentinien unveränderte Preise forderte. Inlandsweizen ist vielfach von der Elbe nach Berlin über Hamburg zu unveränderten Preisen gehandelt worden, während Waggonware weiter nur sehr wenig angeboten ist.

Die Weizenlieferungspreise erfuhren eine Abschwächung. Roggen ist weiter von den nur schwach versorgten Mühlen begehrt und nur wenig offeriert, wodurch das Preisniveau wiederum eine leichte Erhöhung erfuhr. Auch die Lieferungspreise stellten sich um 1/2 Mark höher. Weizenmehl ist zu gestrigen Preisen reichlich angeboten und begegnet nur geringer Kauflust. Roggenmehl hat kleines Konsumgeschäft bei ebenfalls gestriger Preisbasis. In Hafer und Gerste hat sich die Marktlage nicht verändert.

	Preis für 1000 kg 16. 11.	Preis für 1000 kg 15. 11.		Preis für 100 kg 16. 11.	Preis für 100 kg 15. 11.
Weizen märk.	275—278	276—279	Weizenmehl .	36.00—39.00	36.00—39.00
September . .	—	—	Roggenmehl .	32.50—34.50	32.50—34.25
Oktober	—	—	Weizenkleie .	12.25	12.00—12.25
Dezember . . .	290—291	290 1/2—291	Roggenkleie .	12.00	12.00
März	290 1/2	291—291 1/2	Raps	—	—
Mai	289 1/2	290	Viktoriaerbs.	62.00—65.00	64.00—67.00
Weiz. pomm.	—	—	Kl. Sp.-Erbs.	40.00—43.00	41.00—46.00
April	—	—	Futtererbsen	22.00—27.00	23.00—29.00
Roggen mrk.	225—230	225—230	Peluschken . .	22.00—23.00	22.00—23.00
September . .	—	—	Ackerbohnen .	21.75—22.75	22.00—23.00
Oktober	—	—	Wicken . . .	25.00—26.00	25.00—26.00
November . . .	—	—	Lupinen, blau	15.00—14.50	14.00—14.50
Dezember . . .	240 1/2—241	239 1/2—240	Lupinen, gelb	15.00—15.50	15.00—15.50
März	247 3/4	247—247 1/4	Serrad. 1924	—	—
Mai	251—240	249 1/2—250 1/4	Serradella . .	22—23	22.00—23.00
Rogg. westpr.	—	—	Rapskuchen .	16.20—16.80	16.20—16.40
Sommergrst.	220—252	220—252	Leinkuchen . .	20.80—21.00	20.80—21.00
Wintergerste	195—208	195—208	Tr.-Schnitzel .	9.50— 9.80	9.60— 9.90
Hafer, wstpr.	—	—	Soya-Schrot	19.30—19.50	19.30—19.50
Hafer, märk.	187—195	—	Torfmelasse .	—	—
Oktober	—	187—195	Kartoffelfl. . .	25.00—25.50	25.00—25.75
Dezember . . .	—	—	Kart., weiße	—	3.40— 3.00
März	—	—	Kart., rote .	—	3.50— 3.40
Mai	—	—	Kart., gelbfl.	—	3.20— 3.60
Mais (lok. Berl.)	201—206	201—206	Industriekart.	—	3.50— 3.80
Juli	—	—	Fabrikkartoff.	—	0.14
September . .	—	—			

Webstoffe.

Bremen, 16. November 1926. Baumwolle-Schlußnotierungen. Amtlich.

	Brief	Geld	bez.		Brief	Geld	bez.
März	14.00	13.96	—	September	—	—	—
April	—	—	—	Oktober	14.52	14.46	14.46
Mai	14.20	14.15	—	November	—	—	—
Juni	—	—	—	Dezember	13.72	13.60	—
Juli	14.41	14.35	—	Januar	13.69	13.59	—
August	—	—	—				

Tendenz: Ruhig.

Zucker.

Magdeburg, 16. November 1926. Zuckerterminnotierungen. Tendenz: Stetig.

	16. 11.		15. 11.			16. 11.		15. 11.	
	Br.	G.	Br.	G.		Br.	G.	Br.	G.
November .	15.80	15.60	15.80	15.50	April	16.15	16.05	16.25	16.15
Dezember . .	15.70	15.60	15.75	15.60	Mai	16.35	16.25	16.40	16.35
Januar . . .	15.80	15.70	15.90	15.80	Juni	16.45	16.35	16.50	16.45
Februar . . .	15.90	15.80	16.00	15.90	Juli	16.55	16.45	16.60	16.55
März	16.00	15.90	16.00	16.00	August . . .	16.65	16.55	16.70	16.65

fh. Magdeburg, 16. Nov. Weißzucker einschl. Sack und Verbrauchssteuer für 50 kg brutto für netto ab Verladestelle Magdeburg und Umgegend bei mindestens 200 Ztr. Zucker I 31; Zucker II Nov.-Dez. 31—$31\frac{1}{8}$, Januar-März $31\frac{1}{2}$—$31\frac{5}{8}$, Nov. 31, Dez. $31\frac{1}{16}$, Jan. $31\frac{1}{4}$. Tendenz: Ruhig, stetig.

Termingeschäfte. Eine besondere Art der Börsengeschäfte bilden die **Termingeschäfte**, bei denen ganz bestimmte Warenmengen, die jeweils einen Schluß bilden, nach Klassen zu bestimmten Zeiten zu liefern sind. Der Käufer kann die gekauften Waren durch Übergabe des Schlußscheines an andere Käufer weiterveräußern, braucht also gar nicht die Absicht zu haben, die Ware zu erwerben. Er hat sie in vielen Fällen nur gekauft, um an dem Preisunterschied zu verdienen (Differenzgeschäft), falls die gekaufte Ware bis zur Veräußerung im Preise steigt, die verkaufte Ware fällt. Die Notwendigkeit und der volkswirtschaftliche Nutzen der Termingeschäfte sind viel umstritten. In Deutschland ist der Terminhandel für Getreide und Mehl untersagt, für einzelne Waren, z. B. Zucker, Baumwolle, Kaffee, Kautschuk, Metalle, jetzt wieder zugelassen. Die Teilnahme an solchen Geschäften erfordert genaueste Kenntnis aller einschlägigen Bedingungen und Wirkungen und ist daher nur für Fachleute des Großhandels der wenigen für den Terminhandel in Frage kommenden Waren möglich.

Der **Überblick** über die verschiedenen Formen und Wege des Warenhandels, die voraufgegangenen Betrachtungen über all die Erfordernisse, die nötig sind, um Waren nach dem Grundsatz der Wirtschaftlichkeit in günstigster Weise einzukaufen und zu verkaufen, haben uns gezeigt, welche Fülle von Wissen, praktischen Kenntnissen und Verantwortungsgefühl derjenige besitzen muß, der Anspruch darauf erhebt, zur Gilde der „**königlichen Kaufleute**“ zu gehören.

Schrifttum

zu dem Abschnitt „Die Organisation des Verkaufs“.

Sehr wertvolle Ausführungen über das Gesamtgebiet enthalten:

Victor Vogt, Geschäftstechnik (vgl. S. 151).

Tiefgründig und dabei doch leicht lesbar ist das Buch von

Kurt Th. Friedländer, Fabrikation und Verkauf. 2. Aufl. Berlin 1925, Organisation-Verlagsges. m. b. H., in dem besonders auch die amerikanischen Verhältnisse gewürdigt werden.

Über das Kostenrechnungswesen unterrichtet kurz und treffend:

E. Walb, Die kaufmännische Betriebswirtschaftslehre, in Rothschilds Taschenbuch für Kaufleute. (Vgl. S. 187.)

Die Preisberechnung im Einzelhandel ist aus der Praxis heraus dargestellt bei

Leopold Lion, Die Textilbranchen (vgl. S. 122).

Aus der Fülle der meist für Verkäuferinnenklassen geschriebenen Bücher über den Verkauf im Einzelhandel seien genannt:

William Hesse, Vom Lehrmädchen zur Verkäuferin. (Zur Zeit vergriffen.) Leipzig, Dr. Max Gehlen.

S. Neubauer, Verkaufskunde, Leitfaden für Verkäufer und Verkäuferinnen. 2. Aufl. Leipzig 1915, Julius Klinkhardt.

Wewer-Graßmann, Verkaufskunde mit Lebenskunde. 3., verbesserte Auflage. Dortmund 1926, Fr. Wilh. Ruhfus.

Vom Standpunkte des praktischen Kaufmanns aus behandeln dasselbe Problem:

Willy Cohn, Verkäuferinnen. Gedanken und Vorschläge eines Praktikers. 2. Aufl. Halberstadt 1925, H. Meyers Buchdruckerei.

Detaillistenkammer Hamburg, Was das Verkaufspersonal wissen muß. (Merkblatt.)

Für das Auskunftswesen geschaffen, aber auch sonst als Nachschlagwerk vielseitig verwendbar ist: C. Regenhardts Geschäftskalender für den Weltverkehr. Selbstverlag.

Die Technik des Marktwesens ist in knapper, anschaulicher Weise dargestellt in:

Klemens Ottel, Die Technik des wirtschaftlichen Verkehrs. Wien 1922, Hölder-Pichler-Tempsky, in dem Abschnitt „Marktorganisation" (S. 234 ff.).

Allgemeines über Aufbau und Verwertung der Betriebsmittel.

I. Kapital und Vermögen. § 58

1. Begriff.

Die bisherigen Erörterungen haben gezeigt, daß alle Bestrebungen des Unternehmers darauf gerichtet sein müssen, die ihm für seine Unternehmung zur Verfügung stehenden Mittel in der richtigen Weise zu verwerten. Er muß sie nach Möglichkeit gewinnbringend machen und den Ertrag durch seine Arbeit und die seiner Mitarbeiter so hoch wie möglich gestalten, soweit dies mit ehrlichen Mitteln und ehrlicher Handlungsweise angängig ist.

Aus dieser Aufgabe des Unternehmers ergeben sich die Fragen: 1. Wieviel Mittel stehen zu Beginn der Unternehmung zur Verfügung und 2. in welcher Weise müssen sie verwandt werden, um den gewünschten Erfolg herbeizuführen? Die erste Frage löst der Kaufmann unter Zuhilfenahme der Buchführung durch Aufstellung eines Vermögensverzeichnisses,

Bilanz einer Maschinenfabrik, G. m. b. H.

Vermögen (Aktiva)		RM	Kapital (Passiva)		RM
I. 1. Grundbesitz	40000		I. 1. Stammkapital	200000	
Gebäude	60000	100000.—	2. Rücklagen	60000	260000.—
2. Fabrikeinrichtung:			II. 3. Gläubiger	26000	
Maschinen	25000		4. Schuldwechsel	14000	40000.—
Werkzeuge und Geräte	20000				
Modelle	100	45100.—			
3. Patente		100.—			
II. 4. Rohstoffe und halbfertige Waren	65300				
Fertige Erzeugnisse	35000	100300.—			
III. 5. Kassenbestand	5800				
6. Wechsel	2850				
7. Schuldner	16350	25000.—			
IV. 8. Bankguthaben	14000				
9. Wertpapiere	15500	29500.—			
		300000.—			300000.—

eines Inventars, dessen Ergebnisse er in einer Vermögensübersicht oder Bilanz zusammenfaßt. Die Bilanz gibt Auskunft über die Fragen: Welche Summe von wirtschaftlichen Gütern ist für den Betrieb der Unternehmung vorhanden? Aus welchen Quellen stammen sie? Auf jede der beiden Fragen gibt je eine Seite der Bilanz Auskunft, von denen wir die linke als Aktiva oder Vermögens-, die rechte als Passiva oder Kapitalseite bezeichnen. Die Vermögensseite enthält die Summe der wirtschaftlichen Mittel des Betriebs. Die Kapitalseite gibt Aufschluß über die Geldmittel, die dem Unternehmen dienen. Sie sind danach getrennt, ob sie den Mitteln des Unternehmers oder den Mitteln fremder Personen entstammen; so erhalten wir das eigene und das fremde Kapital.

Es ist ohne weiteres ersichtlich, daß die beiden Größen Vermögen und Kapital stets übereinstimmen müssen, daß sie nur ein verschiedener Ausdruck für die gleiche Sache sind. Das Vermögen gibt Aufschluß über die Einzelteile der vorhandenen Güter, das Kapital über ihre Gesamtheit, über den Vorrat an wirtschaftlichen Gütern, die der Unternehmung zur Erreichung ihres Zweckes zur Verfügung stehen. Das Vermögen ist nach Güterarten gegliedert und soll möglichst schnell im Betriebe umgesetzt werden. Das Kapital gliedert sich nach rechtlichen Gesichtspunkten (Eigentumsverhältnissen); das Streben geht danach, es festzuhalten und nach Möglichkeit zu vergrößern.

Die weiteren Erörterungen knüpfen wir am besten an das vorstehende Beispiel einer Bilanz an.

2. Die Vermögenswerte.

a) Äußere Erscheinungsformen. Die unter den Aktiven aufgeführten Vermögensteile lassen sich nach verschiedenen Gesichtspunkten einteilen. Am augenfälligsten ist die Einteilung nach der äußeren Erscheinungsform der Güter. Bei Beginn einer Unternehmung ist in der Regel nur ein Bestand an flüssigen Mitteln vorhanden, sei es nur bares Geld oder ein Bankguthaben, über das jederzeit verfügt werden kann. Weniger leicht in jedem Augenblick verwertbar sind die Mittel bereits, wenn sie in Waren angelegt sind, die erst wieder veräußert werden müssen, um flüssige Mittel zu erhalten. Werden die Waren nicht gegen Barzahlung sondern auf Ziel verkauft, so entstehen Forderungen an die Käufer, die entweder Buchforderungen sind, oder für die von den Abnehmern Sicherheit in Form von Wechseln verlangt wird. Waren und Warenforderungen sind immerhin noch leichter in Geld umwandelbar, als wenn die Betriebsmittel in Grundstücken und Gebäuden festgelegt sind, die dem Betriebe dienen sollen, oder in Maschinen, Geräten aller Art und Werkzeugen, die als Produktionsmittel zur Herstellung der Verkaufsgüter zu dienen haben. Eine besondere Stellung nehmen die Wertpapiere ein, die in einem Falle jederzeit leicht veräußerlich sind, wenn es sich um an der Börse gehandelte Papiere handelt, im anderen Falle aber auch sehr schwer unterzubringen sind, wenn sie eine Beteiligung an einem anderen Unternehmen darstellen, für dessen Anteile nur schwierig Abnehmer zu haben sind. Nach der Flüssigkeit der Güter geordnet, würde sich also in unserem Beispiel folgende Einteilung ergeben:

I. Ordnung (Leichtflüssig)	II. Ordnung (Schwerer flüssig)	III. Ordnung (Schwerflüssig)
5. Kasse	4. Fertige Waren, Rohstoffe und halbfertige Waren	1. Grundbesitz und Gebäude
8. Bankguthaben	7. Schuldner	2. Fabrikeinrichtung
6 Wechsel		3. Patente
(9. Wertpapiere)		(9. Wertpapiere)

Das Verhältnis der Flüssigkeit der Mittel wird auch als Liquidität der Bilanz bezeichnet.

Die Zusammensetzung der Vermögensteile gibt dem Geübten in der Regel bereits Aufschluß über die Art der Unternehmung. Reine Handelsgeschäfte werden meist nur Barmittel (im weiteren Sinne, also einschl. Bankguthaben), Waren und Warenforderungen besitzen, allenfalls noch Grundstücke. Fabriken müssen über eine Fabrikeinrichtung verfügen, deren Eigenart wiederum vielfach den Betriebszweig erkennen läßt. Banken besitzen keine Warenbestände und Fabrikeinrichtungen, dagegen viele Wechsel und Wertpapiere. Sie teilen die Schuldner gewöhnlich noch in verschiedene Untergruppen ein (täglich fällige, langfristige Gelder, Guthaben bei anderen Banken). Wie die Mittel aber auch zusammengesetzt sind, immer bilden sie eine Einheit insofern, als sie alle dem gleichen Zweck der Unternehmung dienen, alle einem einheitlichen Willen unterworfen sind. Die Art ihrer Zusammensetzung zeigt daher auch, welche Aufgabe der Unternehmer sich gesteckt hat, wieviel Wagemut er daran setzt, schwerflüssige Mittel mit Erfolg in leichtflüssige zurückzuverwandeln und diese wiederum in schwerflüssigen anzulegen. Der so ununterbrochen andauernde Kreislauf der Vermögensteile wird um so schneller sich zu vollziehen streben, je größer der Unterschied zwischen dem Werte der Güter beim Eintritt in den Betrieb und beim Verlassen desselben ist, je höher mit anderen Worten der Gewinn am Absatz ist. Allerdings kann hier eine Überspannung zum Untergang führen, wenn ein offenbares Mißverhältnis zwischen den leicht- und schwerflüssigen Gütern eintritt, das Unternehmen „illiquide" wird.

b) Einteilung nach Betriebszwecken. Eine andere Einteilung der Vermögensteile ergibt sich, wenn wir ihren Betriebszweck ins Auge fassen. Diesem Zweck entsprechend sind die Güter in unserem Beispiel gruppiert. Unter I finden wir die Anlage- und Gebrauchsgüter, die nur dem inneren Betriebe der Unternehmung dienen, nicht der Weiterveräußerung. Teile von ihnen gehen durch Verbrauch und Abnutzung allmählich in die veräußerten Waren über. Die dadurch entstandene Wertverminderung wird bei der jährlich aufzustellenden Bilanz durch Abschreibungen berücksichtigt. Die eigentlichen Träger des Umsatzes sind die unter II genannten Vermögensteile, im reinen Handel also die verkaufsbereite Ware. In der Fabrik gehören hierher die nötigen Rohstoffe, die sich während der Erzeugung ergebenden Zwischen- oder Halbfabrikate und schließlich die fertige Ware.

Beispiel: In einer Wolldeckenfabrik bilden gewaschene Wolle und Farben die Rohstoffe, gefärbte und gemischte Wolle, Garn und rohe Gewebe (Stuhlware) die Zwischenerzeugnisse und die fertigen Decken das Enderzeugnis. In der Wollwäscherei dagegen ist die Rohwolle der Rohstoff, gewaschene Wolle und mancherlei Nebenerzeugnisse (z. B. Lanolin) das Enderzeugnis.

Durch Ankauf und Verkauf der Umlaufsgüter entstehen Zahlungsansprüche und Zahlungsverpflichtungen, für die im genügenden Maße Zahlungsausgleichsmittel (Gruppe III) zur Verfügung stehen müssen. Diese bewegen sich in umgekehrter Richtung wie die Umsatzträger, wie das folgende Beispiel zeigt:

Bewegung der Umsatzgüter:

$$\begin{array}{ccccc} \text{Verkäufer} & \rightarrow & \text{Unternehmung} & \rightarrow & \text{Käufer} \\ 100 & & 100 + 20 & & 120 \end{array}$$

Bewegung der Ausgleichsmittel:

$$\begin{array}{ccccc} \text{Käufer} & \rightarrow & \text{Unternehmung} & \rightarrow & \text{Verkäufer} \\ 120 & & 120 - 20 & & 100. \end{array}$$

Dabei ist zu beachten, daß der Wert dieser Güter im ersten Falle zu-, im zweiten abnimmt. Der Unterschied ist nicht etwa ohne weiteres Reingewinn, über seine Zusammensetzung wird vielmehr noch manches zu sagen sein. In der Gruppe IV finden wir die Güter, die im allgemeinen nicht an dem regelmäßigen Umlauf beteiligt sind, sondern die als Rücklagen für besondere Zwecke dienen sollen, z. B. für sich plötzlich bietende besonders günstige Kaufgelegenheiten großer Rohstoff- oder Warenposten, für Betriebserweiterungen, Ankauf von Anlagen usw. Das Bankguthaben wird hier allerdings nur zum Teil unter diese Gruppe fallen, der andere Teil ist zu den Zahlungsausgleichsmitteln zu rechnen.

c) **Bewertung der Vermögensteile.** Eine schwierige Frage ist die der Bewertung der Vermögensteile. Es ist hier zu unterscheiden, welcher Wert maßgebend sein soll, bei Waren z. B. der Einkaufs-, Selbstkosten-, Verkaufs- oder Marktwert. Noch schwieriger ist die Frage bei den Anlage- und Gebrauchsgütern, da diese vielfach in der vorliegenden Form nicht oder nur schwer veräußerbar sind (z. B. die Stahlkammer einer Bank). Die ganze äußerst schwierige Frage kann hier nur kurz gestreift werden. Grundsatz wird im allgemeinen sein müssen, daß die Bewertung nie über den Ausgabenwert, also über die Grenze dessen gehen soll, was der Unternehmer selbst für das Gut ausgegeben hat. Außerdem darf bei leicht veräußerlichen Gütern der allgemeine oder Marktwert nicht überschritten werden und bei schwerveräußerlichen Gütern nicht der Eignungswert, das heißt der Wert, den das Gut im Augenblick der Bewertung für das eigene Unternehmen hat.

Beispiele: Barmittel, Schecks und Bankguthaben werden mit dem vollen Wert eingesetzt, Schuldner nur, soweit keine zweifelhaften Forderungen dabei sind, Wertpapiere und Waren gängiger Art (Lebensmittel, Getreide, Stahlblöcke, Wolle, Baumwolle) zu dem Markt- oder Börsenpreise. Damenkleidung dagegen wird man von dem Augenblick an, wo sie unmodern wird, weit unter dem Anschaffungswert einsetzen müssen. In eine Fabrik eingebaute Maschinen, Dampfkessel usw. sind nur für diesen Betrieb wertvoll, und selbst hier nur für bestimmte Zwecke. Die Riesenverluste, die Krupp durch die Umstellung von der Waffenerzeugung auf den heutigen Betriebszweck erlitt, sind das beste Beispiel dafür. In unserem Beispiel sind deswegen die Modelle und Patente nur mit je *RM* 100 bewertet.

3. Die Kapitalwerte.

Stehen uns auf der Vermögensseite der Bilanz greifbare Dinge vor Augen, so zeigt uns die Kapitalseite nur Rechnungsgrößen, die sich der unmittelbaren Wahrnehmung durch die Sinne entziehen. Dieser Gedanke muß dem in kaufmännischen Dingen Unerfahrenen zunächst einmal völlig zum geistigen Eigentum werden. Kapital im Sinne der Bilanz ist also etwas ganz anderes als Kapital im landläufigen Sprachgebrauch. Es ist weder Bargeld noch sonst etwas Greifbares.

Das Kapital kann man nun nach den Eigentumsmerkmalen in eigenes und fremdes Kapital einteilen. Viel fremdes Kapital in einem Unternehmen bedeutet stets eine große Gefahr; denn der Kapitalgeber kann seine Mittel aus dem Geschäft zurückziehen und wird dies häufig gerade in dem Augenblick tun, wenn ihm die Sicherheit des Unternehmers gefährdet erscheint, wenn also die Mittel gerade am stärksten angespannt sind. Eine derartige Kündigung führt dann in der Regel zur Auflösung der Unternehmung, häufig sogar zur zwangsweisen Auflösung im Wege des Konkurses. Außerdem verlangt der Geldgeber Zinsen oder Beteiligung am Gewinn, wodurch zwar nicht der Erfolg der Unternehmung, wohl aber der des Unternehmers stark geschmälert wird. In unserem Beispiel enthält I die eigenen, II die fremden Mittel. Rücklagen (Reservefonds) sind nur eine besondere Rechtsform des Eigenkapitals, das Gleiche gilt auch von Rücklagen für besondere Zwecke (Erneuerung usw.).

Das Fremdkapital kann entweder in Darlehn von Banken oder anderen Geldgebern bestehen, also durch rein finanzielle Maßnahmen der Unternehmung zugeführt sein. Es kann aber auch durch Einkäufe von Anlage-, Betriebs- und Umlaufgütern auf Ziel entstanden sein.

Wie groß das Kapital (eigenes und fremdes zusammen) und die hierfür beschafften Vermögensteile sein müssen, um dem Unternehmen den bestmöglichen Erfolg zu sichern, hängt von der Art der Unternehmung, ihrer Lage, ihren Absatzmöglichkeiten und von den örtlichen Verhältnissen ab. Es hängt aber auch von dem Willen und der Schaffenskraft des Unternehmers sowie von seinen kaufmännischen Fähigkeiten ab. Sicherer ist es auf jeden Fall, sich mit geringeren Mitteln „von unten herauf" zu arbeiten, als von vornherein mit einem „überkapitalisierten" Unternehmen zu beginnen, dessen Mittel nicht in zweckentsprechender Weise zur Verwendung gelangen können. Die Unternehmung ist ein lebendes Gebilde, bei dem sowohl die einzelnen Glieder in einem richtigen Verhältnis zu einander stehen müssen, wie auch die Gesamtgröße dem Zweck und Willen des Betriebes angepaßt sein muß. Mit einem Wort, das Unternehmen muß in jeder Richtung richtig organisiert sein. Seine Lebensbetätigung zeigt sich in einer angemessenen Bewegung der Werte.

II. Bewegung der Betriebsmittel. [§ 59

1. Innere Bewegung.

Wie ein Mensch sich nicht nur betätigen kann in Bewegungen, die äußerlich erkennbar sind, sondern auch, wenn er scheinbar unbeweglich dasitzt, wobei diese Art der geistigen Betätigung, die Denkarbeit, oft das Wertvollste an ihm ist und ihn von Tier und Pflanze unterscheidet, so müssen wir auch in der Unternehmung innere und äußere Bewegung der Werte unterscheiden. Die innere Bewegung der Werte ist am deutlichsten ersichtlich im Fertigungsgewerbe, wo innerhalb des Betriebes aus unscheinbaren, oft sehr geringwertigen Gütern wertvolle Erzeugnisse geschaffen werden. Man denke nur an die unzähligen Waren, die uns die chemische Industrie aus dem Steinkohlenteer hervorbringt. Die Erfassung dieser inneren Wertbewegung ist Aufgabe der Betriebsbuchführung, der Kostenrechnung und der Betriebsstatistik. Stoff und Kraft, Maschine und Menschenarbeit wirken hier Hand in Hand.

2. Äußere Bewegung.

a) Umsatz. Die äußere Bewegung der Werte wird gewöhnlich als Umsatz bezeichnet. Man muß dabei allerdings unterscheiden zwischen dem Umsatz der eigentlichen Umlaufsträger, also in erster Linie der Waren, und dem Umsatz der Zahlungsausgleichsmittel, der, wie wir sahen, den umgekehrten Weg wie die Ware einschlägt. Im allgemeinen denkt der Kaufmann, wenn er von Umsatz spricht, an den Warenumsatz innerhalb eines bestimmten Zeitraumes, also Tages-, Monats-, Jahresumsatz. Die Höhe dieses Umsatzes wird ermittelt, wenn man zu den Anfangsbeständen die Zugänge oder die neu geschaffenen Werte hinzuzählt und den Endbestand davon abzieht.

Beispiele: Eine Warenhandlung hat am Anfang des Jahres einen Bestand an Waren von *RM* 150000, eingegangen sind im Laufe des Jahres für *RM* 320000, der Endbestand beträgt *RM* 100000, dann beläuft sich der Umsatz auf *RM* 370000. — Eine Fabrik hat einen Bestand an verkaufsfertigen Erzeugnissen von *RM* 300000, erzeugt sind im Laufe des Jahres für *RM* 1000000 neue Waren, der Endbestand beträgt *RM* 500000, der Umsatz in diesem Jahre somit *RM* 800000.

b) Absatz. Während man den Umsatz für verschiedene Gruppen der Vermögensteile errechnen kann, wird bei dem Worte Absatz stets nur an die verkaufsfertigen Güter gedacht und hier auch nicht an den Absatz für einen bestimmten abgelaufenen Zeitraum, sondern für den jeweiligen Augenblick. Man spricht auch davon, daß man hofft, für diese oder jene Ware einen guten Absatz zu erzielen, oder daß die Ware leicht abzusetzen ist. Über die Tatsache, mit welchem Erfolg der Umsatz oder Absatz verknüpft gewesen ist, geben uns die beiden Ausdrücke keinen Aufschluß, ebensowenig auf die Frage, wieviel Kosten aufgewandt werden mußten, um den Umsatz zu erzielen. Die Kostenfrage ist bereits früher ausführlicher besprochen worden (S. 97ff. u. 154ff.), dagegen müssen wir der Betrachtung des Betriebsergebnisses noch unsere Aufmerksamkeit zuwenden.

§ 60] III. Das Betriebsergebnis.

1. Der Gewinn.

Das Streben des Unternehmers muß dahin gehen, daß die Betriebsausgaben für einen bestimmten Zeitabschnitt kleiner sind als die in der gleichen Zeit erzielten Betriebseinnahmen. Der Unterschied zwischen beiden Größen stellt den Gewinn der Unternehmung dar. Wird dieser Gewinn in Beziehung gesetzt zu dem in der Unternehmung angelegten Kapital, so sprechen wir von der Rentabilität des Kapitals. Diese kann verschieden sein für das Unternehmungs- und das Unternehmerkapital.

Beispiel: Eine Unternehmung erzielt in zwei aufeinanderfolgenden Jahren einen Gewinn von je RM 10000. Im ersten Jahre arbeitet der Unternehmer nur mit einem eigenen Kapital von RM 50000, dieses rentiert sich also mit 20 v. H. Im nächsten Jahre hat er außerdem in der Unternehmung noch RM 25000 fremdes Kapital, dann beträgt die Rentabilität des eigenen Kapitals, des Unternehmerkapitals nach wie vor 20 v. H., die des Unternehmungskapitals dagegen nur 13⅓ v. H.

Man kann auch von einer Rentabilität der Leistungen sprechen, indem man den Gewinn in Beziehung setzt zu der Gesamtsumme der im gleichen Zeitabschnitt gezahlten Löhne und Gehälter zuzüglich des für den Unternehmer selbst in Ansatz zu bringenden Lohnes für seine Leistung, den Unternehmerlohn. Schließlich ist sehr lehrreich ein Vergleich der Höhe des Gewinnes mit der des Umsatzes. Wenn der Umsatz erheblich gestiegen, der Gewinn aber nicht größer geworden ist, so ist dies ein Beweis dafür, daß die Unternehmung größere Anstrengungen machen mußte, um eine Gewinnverminderung zu vermeiden.

2. Rentabilität und Wirtschaftlichkeit.

Rentabilität und Gewinn geben noch kein Bild von der Wirtschaftlichkeit der Unternehmung. Dies ist um so weniger der Fall, als die Gewinnhöhe, die in der buchhalterischen Gewinn- und Verlustrechnung im Zusammenhange mit der Bilanz ermittelt wird, sehr häufig durch buchungs- und steuertechnische Maßnahmen beeinflußt wird. Die Veröffentlichungen über die Gewinnhöhe bei Aktiengesellschaften geben ohne weitgehenden Einblick in das Errechnungsverfahren dieses Gewinnes kaum ein wirkliches Bild von dem tatsächlich erzielten Gewinn. Während die Gewinnhöhe und die Rentabilitätsberechnung des Kapitals nur ein Bild von dem Ergebnis der Unternehmung nach einem bestimmten Zeitabschnitt geben, unterrichtet uns der gesamte Zustand des Unternehmens, die Art seines Betriebes, die Art, wie die zweckmäßigsten Arbeitsverfahren zur Durchführung gelangen, wie alle unnötigen Kosten vermieden werden, von seiner Wirtschaftlichkeit. Je mehr die Gesamtorganisation des Betriebes geeignet ist, den Wirtschaftszweck zu erfüllen, umso wirtschaftlicher arbeitet der Betrieb.

Beispiel: Solange Deutschland als alleiniger Versorger des Weltmarktes mit Kali auftrat und alle Kaliwerke in dem Kalisyndikat vereinigt waren, rentierten sich auch solche Betriebe, deren Betriebseinrichtungen keineswegs den Anforderungen der Neuzeit entsprachen, oder die nur geringwertige Salze enthielten. Ihre Unwirtschaftlichkeit zeigte sich nach dem Kriege, als auch Frankreich und die Vereinigten Staaten als Kalierzeuger auftraten. — Das gleiche gilt für die Chilesalpeter-Bergwerke in Chile. Infolge der Monopolstellung des Landes in der Versorgung mit diesem Düngemittel konnten sich auch die unwirtschaftlich arbeitenden Werke rentieren. Als aber der Luftstickstoff dem Chilesalpeter den Rang streitig machte, mußten diese unwirtschaftlich arbeitenden Werke ihren Betrieb einstellen.

Die Beispiele zeigen, daß der Gewinn nicht unbedingt ein Maßstab ist für die Wirtschaftlichkeit einer Unternehmung. Der Gewinn kann außer durch die Wirtschaftlichkeit auch beeinflußt werden durch höhere Gewalt (Wasser- und Wetterschäden, Krieg, neue Erfindungen usw.) sowie durch politische Maßnahmen, z. B. hohe Schutzzölle und Monopolstellung. Auch kann der Gewinn durch bestimmte Maßnahmen zum Verschwinden gebracht werden, wie ein Beispiel zeigen mag.

Beispiel: Eine Zuckerfabrik, die als Aktiengesellschaft betrieben wird, hat nur Aktionäre, die selbst Rüben bauen. Sie erhalten je Zentner abgelieferter Rüben eine bestimmte Menge Rübenschnitzel und Scheidekalk (Düngemittel) und außerdem einen so hohen Kaufpreis, daß kein wesentlicher Gewinn bleibt. Die Rentabilität des Kapitals ist also scheinbar gleich Null, trotzdem arbeitet die Fabrik durchaus wirtschaftlich.

Der veröffentlichte Gewinn wird endlich in seiner Höhe dadurch beeinflußt, daß die Abschreibungen sehr verschieden gehandhabt werden können. Liegt dem Unternehmer daran, nach außen hin ein günstiges Geschäftsergebnis zu zeigen (z. B. wenn er das Geschäft verkaufen will), so wird er die Abschreibungen so niedrig wie möglich bemessen. Will er dagegen einen von Jahr zu Jahr möglichst gleichbleibenden Gewinn zur Verteilung bringen, so wird er durch erhöhte Rücklagen (offene Reserven) und weitgehende Abschreibungen (stille Reserven) sein Unternehmen innerlich stärken gegen ihm etwa in der Zukunft drohende wirtschaftliche Gefahren. Welcher Art sie sind und wie man ihnen am besten begegnet, soll nunmehr gezeigt werden.

IV. Die Sicherung des Unternehmungserfolges. [§ 61

1. Die Arten der Gefahren.

Eine Gefährdung des Unternehmungserfolges liegt sowohl in der Art und Zusammensetzung der Unternehmungsmittel wie in der Betätigung zur Erreichung des gesteckten Zieles. Fast alle Vermögensteile unterliegen der Gefahr der Entwertung; die Wechsel werden vielleicht nicht alle eingelöst, die Wertpapiere können im Kurse sinken, die Außenstände sich vermindern durch Zahlungsschwierigkeiten einzelner Schuldner. Die Warenvorräte können in vielen Geschäftszweigen verderben, aus der Mode kommen, durch neue Erfindungen oder Änderung des Geschmacks der Abnehmer an Wert einbüßen, ja selbst das scheinbar sicherste Anlagegut, das Bargeld, kann entwertet werden, wie uns die Zeit der Inflation mit so erschreckender Deutlichkeit gezeigt hat. Auch von der Kapitalseite drohen Gefahren, besonders, wenn fremdes Kapital im Geschäft arbeitet. Die Geldgeber können ihren Kapitalanteil zurückziehen, die Banken den Kredit kündigen. Aus den laufenden Akzepten können Schwierigkeiten entstehen, wenn nicht pünktlich auf die Stunde die zur Deckung erforderlichen Mittel bereitgehalten werden.

Eine weitere Gefahr liegt in der menschlichen Natur selbst begründet, betrifft also den Unternehmer und seine Mitarbeiter. Er kann seine wirtschaftlichen, technischen und organisatorischen Kräfte und die seiner Mitarbeiter überschätzen, so daß er den sich selbst gestellten Aufgaben nicht gewachsen ist. Krankheit kann zur Untätigkeit zwingen, Streik das Werk auf kürzere oder längere Zeit lahm legen.

Aber nicht nur im eigenen Betriebe drohen Gefahren mancherlei Art, auch außerhalb der Unternehmung liegen zahlreiche Gefahrenquellen. Die größte und gefürchtetste dürfte wohl der Wettbewerb gleichartiger Unternehmungen sein. Die immer wachsame Konkurrenz wird jeden Schritt des Unternehmers verfolgen und versuchen, mit dem Mitbewerber nicht nur Schritt zu halten, sondern ihn, wenn möglich, zu überflügeln. Durch neue Erfindungen, die billige Arbeitsweisen und Erzeugung möglich machen, kann der eigene Betrieb unrentabel werden. Gesetzgeberische Maßnahmen, wie Änderung der

Zölle, Schaffung von Gesetzen, die das Eigenleben des Betriebes erschweren, ja oft unmöglich machen, können erfolgen; durch neue Steuern, die vielleicht gerade diesen Betrieb besonders hart treffen, kann der Erfolg in Frage gestellt werden.

Beispiele: Die ertragreiche Zucht der Indigopflanze in Indien wurde mit einem Schlage durch die Erfindung des künstlichen Indigos vernichtet. — Das Verbot der Einfuhr von Fleischwaren nach Deutschland versetzte s. Zt. der italienischen Salamiwurst-Erzeugung einen harten Schlag. — Die äußerst starke Erhöhung der Klavierzölle in Australien machte der deutschen Pianofortefabrikation die umfangreiche Ausfuhr nach diesem Erdteil fast unmöglich. — Die zeitweilige übermäßige Anspannung der Gewerbesteuer zwang eine Reihe von Unternehmungen, ihren Betrieb stark einzuschränken.

Neben diesen von Menschen herbeigeführten Gefahren drohen außerhalb der Unternehmung Schädigungen durch höhere Gewalt. Unwetterschäden, Wassernot, Wirbelstürme, Erdbeben, plötzlich und unerwartet eintretende Frost- oder Hitzeperioden können den beabsichtigten Erfolg vereiteln. Als höhere Gewalt in diesem Sinne muß auch der Krieg angesehen werden.

Nach der zeitlichen Aufeinanderfolge können die Gefahren in der Betätigung der Unternehmung eintreten: 1. bei der Beschaffung der Waren, Roh- und Hilfsstoffe, Maschinen und Geräte, 2. während der Erzeugung oder Lagerung der Güter und schließlich 3. bei ihrem Absatz.

Beispiele: Jemand erwirbt ein Grundstück, um ein Geschäftshaus darauf zu erbauen. Bei den Ausschachtungsarbeiten zeigt sich, daß das Grundwasser sehr hoch steht und umfangreiche Erdarbeiten erforderlich sind. Der Kostenanschlag wird so stark überschritten, daß die wirtschaftliche Ausnutzung des Gebäudes in Frage gestellt ist. — Eine Bauunternehmung errichtet eine Betonbrücke über den anzulegenden Mittellandkanal. Nachdem der Kanal ausgehoben ist, beginnt die Brücke, nach beiden Seiten sich auseinanderzudrücken, da die Sandschicht, auf der die Grundlage ruhte, nicht rechtzeitig als Triebsand erkannt worden war. Nur mit unverhältnismäßig hohen Kosten konnte die Brücke nachträglich haltbar gemacht werden. — Ein großes Weinlager wurde um Hunderte von Flaschen des besten Weines bestohlen dadurch, daß von einer ziemlich weit entlegenen Stelle aus ein Höhlengang zu dem alten Keller führte, der zwar verfallen, aber von den Dieben wieder gangbar gemacht worden war. — In Hannover verdarben im Sommer 1926 große Mengen von Frischobst in den Geschäften, da die Bevölkerung infolge der plötzlich auftretenden Massenerkrankungen an Typhus kein frisches Obst kaufte.

2. Die Maßnahmen zur Abwendung der Gefahren.

Schon durch einen geeigneten Aufbau des Vermögens kann die aus diesem drohende Gefahr vermindert werden. Die Beschaffung verschiedener Warengruppen — nicht nur einer — der Abschluß langfristiger Verträge für die Lieferung, durch den gleichmäßige Versorgung zu im voraus bestimmten Preisen möglich wird, die Verteilung feuergefährlicher Vorräte auf getrennt liegende Lagerräume sind Beispiele hierfür. Im Betriebe selbst kann die aus der menschlichen Natur drohende Gefahr dadurch gemindert werden, daß mit den Angestellten und Arbeitern langfristige Arbeitsverträge abgeschlossen und nach Möglichkeit für jede Arbeit Reservekräfte ausgebildet werden. Nicht zu vermeidenden Verlusten oder Entwertungen und ihrer schädlichen Wirkung für den Fortbestand der Unternehmung muß vor allem durch Schaffung genügender Rücklagen für diese Zwecke vorgebeugt werden. Seltener auftretende, aber immerhin mögliche Verluste durch Ereignisse, deren Eintritt ungewiß oder unbestimmt ist, können durch Abschluß von Versicherungsverträgen abgewendet werden, so z. B. Feuersgefahr, Verluste durch Diebstahl, Einbruch, Hagel usw. Bei Unternehmungen mit besonders unsicherem Ausgang, z. B. Bohrversuchen, kostspieligen Versuchen zur Erprobung neuer Herstellungsverfahren usw., kann die Gefahr dadurch gemindert werden, daß eine Anzahl von Personen sich an der Unternehmung beteiligen, wodurch natürlich auch die Gewinnaussichten entsprechend gemindert werden. Trotzdem wird es besser sein, auf einen hohen aber ungewissen Gewinn zu verzichten, wenn durch ein derartiges Unternehmen der Gesamtbetrieb gefährdet ist. Der Kaufmann sollte nie alles auf eine Karte setzen, ohne zu bedenken, daß dies nicht nur seinen Aufstieg, sondern auch seinen Untergang bedeuten kann. Sorgfältige Vorbereitung, zielbewußte aber vorsichtige Durchführung des Unternehmens, vorausschauende Verwendung des Ertrages sichern das Leben der Unternehmung. Weiter ist wichtig, die Flüssigkeit des Vermögens zu erhalten, damit die Unternehmung jederzeit zahlungsfähig ist. Sie ist durch genügend hohe und geeignete Rücklagen und ausreichende Abschreibungen davor zu schützen, daß ein plötzlicher größerer Verlust das Unternehmen zum Erliegen bringt.

Die Fülle der Gefahren und die Schwierigkeit ihrer Bekämpfung läßt verstehen, warum in manchen Unternehmungen der Gewinnaufschlag dem Außenstehenden sehr hoch erscheinen muß. Je unsicherer der Geschäftserfolg, desto nötiger ist die Schaffung genügender Rücklagen. Das Zugrundegehen einer Unternehmung schädigt nicht nur den Unternehmer selbst, der davon betroffen ist, sondern auch die Allgemeinheit, z. B. durch Arbeitslosigkeit der Arbeitnehmer, Entwertung der Anlagen (infolge Mangel an Pflege und zweckmäßiger Ausnutzung) und somit durch Vergeudung von Volksvermögen.

Daraus geht hervor, daß das Wohlergehen des Unternehmers mit dem der Allgemeinheit eng verknüpft ist. Das Verantwortungsgefühl des führenden Kaufmanns darf sich nicht nur auf die Leitung des eigenen Betriebes beschränken, sondern er muß stets bedenken, daß er gleichzeitig im Dienste des gesamten Vaterlandes steht.

Schrifttum.

Sammelwerke und Zeitschriften.

Grundriß der Betriebswirtschaftslehre:
(Mahlberg, Schmalenbach, Schmidt, Walb), 16 Bände, von denen die Bände 2 und 10 bereits vorliegen. Leipzig 1926, G. A. Gloeckner.
Handbuch der Kaufmannswissenschaft und der Betriebstechnik von:
Maier-Rothschild, Kaufmannspraxis. Berlin 1925, Allgemeine Deutsche Verlagsges. m. b. H.
Obst, Das Buch des Kaufmanns. 6. Auflage. Stuttgart 1922, C. E. Poeschel.
Yasutaro Hirai und Alfred Isaak, Quellenbuch der Betriebswirtschaftslehre. Berlin 1925, Industrieverlag Spaeth & Linde.
Nicklisch, Handwörterbuch der Betriebswirtschaft. Im Erscheinen begriffen. Stuttgart 1926, C. E. Poeschel.
Bott, Handwörterbuch des Kaufmanns. Hamburg 1926, Hanseatische Verlagsanstalt.
Zeitschrift für Handelswissenschaftliche Forschung. Leipzig, G. A. Gloeckner.
Zeitschrift für Handelswissenschaft und Handelspraxis. Stuttgart, C. E. Poeschel.
Zeitschrift für Betriebswirtschaft. Berlin-Wien, Industrieverlag Spaeth & Linde.
Betriebswirtschaftliche Rundschau. Leipzig, G. A. Gloeckner.
Betriebsführung. Karlsruhe, G. Braun.
Organisation, Buchhaltung, Betrieb. Leipzig, ABC-Verlag G. Flock.
Industrielle Psychotechnik. Berlin, J. Springer.
„Zeitschrift für Organisation", Zentralblatt für die Praxis der rationellen Geschäfts- und Wirtschaftsgestaltung. Berlin, Industrieverlag Spaeth & Linde.
Die Büroindustrie. Berlin, Union, Deutsche Verlagsgesellschaft.
Wirtschaftlichkeit. Das Betriebs-Nachschlagewerk des Praktikers. Stuttgart, Verlag für Wirtschaft und Verkehr.
Die Verkaufspraxis. Stuttgart, Verlag für Wirtschaft und Verkehr.
Seidels Reklame. Berlin, Industrieverlag Spaeth & Linde.

Einen Überblick über das gesamte erscheinende Schrifttum mit Inhaltsangaben und kritischen Betrachtungen geben laufend:

1. Archiv der Fortschritte betriebswirtschaftlicher Forschung und Lehre. Stuttgart, C. E. Poeschel.
2. Das betriebswirtschaftliche Schrifttum (berichtet nur über Aufsätze in wissenschaftlichen Zeitschriften).

Schlagwortverzeichnis.

(Die Ziffern bedeuten Seitenzahlen.)

Die Reichsverfassung

vom 11. August 1919. Mit Einleitung, Erläuterungen, Gesamtbeurteilung und einem Anhang, enthaltend den Wortlaut der Geschäftsordnung für den Reichstag und für die Reichsregierung. Von Prof. Dr. O. Bühler

2. Aufl. (ANuG Bd. 1004.) Geb. RM 3.—

Eine Einführung in Form eines gemeinverständlichen Kommentars. Nach einem geschichtlichen Überblick werden die im Wortlaut gegebenen Artikel erläutert und nach ihrer Bedeutung gewürdigt. Die verfassungsrechtlichen Nebengesetze finden weitgehende Behandlung und der Schlußabschnitt bringt eine zusammenfassende sachliche Kritik ohne politische Stellungnahme.

Das Werk, das in der 2. Auflage wesentlich erweitert wurde, u. a. durch Beigabe tabellarischer Übersichten über die Landesverfassungen, über die Parteiverhältnisse im Reichstag und in den Kabinetten, bietet so eine Einführung in das Ganze des deutschen politischen Lebens.

Die deutsche Volksgemeinschaft. Wirtschaft, Staat, soziales Leben. Eine Einführung. Von Dr. A. Salomon. 2. Aufl. Geb. RM 3.80

„Das ist das Buch, wie wir es heute brauchen, denn es will zur verantwortlichen Teilnahme an der Gestaltung des Volksschicksals erziehen. ... Es kann allen nur auf das angelegentlichste empfohlen werden."
(Sächsische Staatszeitung.)

Einführung in die Bürgerkunde. Von M. Treuge. 6. Aufl. [U. d. Pr. 1927.]

„... kann zugleich als ein Ratgeber für die politische Weiterbildung bezeichnet werden."
(Volkswirtschaftliche Blätter.)

Zum Studium der Volkswirtschaftslehre

Einführung in die Volkswirtschaftslehre. Geschichte, Theorie und Politik. Von Prof. Dr. A. Sartorius Frhr. v. Waltershausen. Geh. RM 5.—, geb. RM 6.—

Einführung in die Volkswirtschaftslehre. Von Dr. A. Salomon. 7. Auflage. Geb. RM 3.20

Grundzüge der Volkswirtschaftslehre. Von Prof. W. Gelesnoff. Nach einer vom Verfasser vorgenommenen Neubearbeitung deutsch von Dr. E. Altschul. 2., erweiterte Auflage. [U. d. Pr. 1927.]

Grundzüge der Volkswirtschaftslehre. Von Prof. Dr. G. Jahn. 2. Aufl. (ANuG Bd. 593.) Geb. RM 2.—

Allgemeine Volkswirtschaftslehre. Bearb. von Geh. Ober-Reg.-Rat Prof. Dr. W. Lexis. (Kultur der Gegenwart. Herausgegeben von Prof. Dr. P. Hinneberg. Teil II, Abt. 10.) 3. Aufl. Mit einer Einleitung und einem Nachtrag von Prof. Dr. K. Diehl. Geb. RM 12.—

Allgemeine Volkswirtschaftslehre. Von Professor Dr. R. Liefmann. Kart. RM 3.—

Die Entwicklung der Volkswirtschaft und der volkswirtschaftlichen Lehrmeinungen. Von Prof. Dr. H. Sieveking. (Teubners Handbuch d. Staats- u. Wirtschaftskunde Abt. II. Bd. I. 2. Heft.) Kart. RM 1.80

Kapitalismus und Sozialismus. Betrachtungen über die Grundlagen der gegenwärtigen Wirtschaftsordnung sowie die Voraussetzungen und Folgen des Sozialismus. Von Geh. Reg.-Rat Prof. Dr. L. Pohle. 3. Aufl. 2. Abdr. Kart. RM 3.60, geb. RM 5.—

Verlag von B. G. Teubner in Leipzig und Berlin

Zur Wirtschaftswissenschaft sind ferner erschienen:

Arbeitskunde. Grundlagen, Bedingungen und Ziele der wirtschaftlichen Arbeit. Unter Mitwirkung zahlr. Fachleute (u. a. Hellpach, Koelsch, Hummel, Gaudig, Biener) herausgegeben von Dr.-Ing. J. Riedel. Mit 35 Abb. im Text und auf 2 Tafeln. Geh. RM 15.—

„Joh. Riedels ‚Arbeitskunde' kann den Vorzug für sich in Anspruch nehmen, daß es das Arbeit-problem wirklich universell betrachtet. Das ist nicht zum wenigsten dadurch erreicht, daß sowohl Wissenschaftler als auch Praktiker aller Schattierungen an ihm mitgewirkt haben.... So ist ein geschlossenes, den Stoff erschöpfend behandelndes Werk entstanden, das von allen mit gleichem Nutzen gelesen werden wird." (Hamburger Correspondent.)

Arbeitsrecht. Von Senatspräsident Dr. H. Dersch. (Teubn. Handbuch der Staats- u. Wirtschaftskunde II. Abt. I. Bd. 5. Heft.) Kart. RM 4.—. In demselben Heft sind enthalten: **Kartelle und Trusts.** Von Prof. Dr. R. Liefmann. **Planwirtschaft und Sozialisierung.** Von Prof. Dr. A. Amonn. **Genossenschaftswesen.** Von Staatssekretär a. D. Prof. Dr. A. Müller. **Lohnformen und Löhnungsmethoden.** Von Prof. Dr. K. Bräuer.

Zeitgemäße Betriebswirtschaft. Von Dr.-Ing. G. Peiseler. I. Teil: Grundlagen. Geh. RM 4.—, geb. RM 6.—

Antike Wirtschaftsgeschichte. Von Dr. O. Neurath. 3. Aufl. (ANuG Bd. 258.) Geb. RM 2.—

Wirtschaftsgeschichte. Vom Ausgang der Antike bis zum Beginn des 19. Jahrh. (Mittlere Wirtschaftsgesch.) Von Prof. Dr. H. Sieveking. (ANuG Bd. 577.) Geb. RM 2.—

Die Entwicklung des deutschen Wirtschaftslebens im letzten Jahrhundert. Fünf Vorträge. Von Geh. Reg.-Rat Prof. Dr. L. Pohle. 5. Aufl. (ANuG Bd. 57.) Geb. RM 2.—

Volkscharakter und Wirtschaft. Ein wirtschaftsphilosophisches Essay. Von Prof. Dr. H. Levy. (Gewalten und Gestalten, Bd. 3.) Geh. RM 4.20, geb. RM 5.60

Die Grundlagen der Weltwirtschaft. Eine Einführung in das internationale Wirtschaftsleben. Von Prof. Dr. H. Levy. Geh. RM 5.—, geb. RM 7.—

„... Die Fülle des Tatsachenmaterials, die Levy bietet, macht das Buch unentbehrlich für jeden an der Weltwirtschaft Interessierten." (Breisgauer Zeitung.)

Geschichte des Welthandels. Von Oberstudiendirektor Prof. Dr. M. G. Schmidt. 4. Aufl. (ANuG Bd. 118.) Geb. RM 2.—

Der Weltmarkt 1913 und heute. Von Prof. Dr. H. Levy. Kart. RM 4.—

„Diese zahlenmäßig gut belegten Feststellungen des Verfassers sind in ihren Einzelheiten so aufschlußreich, daß die Lektüre des Buches jedem Wirtschaftler, vor allem auch jedem Kaufmann warm empfohlen werden kann." (Deutsche Allgemeine Zeitung.)

Die englische Wirtschaft. Von Prof. Dr. H. Levy. (Handbuch der englisch-amerikanischen Kultur.) Geh. RM 3.60, geb. RM 4.80

Die Vereinigten Staaten von Amerika als Wirtschaftsmacht. Von Prof. Dr. H. Levy. Kart. RM 4.—

Allgemeine Wirtschafts- und Verkehrsgeographie. Von Geh. Reg.-Rat Prof. Dr. K. Sapper. Mit 70 kartograph. und statist.-graph. Darstellungen. Geb. RM 12.—

„Die Wirtschaftskreise finden in diesem reich mit Kartenskizzen ausgestatteten Buch eine Fülle von Belehrungen. Das Buch ist durchaus vom Standpunkt der Weltwirtschaft geschrieben, von einem Mann, der die Welt und ihr Wirtschaftsleben kennt. Besonders was er darin über fremde Wirtschaftsgebiete ausführt, erscheint für die praktische Wirtschaft wertvoll. Das Buch sei besonders empfohlen." (Badische Wirtschaftsztg.)

Grundzüge der Länderkunde. Von Prof. Dr. A. Hettner. Mit insgesamt 466 Kärtchen, Figuren und Diagrammen und 4 Tafeln. Bd. I. Europa. 3. Aufl. Geh. RM 11.—, geb. RM 13.—. Bd. II. Die außereurop. Erdteile. 3. Aufl. Geh. RM 14.—, geb. RM 16.—

Japan und die Japaner. Eine Landeskunde. Von Prof. Dr. K. Haushofer. Mit 11 Karten im Text und auf 1 Tafel. Kart. RM 5.—, geb. RM 6.—

Die Philippinen. Ein kulturgeographischer Rück- und Ausblick. Von Prof. Dr. W. Tuckermann. (Geographische Schriften, Heft 2.) Kart. RM 6.—

Deutsche Handelspolitik. Ihre Geschichte, Ziele und Mittel. Eine Einführung von Prof. Dr. Th. Plaut. Geh. RM 6.—, geb. RM 8.—

Deutsche Zahlungsbilanz 1925. Zugleich Chronik der Auslandsbeziehungen der deutschen Volkswirtschaft. Von Dr. A. Heichen. Kart. RM 5.—

Die Bilanzen der privaten und öffentlichen Unternehmungen. Von Prof. Dr. phil. et jur. R. Passow. I. Teil. 4. Aufl. [In Vorb. 1927.] II. Teil. 3. Aufl. Geh. RM 6.80, geb. RM 8.40

Verlag von B. G. Teubner in Leipzig und Berlin

Mathematik / Kaufmännisches Rechnen

Mathematik des Geld- und Zahlungsverkehrs. Von Prof. Dr. A. Loewy. Geh. RM 6.20, geb. RM 8.20

Einführung in die politische Arithmetik. Von Prof. Dr. A. Patzig. [U. d. Pr. 1927.]

Feller-Odermann: Das Ganze der kaufmännischen Arithmetik. Lehr- und Übungsbuch. Neubearbeitung. Von Oberstudienrat i. R. Prof. Dr. Br. Kämpfe und Diplomhandelslehrer Studienrat Dr. P. Prater. I. Teil. 25. Aufl. Geb. RM 4.80. II. Teil. 22. Aufl. Geb. RM 4.—. (Den Beziehern von Teil II, 1. Hälfte wird ein ergänzender Nachtrag für RM —.80 geliefert.) III. Teil. 22. Aufl. [U. d. Pr. 1927.] Auflösungen hierzu: I. Teil RM 1.20. II. und III. Teil. [U. d. Pr. 1927.]

Feller-Odermann: Kaufmännisches Rechnen. Aufgabensammlung. Bearbeitet von Oberstudienrat Prof. Dr. Br. Kämpfe und Diplomhandelslehrer Studienrat Dr. P. Prater. I. Teil: Unterstufe. Kart. RM 1.60. II. Teil: Mittelstufe. Kart. RM 1.20. III. Teil: Oberstufe. Kart. RM 1.60

Einführung in die Finanzmathematik. V. Studienrat Dr. A. Flechsenhaar. Kart. RM 2.40
Das in erster Linie als Hilfsmittel zur Vorbereitung auf die Ersatzreifeprüfung bestimmte Werk trägt den Anforderungen des finanzmathematischen Unterrichtes der zweijährigen höheren Handelsschule und der Wirtschaftsoberschule Rechnung.

Finanzmathematik (Zinseszinsen-, Anleihe- und Kursrechnung). Von Privatdozent Dr. K. Herold. (Math.-Phys. Bibl. Bd. 56.) Kart. RM 1.20

Kaufmännisches Rechnen zum Selbstunterricht. Von Studienrat K. Dröll. (ANuG Bd. 724.) Geb. RM 2.—

Praktische Mathematik. Von Prof. Dr. R. Neuendorff. I. Teil. Graphische Darstellungen. Verkürztes Rechnen. Das Rechnen mit Tabellen. Mechanische Rechenhilfsmittel. Kaufmännisches Rechnen im täglichen Leben. Wahrscheinlichkeitsrechnung. 3. Aufl. Mit 29 Figuren im Text und auf 1 Tafel. (ANuG Bd. 341.) Geb. RM 2.—

Zur Rechtswissenschaft

Systematische Rechtswissenschaft. 2. Aufl. (Kultur der Gegenw. Herausgeg. von Prof. Dr. P. Hinneberg. Teil II, Abt. 8) Geh. RM 22.—, geb. RM 25.—
Inhaltsverzeichnis. I. Allgemeines. R. Stammler, Wesen des Rechtes und der Rechtswissenschaft. — II. Die einzelnen Teilgebiete: A. Privatrecht. 1. R Sohm, Bürgerliches Recht. 2. K. Gareis, Handels- und Wechselrecht. 3. F. v. Bar, Internationales Privatrecht. B. L. v. Seuffert, Zivilprozeßrecht. C F. v. Liszt, Strafrecht und Strafprozeßrecht. D W. Kahl, Kirchenrecht. E. P. Laband, Staatsrecht. F. Verwaltungsrecht. 1. G. Anschütz, Justiz und Verwaltung. 2. E. Bernatzik, Polizei und Kulturpflege. G. F. v. Martitz, Völkerrecht. III. R. Stammler, Die Zukunftsaufgaben des Rechtes und der Rechtswissenschaft.

Das Recht des Kaufmanns. Von Justizrat Dr. M. Strauß. (ANuG Bd. 409.) Geb. RM 2.—

Das Recht der kaufmännischen Angestellten. Von Justizrat Dr. M. Strauß. (ANuG Bd. 361.) Geb. RM 2.—

Zur Verkehrswissenschaft

Verkehrsentwicklung in Deutschland seit 1800 (fortgeführt bis zur Gegenw.) Von Geh. Hofrat Prof. Dr. W. Lotz. 4. Aufl. (ANuG Bd. 15.) Geb. RM 2.—

Verkehrswesen und Verkehrspolitik. Von Prof. Dr.-Ing. O. Blum. (Teubners Handbuch der Staats- und Wirtschaftskunde. Kart RM 6.—. In demselben Heft sind enthalten: **Handel und Handelspolitik.** Von Prof. Dr. H. Sieveking. **Bankwesen und Bankpolitik.** Von W. Dreyfus. **Geldwesen.** Von Prof. Dr. K. Bräuer.

Das Eisenbahnwesen. Von Eisenbahn-Bau und Betriebsinspektor a. D. Dr.-Ing. E. Biedermann. 3. Aufl. Mit 62 Abb. (ANuG Bd. 144.) Geb. RM 2.—

Das Postwesen. Von Abt.-Dir. O. Sieblist. 2. Aufl. (ANuG Bd. 182.) Geb. RM 2.—

Das Telegraphen- und Fernsprechwesen. Von Abteilungsdirektor O. Sieblist. 2. Aufl. (ANuG Bd. 183.) Geb. RM 2.—

Die drahtlose Telegraphie und Telephonie. Ihre Grundlagen und Entwicklung. Von Studienrat Dr. P. Fischer. Mit 48 Abb. im Text. (ANuG Bd. 822.) Geb. RM 2.—

Drahtlose Telegraphie und Telephonie in ihren physikalischen Grundlagen. Von Dr. W. Ilberg. Mit 25 Fig. (Math.-Phys.-Bibl. Bd. 62.) Kart. RM 1.20

GPSR Compliance

The European Union's (EU) General Product Safety Regulation (GPSR) is a set of rules that requires consumer products to be safe and our obligations to ensure this.

If you have any concerns about our products, you can contact us on ProductSafety@springernature.com

In case Publisher is established outside the EU, the EU authorized representative is:

Springer Nature Customer Service Center GmbH
Europaplatz 3
69115 Heidelberg, Germany

Batch number: 10815964

Printed by Printforce, the Netherlands